**中国房地产估价师与房地产经纪人学会**
地址：北京市海淀区首体南路 9 号主语国际 7 号楼 11 层
邮编：100048
电话：(010) 88083151
传真：(010) 88083156
网址：http://www.cirea.org.cn
　　　http://www.agents.org.cn

全国房地产经纪人协理职业资格考试用书

# 房地产经纪综合能力

## （第五版）

中国房地产估价师与房地产经纪人学会　编写

赵鑫明　主　编

胡细英　副主编

中国建筑工业出版社

中国城市出版社

**图书在版编目(CIP)数据**

房地产经纪综合能力 / 中国房地产估价师与房地产经纪人学会编写；赵鑫明主编；胡细英副主编. — 5 版. — 北京：中国建筑工业出版社，2024.1

全国房地产经纪人协理职业资格考试用书

ISBN 978-7-112-29603-3

Ⅰ. ①房… Ⅱ. ①中… ②赵… ③胡… Ⅲ. ①房地产业－经纪人－中国－资格考试－自学参考资料 Ⅳ. ①F299.233.55

中国国家版本馆 CIP 数据核字（2024）第 012626 号

责任编辑：毕凤鸣

文字编辑：王艺彬

责任校对：李美娜

全国房地产经纪人协理职业资格考试用书

**房地产经纪综合能力**

**（第五版）**

中国房地产估价师与房地产经纪人学会　编写

赵鑫明　主　编

胡细英　副主编

\*

中国建筑工业出版社、中国城市出版社出版、发行（北京海淀三里河路9号）

各地新华书店、建筑书店经销

北京红光制版公司制版

北京市密东印刷有限公司印刷

\*

开本：787 毫米×960 毫米　1/16　印张：18　字数：340 千字

2024 年 1 月第五版　　2024 年 1 月第一次印刷

定价：**45.00** 元

ISBN 978-7-112-29603-3

（42318）

# 目　　录

# 第一章 房地产经纪概述

房地产经纪服务是一种房地产中介服务活动，房地产经纪行业是房地产业的重要组成部分。进入房地产经纪行业，首先应了解和熟悉这个行业。本书第一章从介绍房地产的概念和特征开始，阐述房地产经纪在房地产业中的地位和作用，介绍房地产经纪行业的产生和发展、房地产经纪机构和人员管理、房地产经纪行为规范等内容。通过上述内容介绍，帮助房地产经纪专业人员了解房地产经纪行业发展历史、现状、趋势，掌握房地产经纪行规行约的基本内容和要求，为做好房地产经纪服务奠定基础。

## 第一节 房 地 产

### 一、房地产基本概念

#### （一）土地

土地一般是指地球陆地地表平面及其上、下的空间。地表平面也称地表。地表并非几何意义上的平面，应视作地面表皮和为使其可被利用所必需的一定立体空间。土地是人类生产、生活所必需的资源。我国实行土地用途管制制度，将土地按用途分为农用地、建设用地和未利用地进行管理。《民法典》规定，建设用地使用权可以在土地的地表、地上或者地下分别设立。《土地管理法》规定，国家建立国土空间规划体系。经依法批准的国土空间规划是各类开发、保护、建设活动的基本依据。已经编制国土空间规划的，不再编制土地利用总体规划和城乡规划。房地产经纪活动中，房地产经纪从业人员应关注建设用地的权利制度和相关状况对其利用和交易的影响。

#### （二）建筑物

建筑物是人类利用空间，实现其使用功能的主要形式，一般包括房屋和构筑物和其他地上定着物。房屋是指有基础、墙、屋顶、门、窗，起到遮风避雨、保温隔热、抵御野兽或他人侵袭等作用，供人们在里面居住、工作、学习、娱乐、储藏物品或进行其他活动的建筑物。房地产经纪服务中涉及的建筑物主要是房屋。

构筑物是指人们一般不直接在里面进行生产和生活活动的建筑物，如烟囱、水塔、水井、道路、桥梁、隧道、水坝等。

除房屋、构筑物以外，为了更好地利用空间，人们还会修建一些其他地上定着物。其附属于或结合于土地或建筑物，从而成为土地或建筑物的从物，应在房地产交易中随着土地或建筑物的转让而转让，但当事人另有约定的除外。例如，为了提高土地或建筑物的使用价值或功能，埋设在地下的管线、设施，建造在地上的围墙、假山、水池，种植在地上的树木、花草等。但仅仅是放进土地或者建筑物中，置于土地或者建筑物的表面，或者与土地、建筑物毗连者，例如摆放在房屋内的家具、电器，挂在墙上的画，在地上临时搭建的帐篷等，不属于其他地上定着物。

（三）房地产

房地产是房屋和土地的统称，形态上包括可开发的土地及其地上建筑物、构筑物，社会经济活动中体现为实物、权益和区位三者的结合体。由于房地产具有不可移动性，房地产也是一种不动产。除房地产外，在地上定着的林、地下储藏的矿产，也是不动产。

房地产实物是指房地产中看得见、摸得着的有形部分，例如地势、土壤、地基、平整程度等，以及建筑物的外观、建筑结构、设施设备、装饰装修等。房地产权益是指房地产中无形的、不可触摸的部分，是基于房地产实物而衍生出来的权利、利益。例如，房屋的所有权、土地使用权等。房地产区位是指一宗房地产与其他房地产在空间方位和距离上的关系，包括位置、交通、周围环境和景观、外部配套设施等。

房地产经纪服务是为了满足人们对房地产的利用需要，而为房地产的交易提供居间、代理等服务的行为。这种服务主要面向城镇中的房地产交易。一般，从财产角度讨论权属、利用、收益等问题时，将土地及其上的建筑物当作一个整体，统称为房地产。

## 二、房地产的特性

房地产与其他经济物品在市场和价格等方面有许多不同之处。这些不同之处是由房地产的特性所决定的。

（一）不可移动

不可移动特性也称为位置固定性。建筑物由于"扎根"在土地之中，其位置通常也是固定的，不能移动或移动并不经济。房屋和土地难以像汽车等轻易移动的商品，由价格较低地区搬到价格较高的地区去。因此，房地产的不可移动性决定了房地产市场不是一个全国性市场，更不是一个全球性市场，而是一个地区性市场，一般一个城市是一个市场，其供求状况、价格水平及价格走势等都是地区性的，在不同地区之间可能不同，甚至是反向的。

（二）独一无二

独一无二特性也称为独特性、异质性或个别性。房地产独一无二的特性，使得不同房地产之间不会完全替代，房地产市场不能实现完全竞争。因此，房地产价格千差万别，体现为"一房一价"。

（三）供给有限

土地的有限性和不可再生性，以及房地产的不可移动性，决定了房地产的供给是有限的。要增加房地产供给，有两条途径：一是将农用地、未利用地转化为建设用地，并开发为房地产；二是在建设用地上增加建筑高度、建筑密度和容积率等，但这些途径又要受到交通等基础设施条件、环境、城市规划、建筑技术、资金等的约束。

（四）价值较大

与一般物品相比，房地产不仅单价高，而且总价大。从单价高来看，每平方米土地或每平方米建筑面积房屋的价格，少则数千元，多则数万元甚至数十万元，繁华商业地段经常有"寸土寸金"之说。

（五）相互影响

房地产具有不可移动性，其利用通常会对周边的房地产产生影响，周围房地产的利用状况也会对该房地产产生影响，从而房地产具有相互影响的特性。一宗房地产的价值不仅与其自身的状况直接相关，而且与其周边房地产的状况密切相关，受其邻近房地产利用的影响。正是由于房地产具有相互影响特性，产生了"相邻关系"，所以法律规定"不动产的相邻权利人应当按照有利生产、方便生活、团结互助、公平合理的原则，正确处理相邻关系"。

（六）变现困难

房地产由于具有价值较大、独一无二、不可移动等特性，加上交易手续较复杂、交易税费较多等原因，使得其变现能力弱。房屋买卖通常需要经过一个较长时间才能成交，因此，同一宗房地产的买卖一般不会频繁发生。

（七）保值增值

房地产由于寿命长久、不可再生，其价值通常可以得到保值，甚至增值。房地产的保值增值特性是从房地产价格变化的总体趋势来讲的，是波浪式上升的，不排除房地产价格随着社会经济发展的波动而波动。在某些情况下，房地产价格出现长时期的连续下降也是可能的，这主要是房地产本身的功能大幅降低、周边环境景观恶化所导致的，或者由于过度投机、房地产泡沫破灭等引起的。

### 三、房地产的种类

**(一) 按照房地产用途的分类**

(1) 居住房地产：是指供家庭或个人居住使用的房地产，又可分为住宅和集体宿舍两类。住宅是指供家庭居住使用的房地产，又可分为普通住宅、高档住宅、公寓式住宅和别墅等。集体宿舍又可分为职工宿舍、学生宿舍等。

(2) 办公房地产：是指供处理各种事务性工作使用的房地产，即办公楼，又可分为商务办公楼（俗称写字楼）和行政办公楼两类。

(3) 零售商业房地产：是指供出售商品使用的房地产，包括商业店铺、百货商场、购物中心、超级市场、交易市场等。

(4) 旅馆房地产：是指供旅客住宿使用的房地产，包括宾馆、饭店、酒店、度假村、旅店、招待所等。

(5) 餐饮房地产：是指供顾客用餐使用的房地产，包括酒楼、美食城、餐馆、快餐店等。

(6) 体育和娱乐房地产：是指供人运动、健身、休闲娱乐使用的房地产，包括体育场馆、保龄球馆、高尔夫球场、滑雪场、影剧院、游乐场、娱乐城、康乐中心等。

(7) 工业房地产：是指供工业生产使用或直接为工业生产服务的房地产，包括厂房、仓库等。

工业房地产按照用途细分，又可分为主要生产厂房、辅助生产厂房、动力用厂房、储存用房、运输用房、企业办公用房、其他用房（如水泵房、污水处理站等）。

(8) 农业房地产：是指供农业生产使用或直接为农业生产服务的房地产，包括农地、农场、林场、牧场、果园、种子库、拖拉机站、饲养牲畜用房等。

(9) 特殊用途房地产：包括汽车站、火车站、机场、码头、医院、学校、博物馆、教堂、寺庙、墓地等。

(10) 综合用途房地产：是指具有上述两种以上（含两种）用途的房地产，如商住楼。

**(二) 按照房地产开发程度的分类**

(1) 生地：是指不具有城市基础设施的土地，如农用地、未利用地。

(2) 毛地：是指具有一定的城市基础设施，有地上物（如房屋、围墙、电线杆、树木等）需要拆除或迁移但尚未拆除或迁移的土地。

(3) 熟地：是指具有较完善的城市基础设施且场地平整，可以直接在其上进行房屋建设的土地。

按照基础设施完备程度和场地平整程度，熟地又可分为"三通一平""五通一平""七通一平"等的土地。"三通一平"，一般是指通路、通水、通电和场地平整；"五通一平"，一般是指具有了道路、供水、排水、电力、通信等基础设施条件以及场地平整；"七通一平"，一般是指具有了道路、供水、排水、电力、通信、燃气、热力等基础设施条件以及场地平整。

（4）在建建筑物：是指建筑物已开始建造但尚未竣工、不具备使用条件的房地产。

（5）现房：是指已建造完成、可直接使用的建筑物。习惯上现房又可分为新房（俗称一手房，也称新建房）和旧房（俗称二手房，也称存量房）。二者的区别需要综合考虑建成时间、是否交易、是否使用过等因素。新房通常是指新建成的、没有交易和使用过的房屋，最常见的是房地产开发企业开发的新建商品房。新房按照装饰装修状况，又可分为毛坯房、简单装修房和精装修房。旧房通常指建成一段时间，已经交易过的房屋。

（三）按照房地产是否产生收益的分类

按照房地产是否产生收益，可以把房地产分为收益性房地产和非收益性房地产两大类。

（1）收益性房地产：是指能直接产生租赁收益或其他经济收益的房地产，包括住宅（主要指公寓）、写字楼、旅馆、商店、餐馆、游乐场、影剧院、停车场、加油站、厂房、仓库等。

（2）非收益性房地产：是指不能直接产生经济收益的房地产，例如未开发的土地、行政办公楼、学校、教堂、寺庙等。判定一宗房地产是收益性房地产还是非收益性房地产，不是看该房地产目前是否正在直接产生经济收益，而是看该种类型的房地产在本质上是否具有直接产生经济收益的能力。

**四、房地产业**

（一）房地产业的概念

房地产业是从事房地产投资、开发、经营、服务和管理的行业，包括房地产开发经营业、物业管理业、房地产中介服务业、房地产租赁经营业和其他房地产业。在国民经济产业分类中，房地产业属于第三产业，是为生产和生活服务的部门。房地产业与属于第二产业的建筑业联系密切，建筑业是专门从事房屋等工程建筑、安装以及装饰装修等工作的生产部门。在房地产开发活动中，房地产业与建筑业往往是甲方与乙方的合作关系，房地产业是房地产开发建设的甲方，建筑业是乙方；房地产业是策划者、组织者和发包单位；建筑业则是承包单位，按照承包合同的要求完成基础设施建设、场地平整等土地开发和房屋建设的生产任务。

（二）房地产业的细分

根据国家统计局发布的《国民经济行业分类》GB/T 4754—2017，房地产业包括房地产开发经营、物业管理、房地产中介服务、房地产租赁经营、其他房地产业。

1. 房地产开发经营业

房地产开发经营是指房地产开发企业进行的房屋、基础设施建设等开发，以及转让房地产开发项目或者销售房屋等活动。具体是取得待开发房地产特别是土地，然后进行基础设施建设、场地平整等土地开发或者房屋建设，再转让开发完成后的土地、房地产开发项目或者销售、出租建成后的房屋。房地产开发经营业具有单件性、投资大、周期长、风险高、回报率高、附加值高、产业关联度高、带动力强等特点。房地产开发企业的收入具有不连续性。房地产开发企业是组织者和决策者，既要关注房地产市场的发展变化，又要把资金、相关专业服务人员和机构、建筑承包商等结合起来完成房地产开发经营活动。

2. 物业管理业

物业管理指物业服务企业按照合同约定，对房屋及配套的设施设备和相关场地进行维修、养护、管理，维护环境卫生和相关秩序的活动。物业管理的对象主要是已建成并经竣工验收投入使用的各类房屋及配套的设施设备和相关场地。除维修、养护、管理外，物业服务企业还要维护物业管理区域内的环境卫生和相关秩序，并提供相关服务。

3. 房地产中介服务业

房地产中介服务是指房地产咨询、房地产价格评估、房地产经纪等活动。房地产中介服务是房地市场价值链中不可或缺的环节，在房地产开发、交易过程中为各级市场的参与者提供专业化中介服务，在促进房地产市场健康发展、保障房地产交易安全、节约房地产交易成本等方面，都发挥着日益重要的作用。房地产咨询主要是为有关房地产活动的当事人提供法律法规、政策、信息、技术等方面的顾问服务。目前，房地产咨询业务主要由房地产估价师和房地产估价机构或者房地产经纪人和房地产经纪机构承担。房地产评估主要是分析、测算和判断房地产的价值并提出相关专业意见，为土地使用权出让、转让和房地产买卖、抵押、征收征用补偿、损害赔偿、课税等提供价值参考依据。房地产经纪主要是为促成房屋买卖、房屋租赁等房地产交易活动，向委托人提供专业服务并收取佣金。

4. 房地产租赁经营业

房地产租赁经营是指各类法人、非法人组织和自然人开展的营利性和非营利性地产租赁活动，包括土地使用权租赁服务、保障性住房租赁服务、商品房屋租赁服务等。其中，商品房屋租赁服务包括非自有房屋租赁服务，自有房屋租赁服务等。

5. 其他房地产业

其他房地产业是指除房地产开发经营、物业管理、房地产中介服务、房地产租赁经营之外，从事房地产的其他活动，如房屋接收查验等。

**【例题1-1】** 根据《国民经济行业分类》，房地产经纪属于(　　)。

A. 房地产估价　　　　　　　　B. 房地产中介服务

C. 房地产咨询　　　　　　　　D. 房地产租赁经营

**(三) 房地产业在国民经济中的作用**

房地产业在国民经济中发挥着重要的作用。房地产业关联度高、带动力强，与国民经济有着密切的联系，两者相互依存、相互促进。一方面，房地产业的发展受到国民经济的制约，国民经济发展水平决定房地产业的发展水平；另一方面，房地产业的发展又能促进国民经济的持续、健康发展。

房地产业在国民经济中的作用主要体现在以下几个方面：①可以为国民经济发展提供重要的物质条件；②房地产业关联度高，带动力强，可以带动建筑、建材、化工、轻工、电器等相关产业的发展，促进国民经济的持续健康增长；③可以改善人民的住房条件和生活环境；④可以加快城市更新和城市基础设施建设，改变落后的城市面貌；⑤有利于优化产业结构，改善投资硬环境，吸引外资，加快改革开放的步伐；⑥可以扩大就业，特别是房地产经纪行业和物业管理行业，需要的从业人员较多；⑦可以增加政府的财政收入。

# 第二节　房地产经纪行业

## 一、房地产经纪

### (一) 房地产经纪的定义

房地产经纪是指房地产经纪机构和房地产经纪人员为促成房地产交易，向委托人提供房地产居间、代理等服务并收取佣金的行为。房地产经纪人员即从事房地产经纪服务的人员，也称为房地产经纪从业人员。房地产经纪从业人员包括房地产经纪专业人员和从事房地产经纪活动的其他人员。房地产经纪专业人员包括高级房地产经纪人、房地产经纪人和房地产经纪人协理。房地产经纪是房地产市场运行的润滑剂，是知识密集和劳动密集的行业。

房地产经纪机构提供的经纪服务由基本服务和延伸服务组成。基本服务是房地产经纪机构为促成房屋交易提供的一揽子必要服务，包括提供房源客源信息、带客户看房、签订房屋交易合同、协助办理不动产登记等。延伸服务是房地产经纪机构接受交易当事人委托提供的代办贷款等额外服务，每项服务可以单独提供。

（二）房地产经纪的必要性

房地产经纪业是房地产业的重要组成部分。随着我国房地产市场逐步由新建商品房买卖为主转变为存量房买卖和租赁为主，房地产业逐步由房地产开发经营为主转变为提供存量房买卖和租赁的房地产经纪等房地产服务为主。

1. 房地产商品的特殊性决定房地产经纪必不可少

房地产经纪在房地产业中的地位和作用，是由房地产商品的特殊性决定的。房地产是不可移动的商品，无法像一般商品那样，集中到固定的市场上进行展示。房地产经纪专业化服务通过提高房地产交易过程中顾客汇集、商品展示等环节的效率，促成交易。

2. 房地产价格的差异性决定房地产经纪必不可少

房地产是构成要素极为复杂的商品，影响房地产价格的因素不仅包括房屋结构、质量、户型、设施设备等实物因素，还包括产权类型、他项权利设立情况等权利因素，以及房地产所在地区的人口素质、历史背景等社会、人文因素等。房地产经纪活动正是通过房地产经纪机构和房地产经纪人员系统性、专业化的服务，来帮助房地产交易主体克服对市场价格不了解的局限，成为房地产市场必不可少的组成部分。

3. 房地产交易的复杂性决定房地产经纪必不可少

房地产交易的决策通常需要多人的共同参与和相互妥协。房地产交易标的交割不仅涉及房地产产权过户和房款交割，还涉及住宅专项维修资金、物业管理费、公共事业费账户的更名与费用结算乃至户口迁移等诸多环节，在很多情况下还涉及卖方原有贷款的还清和买方购房贷款的申请、房地产抵押手续办理和贷款发放等事宜，其中任何一个环节的失败都可能导致交易无法安全、顺利地完成。房地产经纪正是通过专业化服务，来提高房地产交易的信息搜寻效率，降低信息搜寻成本，克服交易谈判和决策的困难，避免决策失误，保证交易标的安全、顺利地交割。

（三）房地产经纪服务的主要内容

目前房地产经纪服务主要包含：①提供房客源信息并匹配需求，主要包括接受卖方客户和买方客户的相关咨询，如房地产交易手续、流程、税费及相关政策等；接受卖方客户和买方客户房屋出售、购买委托；针对客户需求，搜索交易相对方；带领买方客户实地查看房屋；②协助洽谈并签订交易合同，协调买卖双方洽谈买卖价款、付款方式等交易条件，促成双方达成一致，协助签订房屋买卖合同；③提供交易后代办服务，包括协助办理贷款、纳税、不动产转移登记；④协助办理房屋交接，包括协助买卖双方结算水电气热和物业管理等费用、办理房屋交接手续等。

**【例题 1-2】**房地产经纪服务的报酬形式是（　　）。

A. 佣金　　　　　　　　　　B. 差价款

C. 信息费　　　　　　　　　D. 回扣

## 二、房地产经纪的作用

### （一）节约交易时间，提高交易效率

由于房地产商品和房地产交易的复杂性，大多数房地产交易主体由于缺乏房地产领域的专业知识和实践经历，如果独立、直接地进行房地产交易，不仅要在信息搜寻、谈判、交易手续办理等诸多环节上花费大量的时间、精力和资金成本，而且效率低下。这种状况对房地产交易具有显著的阻滞效应，从而会导致房地产市场整体运行的低效率。房地产经纪服务是社会分工进一步深化的产物。专业化的房地产经纪机构可以通过集约化的信息收集和积累、专业化的人员培训和实践，通过了解丰富市场信息、掌握扎实专业知识和能够熟练操作业务的房地产经纪人员，为房地产交易主体提供一系列有助于房地产交易的专业化服务，从而降低每一宗房地产交易的成本，加速房地产流通，提高房地产市场的整体运行效率。

### （二）规范交易行为，保障交易安全

房地产交易是一种复杂的房地产产权与价值运动过程。只有按照有关法律、法规规范及科学的房地产交易流程，认真操作房地产交易的每一个环节，才能保证房地产交易过程安全、顺利地完成；否则，轻则导致房地产交易的失败，重则导致交易当事人的重大财产损失，甚至会扰乱房地产市场秩序、引发金融风险。实践中，房地产交易主体一方面由于缺乏房地产法律等方面知识，另一方面也会出于某些自私的动机或怕麻烦的心理，而实施不规范的交易行为。房地产经纪机构可以通过房地产经纪人员的专业化服务，向房地产交易主体宣传房地产交易的相关法律、法规，警示不规范行为及其可能产生的后果，并通过良好的内部管理制度，监控客户在房地产交易中的不规范行为，从而规范房地产交易行为。同时，房地产经纪可以提供一系列交易保障服务，从而保障房地产交易的安全，维护房地产市场的正常秩序。

（三）促进交易公平，维护合法权益

房地产交易中，信息不对称现象突出。信息充足一方容易出现机会主义行为，如隐瞒、欺骗等。而信息缺乏一方则往往因专业知识和交易经验的不足，难以识别交易中的不公平因素并做出合理的决策。在这种情况下，交易一旦达成，往往有失公平。房地产经纪通过向客户提供丰富的市场信息和决策参谋服务，能够大大减少房地产市场信息不对称对房地产交易的影响，帮助客户实现公平的房地产交易，维护交易双方的合法权益。

【例题 1-3】房地产经纪的作用主要表现在(　　　　)。

A. 提高交易效率　　　　　　　　B. 促使房地产价格下降

C. 增加财政税收　　　　　　　　D. 促使房地产交易更复杂

### 三、房地产经纪行业的发展

（一）我国房地产经纪行业的产生

我国古代较为成熟的土地国有制度是井田制。但到战国时期，井田制遭到破坏，土地开始私有，土地买卖也慢慢频繁起来。此时，熟悉土地买卖法律和交易契约的专业人士，开始参与到土地买卖活动中来。汉代有了对经纪人的专业称谓"驵侩"。唐代专事田宅交易的经纪人开始被称为"庄宅牙人"。后周时期有了官府发放牙帖的官牙人，并出现了牙人的同业组织——牙行。宋代田宅等产业的买卖已离不开牙人，且当时的牙人具有了管理交易、协助征税的职能。元代大量存在从事房屋买卖说合的中介，他们被称为"房牙"。元代房地产经纪的地位得到提高，对房地产经纪的管理也进一步加强。《元典章·户部五·典卖》记载："凡有典卖田宅，依例亲邻、牙保人等立契，画字成交。"明清时期，牙行是世袭的。清圣祖实录载"祖父相传，认为世业。有业无业，概行充当"。当时，房牙称官房牙或房行经纪，由官府"例给官帖"，方准营业。官帖每 5 年编审一次。清朝末年的《写契投税章程》有专门针对房牙的规定。1840 年鸦片战争以后，我国上海等一些通商口岸城市，出现了房地产经营活动，房地产捐客也应运而生。房地产捐客活动的范围十分广泛，有买卖、租赁、抵押等。捐客对于活跃房地产市场，缓解市民住房紧张，促进住房商品流通，发挥了一定的作用。但多数经营作风不正，投机取巧，又加上旧政府管理不严，放任自流，在一定程度上加剧了房地产市场的混乱。

（二）新中国成立后房地产经纪行业发展概况

在 20 世纪 50 年代初，政府加强了对经纪人员的管理，采取淘汰、取缔、改造、利用以及惩办投机等手段，整治了当时的房地产经纪业。随后，至 1978 年改革开放前，住房作为"福利品"由国家投资建设和分配，所以这一时期房地产经纪活动基本上消失了。改革开放为中国大陆的房地产经纪业提供了孕育、生长的土壤。随着房地产市场的恢复、活跃和发展壮大，以及境外房地产经纪机构的运作经验的广泛推广，房地产经纪业也开始复兴，并得到了快速发展。2001年之后，房地产供需两旺，存量房市场兴起，房屋买卖、房屋租赁市场全面繁荣。房地产经纪行业进入快速发展时期，房地产经纪行业发展并取得以下主要成绩：

（1）建立房地产经纪专业人员职业资格制度。2001年12月18日，人事部、建设部联合颁发了《房地产经纪人员职业资格制度暂行规定》（人发〔2001〕128号），决定对房地产经纪人员实行职业资格制度，并纳入全国专业技术人员职业资格制度统一规划。房地产经纪人员职业资格制度建立，提升了从业人员的整体素质。2015年6月，《人力资源社会保障部　住房城乡建设部〈关于印发房地产经纪专业人员职业资格制度暂行规定〉和〈房地产经纪专业人员职业资格考试实施办法〉的通知》（人社部发〔2015〕47号）印发，房地产经纪人员职业资格被确定为国家水平评价类职业资格。从2015年起，通过全部应试科目的人员，由中国房地产估价师与房地产经纪人学会颁发人力资源和社会保障部、住房和城乡建设部监制，中国房地产估价师与房地产经纪人学会用印的《中华人民共和国房地产经纪专业人员职业资格证书》。取得的资格可作为聘任经济系列相应专业技术职务的依据。

（2）建立健全房地产经纪行为规范。2006年10月31日，中国房地产估价师与房地产经纪人学会发布了《房地产经纪执业规则》；2017年6月20日，发布了《房地产经纪服务合同推荐文本》；2018年7月12日，发布了《"真房源"标识指引（试行）》。2011年4月1日，由住房和城乡建设部、国家发展改革委、人力资源和社会保障部共同发布的《房地产经纪管理办法》正式实施并于2016年4月1日进行了修正。《房地产经纪管理办法》是整个房地产经纪行业发展多年以后，第一部专门的房地产经纪行业管理规章，经纪机构在操作业务时有明确的统一标准，对交易资金监管、经纪从业人员要求等再次作了要求，同时也对构建统一的房地产经纪网上管理和服务平台等提出了新的举措。2016年7月29日，由住房和城乡建设部、国家发展改革委、工业和信息化部、中国人民银行、国家税务总局、国家工商行政管理总局、中国银监会共同发布了《关于加强房地产中介管理促进行业健康发展的意见》（建房〔2016〕168号），提出了规范中介服务行为、完善行业管理制度和加强对中介市场监管的若干意见，保护了群众的合法权益，促进了行业健康发展。

（3）建立房地产经纪信用档案系统。2002年8月20日，建设部发布了《关于建立房地产企业及执（从）业人员信用档案系统的通知》（建住房函〔2002〕192号），2006年10月31日，中国房地产估价师与房地产经纪人学会建立了房地产经纪信用档案系统。2006年10月，中国房地产估价师与房地产经纪人学会在建设部的安排下，开展了首次全国房地产经纪资信评价，评选出了70名优秀房地产经纪人和114家优秀房地产经纪机构。

（4）成立全国房地产经纪行业组织。2004年6月29日，建设部发布了《关于改变房地产经纪人执业资格注册管理方式有关问题的通知》（建办住房〔2004〕43号），将房地产经纪人执业资格注册工作转交中国房地产估价师学会。2004年7月12日，经民政部批准中国房地产估价师学会更名为中国房地产估价师与房地产经纪人学会，成为唯一的全国性的房地产经纪行业组织。各地也陆续成立了地方房地产经纪行业组织。

（三）房地产经纪行业的发展前景

目前，房地产经纪业正呈现出由传统房地产经纪业向现代房地产经纪业发展的趋势，具体而言，表现在以下几个方面：①信息整合、开发与利用能级大大提高，业务领域向高附加值服务延展。传统的房地产经纪业主要利用其所掌握的房源信息和客源信息，通过供需配对促成交易。其信息整合的范围仅限于同一经纪机构内部。从发达国家和地区房地产经纪业发展的经验来看，依托于快速发展的信息技术，房地产经纪行业可以通过建立全新的行业运行模式，采用最先进的信息技术，在更大范围内整合房地产市场及相关信息，进一步提高其促进房地产市场流通的功能，并通过各类信息的深度加工，围绕房地产市场流通提供专业咨询、顾问等高附加值服务。②行业知识和技术密集程度提高，专业化分工向纵深发展。作为现代服务业的房地产经纪业更多地拓展到了种类繁多的商业房地产领域。从事这类业务的房地产经纪人员，不仅要掌握房地产专业知识，还要掌握相关产业的产业运行、业务流程、商品特征等专业知识，掌握为具体的对象产业服务所需要的房地产使用成本测算、房地产使用方案筹划等技能。③以互联网为依托的新型房地产经纪业态发展迅速。房源发布的网络化不仅大大提高了信息发布的速度、降低了信息发布的成本，还为客户提供了24小时的全方位信息获取平台。目前，移动互联网正以它更强的普及性和便利性、更快速的信息传播模式，将房地产经纪人员从电脑屏幕上解放出来，更有效地搜集和传播信息、更稳定地保持与客户的联系。这种以互联网为依托的新型房地产经纪业态具有不可估量的发展潜力，必将迅速发展。④企业规模扩大，现代企业制度成为龙头企业的发展根本。房地产经纪业向现代服务业的转型，特别是在这一过程中房地产经纪业技术、知识密集程度的提高，使得房地产经纪业的规模经济更为明显。规模化房地产经纪企业必须具有雄厚的资金以及与之相匹配的现代企业制度。因此，建立现代企业制度将成为房地产经纪业内龙头企业的发展之本。⑤数字化与智能化技术赋能经纪服务。随着 VR 带看、智能客服等数字化技术越来越多地应用到房地产经纪服务中，房地产经纪行业进入数据智能应用阶段。在这一阶段中，VR、AI、IOT 等综合数字技术在经纪行业垂直领域的多场景应用，围绕"房、人、流程"的互联网程度不断被深化，给房地产经纪行业注入新的活力。

【例题1-4】我国房地产经纪专业人员职业资格是属于（　　）水平评价类职业资格。

　A. 国家　　　　　B. 地方　　　　　C. 行业　　　　　D. 企业

### 四、房地产经纪行业行政监管

房地产经纪活动监督管理部门主要涉及建设（房地产）、价格、人力资源和社会保障、市场监管等主管部门。《房地产经纪管理办法》规定，县级以上人民政府建设（房地产）主管部门、价格主管部门、人力资源和社会保障主管部门应当按照职责分工，分别负责房地产经纪活动的监督和管理。建设（房地产）主管部门是房地产经纪活动监督管理的主要部门，其职责包括：制定行业管理制度、受理备案、对行业进行监督检查等。价格主管部门承担拟定并组织实施价格政策，监督价格政策执行的重要职能。其主要负责制定房地产经纪相关的价格政策，监督检查价格政策的执行，对房地产经纪机构和房地产经纪人员的价格行为进行监督管理，依法查处价格违法行为和价格垄断行为。人力资源和社会保障主管部门承担房地产经纪机构和房地产经纪人员劳动合同、社会保障关系的监督管理，承担完善职业资格制度，拟订专业技术人员资格管理政策等职能。市场监管主管部门承担依法确认各类经营者的主体资格，监督管理或参与监督管理各类市场，依法规范市场交易行为，保护公平竞争，查处经济违法行为，取缔非法经营，保护正常的市场经济秩序。在各部门的共同努力下，建立了以下监督管理制度。

（一）房地产经纪机构登记备案制度

根据《城市房地产管理法》《房地产经纪管理办法》，设立房地产经纪机构包括分支机构，应当向市场监督管理部门申请登记。领取营业执照后，还需要到机构所在地建设（房地产）主管部门备案。属于分支机构的，到分支机构所在地的建设（房地产）主管部门备案。通过互联网提供房地产中介服务的机构，应当到机构所在地省级通信主管部门办理网站备案，并到服务覆盖地的市、县房地产主管部门备案。房地产、通信、市场监管主管部门通过建立联动机制，定期交换中介机构工商登记和备案信息，并在政府网站等媒体上公示备案、未备案的中介机构名单，提醒群众防范交易风险，审慎选择中介机构。此外，建设（房地产）、市场监管等部门还多次开展联合行动，依法取缔未领取营业执照、未办理房地产经纪机构备案擅自从事房地产经纪活动的"黑中介"。

（二）房地产经纪专业人员职业资格制度

2001年，借鉴国际惯例，人事部、建设部联合建立了房地产经纪人员职业资格制度。根据国家职业资格制度改革，2015年6月，人力资源和社会保障部、住房和城乡建设部联合发布了《房地产经纪专业人员职业资格制度暂行规定》和《房地产经纪专业人员职业资格考试实施办法》。房地产经纪专业人员职业资格考试实行全国统一考试，标志着房地产经纪专业人员职业资格的管理进入了新阶段。

（三）房地产经纪人员实名服务制度

根据住房和城乡建设部等部门《关于加强房地产中介管理促进行业健康发展的意见》（建房〔2016〕168号）、《住房和城乡建部、市场监管总局关于规范房地产经纪服务的意见》（建房规〔2023〕2号）房地产经纪机构备案时，要提供本机构所有从事经纪业务的人员信息。市、县房地产主管部门要对房地产经纪人员实名登记。房地产经纪人员服务时应当佩戴标明姓名、机构名称、国家职业资格等信息的工作牌。

（四）房地产经纪服务价格明码公示制度

销售明码标价制度是我国实施价格管理的一项基本制度。明码标价，是指在商品或服务各项指标基础上标示的价格水平或收费标准。房地产经纪服务明码标价，是指房地产经纪机构提供房地产经纪服务应当按照规定公开标示服务价格等有关情况的行为。《价格法》第十三条规定："经营者销售、收购商品和提供服务，应当按照政府价格主管部门的规定明码标价，注明商品的品名、产地、规格、等级、计价单位、价格或者提供服务的项目、收费标准等有关情况。经营者不得在标价之外加价出售商品，不得收取任何未予标明的费用。"凡提供有偿服务的经营者，均须在其经营场所或交缴费用的地点的醒目位置公布其收费项目明细价目表。明码标价要求经营者所标示的价格必须是真实明示的商品或服务各项指标基础上的价格。明码标价必须是在出售商品或提供服务之前明示，而不是事后告知当事人。房地产经纪机构应当在商品房交易场所的醒目位置放置标价牌、价目表或者价格手册，有条件的可同时采取电子信息屏、多媒体终端或电脑查询等方式明示服务价格。

（五）房地产经纪信用管理制度

近年来，国家高度重视信用体系建设，出台了一系列推动包括房地产经纪行业在内的社会信用管理体系建设方面的政策，要求加强行业信用管理。如 2014年 6月，国务院印发《社会信用体系建设规划纲要（2014—2020 年)》，要求建立完善经纪服务机构及其从业人员的信用记录和披露制度。2016 年 12 月，国务院办公厅发布《关于加强个人诚信体系建设的指导意见》（国办发〔2016〕98号），提出要建立重点领域的个人诚信记录，其中涉及个体大部分都属于经纪机构人员。此后，依据 2016 年住房和城乡建设部等七部门出台的《关于加强房地产中介管理促进行业健康发展的意见》，明确要求各地方房地产主管部门会同价格、通信、金融、税务、市场监管等主管部门加快建设房地产中介行业信用管理平台，定期交换中介机构及从业人员的诚信记录，将中介机构及从业人员的基本情况、良好行为以及不良行为记入信用管理平台，并向社会公示。

（六）房屋交易合同网签备案制度

房屋交易合同网签备案是政府部门搭建平台供交易当事人填写、确认房屋交易合同，并通过平台及时直接获取交易信息，完成合同备案的管理活动。房屋交易合同网签备案范围是全国城市规划区国有土地上的房屋交易，包括新建商品房买卖合同、存量房买卖合同、房屋租赁合同、房屋抵押合同四种合同的网签备案。2006 年，建设部、中国人民银行发布《关于加强房地产经纪管理规范交易结算资金账户管理有关问题的通知》（建住房〔2006〕321 号），要求有条件的地方建立网上签约系统，将网上签约系统与房地产经纪合同管理、存量房交易资金管理制度结合起来，形成完整的存量房交易监管体系。2018 年 12 月 26 日《住房和城乡建设部关于进一步规范和加强房屋网签备案工作的指导意见》（建房〔2018〕128 号）和 2019 年 8 月《住房和城乡建设部关于印发房屋交易合同网签备案业务规范（试行）的通知》（建房规〔2019〕5 号），对房屋交易合同网签备案范围、条件、流程等进行了进一步的规范。房屋交易合同通过网上签约备案模式，改变了原来当事人签订房屋交易纸质合同后，必须再持纸质合同向政府部门申请备案的传统做法，让备案变得更加简便。行政效能大幅提升，真正做到了"信息多跑路、群众不跑腿"。特别是 2019 年 4 月 23 日，全国人大常委会通过了对《电子签名法》的修改，电子签名可依法在房屋交易活动中使用，这将使合同网签备案变得更加便捷、高效。根据《住房和城乡建设部关于进一步规范和加强房屋网签备案工作的指导意见》，由房地产中介（房地产经纪）、租赁机构提供经纪或者租赁服务的，可由其代为申请办理网签备案。需要注意的是，根据《房地产经纪管理办法》，只有经备案的房地产经纪机构才可以办理房屋交易合同网上签约备案。没有备案的房地产经纪机构不提供网签备案服务。

（七）房地产交易资金监管制度

2006 年 12 月 29 日，建设部、中国人民银行联合发布《关于加强房地产经纪管理规范交易结算资金账户管理有关问题的通知》（建住房〔2006〕321 号），要求通过房地产经纪机构或交易保证机构划转交易结算资金的，房地产经纪机构或交易保证机构必须在银行开立交易结算资金专用存款账户，账户名称为房地产经纪机构或交易保证机构名称后加"客户交易结算资金"字样，该专用存款账户专门用于存量房交易结算资金的存储和支付。房地产经纪机构和交易保证机构应在银行按房产的买方分别建立子账户。交易结算资金的存储和划转均应通过交易结算资金专用存款账户进行，房地产经纪机构、交易保证机构和房地产经纪人员不得通过客户交易结算资金专用存款账户以外的其他银行结算账户代收代付交易资金，不得侵占、挪用交易资金。客户交易结算资金专用存款账户不得支取现金。地方房地产主管部门履行交易资金监管职责，通过运用合同网签备案与交易资金监管联动等手段，加强管理。

（八）个人信息保护制度

根据住房和城乡建设部等部门《关于规范房地产经纪服务的意见》（建房规〔2023〕2 号），为贯彻落实《个人信息保护法》，房地产经纪机构及从业人员不得非法收集、使用、加工、传输他人个人信息，不得非法买卖、提供或者公开他人个人信息。房地产经纪机构要建立健全客户个人信息保护的内部管理制度，严格依法收集、使用、处理客户个人信息，采取有效措施防范泄露或非法使用客户个人信息。未经当事人同意，房地产经纪机构及从业人员不得收集个人信息和房屋状况信息，不得发送商业性短信息或拨打商业性电话。

## 五、房地产经纪行业自律

（一）全国性房地产经纪行业组织

房地产经纪行业组织自律管理是行业管理的重要组成部分。行业组织是联系政府和企事业单位之间的桥梁与纽带。《房地产经纪管理办法》规定，房地产经纪行业组织应当按照章程实行自律管理，向有关部门反映行业发展的意见和建议，促进房地产经纪行业的发展和人员素质的提高。2004 年，经建设部同意、民政部批准，成立于 1994 年的中国房地产估价师学会更名为中国房地产估价师与房地产经纪人学会。中国房地产估价师与房地产经纪人学会成为唯一的全国性房地产经纪行业组织，会员由从事房地产估价或经纪租赁活动的个人和有关单位自愿组成。

1. 业务范围

（1）组织开展房地产估价和经纪租赁理论、方法及其应用的研究、讨论、交流和考察；

（2）经政府有关部门批准，拟订并推行房地产估价和经纪租赁执业标准、规则；

（3）协助行政主管部门组织实施全国房地产估价师职业资格考试；

（4）经政府有关部门批准，实施房地产经纪专业人员职业资格评价，办理房地产经纪专业人员资格证书登记；

（5）开展房地产估价和经纪租赁业务培训，对房地产估价师、房地产经纪专业人员进行继续教育，推动知识更新；

（6）建立房地产估价师和房地产估价机构、房地产经纪专业人员和房地产经纪租赁机构信用档案，经政府有关部门批准，开展房地产估价机构和房地产经纪租赁机构资信评价；

（7）提供房地产估价和经纪租赁咨询和技术服务；

（8）依照有关规定，编辑出版房地产估价和经纪租赁刊物、著作，建立有关网站，开展行业宣传；

（9）代表本行业开展国际交往活动，参加相关国际组织；

（10）向政府有关部门反映会员的意见、建议和要求，维护会员的合法权益，支持会员依法执业；

（11）办理法律、法规规定和行政主管部门委托或授权的其他有关工作。

2. 自律管理

为加强对房地产经纪机构和人员的自律管理，规范房地产经纪行为，提高房地产经纪服务质量，中国房地产估价师与房地产经纪人学会于 2006 年印发、并于 2013 年修订重发了《房地产经纪执业规则》，于 2017 年制定并印发了《房地产经纪专业人员职业资格证书登记服务办法》《房地产经纪专业人员继续教育办法》等文件。

这些自律管理规范性文件，要求房地产经纪机构和人员应当勤勉尽责，以向委托人提供规范、优质、高效的专业服务为己任，以促成合法、安全、公平的房地产交易为使命，从事房地产经纪活动，应当遵守法律、法规、规章，恪守职业道德，遵循自愿、平等、公平和诚实信用的原则。要求房地产经纪人员充分认识到房地产经纪的必要性及其在保障房地产交易安全、促进交易公平、提高交易效率、降低交易成本、优化资源配置、提高人民居住水平等方面的重要作用，应当具有职业自信心、职业荣誉感和职业责任感。

3. 发布推荐性合同文本

为保护房地产交易当事人合法权益，维护房地产市场秩序，促进房地产经纪行业健康发展，中国房地产估价师与房地产经纪人学会于 2017 年印发了《房地产经纪服务合同推荐文本》《房屋状况说明书（房屋租赁）》和《房屋状况说明书（房屋买卖）》等文件。对房地产经纪服务中经常使用的法律文件提供了示范，提高了房地产经纪服务谈判、约定和信息披露的透明度和规范性，减少了交易信息的不对称问题。

4. 执业行为监督与信息公开

中国房地产估价师与房地产经纪人学会建立了房地产经纪信用档案、开展了房地产经纪行业资信评价、发布了交易风险提示、通报了房地产经纪违法违规案件。经过几年的不懈努力和探索，目前初步形成了以房地产经纪专业人员职业资格制度为核心，以诚信建设和资信评价为基础，以案件通报和风险提示为手段，以规则制定、制度设计为引导的房地产经纪行业自律框架体系。

（二）地方性房地产经纪行业组织

地方性房地产经纪行业组织在地方房地产业发展中起着重要的作用。一般来说，市场经济较为发达的地区，房地产经纪行业组织较活跃。北京、上海、重庆、广州、深圳、大连、成都、武汉和厦门等城市都组建了房地产经纪行业自律组织。他们在组织、调动房地产经纪机构和房地产经纪专业人员的积极性、解决经纪工作中的一些技术性问题等方面，都发挥了非常重要的作用。同时，根据有关自律管理规范性文件，地方性房地产经纪行业组织还承担所在区域内职业资格登记、专业人员继续教育、执业行为监督等工作。

1. 配合房地产经纪专业人员职业资格证书登记服务工作

根据《房地产经纪专业人员职业资格证书登记服务办法》，地方房地产经纪行业组织等单位接受中国房地产估价师与房地产经纪人学会委托，协同做好本行政区域内房地产经纪专业人员职业资格证书登记服务工作。

2. 组织实施本行政区房地产经纪专业人员继续教育

根据《房地产经纪专业人员继续教育办法》，经中国房地产估价师与房地产经纪人学会授权的省、自治区、直辖市或者设区的市房地产经纪行业组织（以下称地方继续教育实施单位），可以按照相关规定负责本行政区域内房地产经纪专业人员继续教育的实施工作。

地方继续教育实施单位应当根据本行政区域内需要参加继续教育面授培训的人数，合理控制继续教育培训班规模及安排培训班数量，保证培训效果和质量，科学制定年度继续教育培训计划并及时公布培训班举办时间、地点、内容，供房地产经纪专业人员查询和选择参加。

3. 执业行为监督与报告

根据《房地产经纪专业人员职业资格证书登记服务办法》，地方房地产经纪行业组织等单位（即地方登记服务机构）如发现房地产经纪专业人员出现下列情形的，应及时向中国房地产估价师与房地产经纪人学会报告。一是以欺骗、贿赂等不正当手段获准登记的；二是涂改、转让、出租、出借登记证书的；三是受到刑事处罚的；四是法律法规及中国房地产估价师与房地产经纪人学会规定应当予以登记取消的其他情形。

### 六、国外和我国港澳台地区房地产经纪行业管理概况

（一）发达国家的房地产经纪业

发达国家的房地产经纪业普遍建立了较为完善的房地产经纪制度，一般都以一定的法律形式，对职业人员资格、执业保证金、佣金、契约等方面的内容进行规定，并由有关政府主管机关进行监管。同时，又注重发挥房地产经纪行业组织在进行教育培训、建立执业规范、职业道德、信誉制度方面的作用。

1. 建立完善的法律体系

通过国家或者地区立法，依法规范房地产经纪行业行为。美国自 19 世纪 90 年代房地产经纪业出现一些问题后，各州政府就开始考虑利用法律进行监管。美国的房地产经纪法律体系包括《一般代理法》《契约法》及各州的房地产经纪相关法规。加利福尼亚州于 1917 年制定了美国第一部房地产经纪人执照法——《房地产交易执照法》。之后，各州纷纷效仿，陆续制定了各州的执照法规。德国有《住房中介法》对房地产经纪活动进行严格的规范。加拿大各省都对房地产经纪人专门立法，如《安大略省房地产及商业经纪人法》《魁北克省房地产经纪法》《不列颠哥伦比亚省房地产服务法》等。英国的房地产经纪专门立法是《房地产经纪人法 1980》等相关法律法规。日本关于规范房地产经纪人的法规主要是 1952 年制定的《宅地建物取引业法》（即日本房地产交易法）。该法规定了房地产经纪人的禁止行为，以及房地产经纪业机构取得营业执照必备的持证经纪人员数量等各种条件。

2. 实行人员资格准入

从事房地产经纪的人员取得资格或牌照后，方可从事经纪活动。美国的房地产经纪人从业采用严格执照制度，各州都有牌照法。美国的房地产经纪人员分为经纪人和销售员两类，年满 18 岁的自然人，受过专业知识训练并通过专业资格考试，才能获得牌照并注册执业。以美国得克萨斯州为例，从事房地产经纪工作之前，房地产经纪人必须要完成现代房地产学，本州的房地产法、代理法、合同法和房地产金融 5 门学科，以及相关法令版本的合同学习，经过考试、背景调查合格和四年以上的工作实践才能获得独立经纪人资格。加拿大房地产经纪人管理

与美国类似，甚至比美国还要严格一些。法律规定房地产经纪人必须考取执业牌照，加入房地产协会，受聘于一家房地产经纪公司才能从事房地产经纪业务；否则，就是违法，将受到法律制裁。英国对房地产经纪从业人员没有实行准入制度，主要由协会（National Association of Estate Agents，NAEA）对房地产经纪从业人员进行管理。英国对加入行业协会的房地产经纪从业者管理比较严格，必须通过行业组织设立的考试，考试合格并缴纳会费，方可加入。日本实行更为全面的房地产交易经纪人签约及房地产经纪人员职业资格制度。日本法律规定：持有国家资格证的房地产经纪人，在房地产交易中是不可缺少的。房地产经纪人考试没有考试资格限制，考试形式为选择题，通过率一般在13%～17%。

3. 规范执业行为

制定房地产经纪人员的行为规范。美国各州通过立法规范房地产经纪人员行为。例如，加利福尼亚州通过规定房地产经纪人执业行为的规范和相应的惩罚措施，维持其专业服务水准，保障大众的基本权益。日本规定，房地产交易过程中重要事项的说明，重要事项说明书的签字、盖章，交易合同的签字、盖章等都需要持证的房地产经纪人来完成，其他人员没有权利。

4. 行业自律组织健全职责明确

如美国除全美经纪人协会（National Association of Realtors，NAR）这一全国性房地产经纪行业组织外，各州还拥有各自的协会，分别管理和处置各州的房地产经纪事务，美国50个州的地方性行业协会的会员也隶属全美经纪人协会。

（二）我国香港地区的房地产经纪业

房地产经纪公司在香港被称为地产代理公司，房地产经纪行业被称为地产代理业。在香港，大约70%的房地产交易是由地产代理促成的。1997年5月21日，香港颁布《地产代理条例》（1997年第411号法律公告），标志着房地产经纪纳入了法治化管理的轨道，其运作更加规范、有效、专业。在我国香港地区从事房地产经纪服务的人员，必须持有地产代理（个人）牌照或营业员牌照，无照执业为违法行为。新入行人士必须通过地产代理或营业员资格考试，符合发牌条件才可申请有关牌照。如无牌照而从事地产代理、营业员的业务，可能会面临50万或20万港币罚款、监禁2年或1年的处罚。

（三）我国台湾地区的房地产经纪业

我国台湾地区的房屋经纪业发展具有同业联盟的特点，即由同业发起联卖制度，行业公会推动不动产资讯的交流，编印出版不动产成交行情公报，交流信息，促进流通，推动行业发展。台湾地区对房地产经纪行业管理实行"业必归会""人员持牌""营业保障金"等制度。"业必归会"即"经纪业经主管机关之许可，办妥公司登记或商业登记，并加入登记所在地之同业公会后方得营业"。"人员持牌"即经纪业不得雇用未具备经纪人员资格者从事中介或代销业务。非经纪业而经营中介或代销业务者，主管机关应禁止其营业，并处公司负责人、商号负责人或行为人新台币十万元以上三十万元以下罚款。"营业保障金"即经纪业于办妥公司登记或商业登记后，应依台湾地区主管部门规定缴存营业保证金。

（四）我国澳门地区的房地产经纪业

澳门称房地产经纪为房地产中介，澳门的《房地产中介业务法》于2013年7月1日生效。澳门房屋局是具有房地产中介范畴职责的主管实体，有职权对房地产中介人准照、房地产经纪准照的发给、续发、中止、取消中止及注销，以及就房地产中介业务法所规定的处罚作出决定。房地产中介人可以是自然人也可以是法人，该法对于自然人与法人取得准照规定不同的标准。依准照持有人的申请或房屋局发现已获准照的中介人，出现不符合取得准照的条件，须中止中介人的准照。中止期间，中介不得从事中介业务，其已订立的房地产中介合同失效。未持有效准照而以房地产经纪身份从事房地产中介业务者，罚款2万至10万元（澳门币）。

# 第三节 房地产经纪机构

## 一、房地产经纪机构设立

（一）房地产经纪机构的概念和类型

1. 房地产经纪机构的概念

房地产经纪机构是指依法设立，从事房地产经纪活动的中介服务机构。《城市房地产管理法》把房地产中介服务机构分为房地产咨询机构、房地产价格评估机构和房地产经纪机构。房地产经纪机构是房地产中介服务机构的一种类型。根据设立要求条件和主营业务的不同，可以把房地产经纪机构与其他房地产中介服务机构区分开来。

2. 房地产经纪机构的类型

根据不同的分类标准，房地产经纪机构可以分为不同的类型。

（1）按照组织形式划分，理论上房地产经纪机构可以分为公司、合伙企业、个体工商户和独资企业。公司又可以分为有限责任公司和股份有限公司。目前，房地产经纪机构的组织形式以有限责任公司为主。有限责任公司以其全部资产对公司的债务承担责任。有限责任公司的股东以其出资额为限对公司承担有限责任，股东可以是自然人也可以是法人，出资形式可以是货币，也可以是实物、权利，例如以房屋所有权、建设用地使用权出资等。合伙企业在存续期间，合伙人的出资和所有以合伙人名义取得的收益由全体合伙人共同管理和使用。普通合伙人以个人财产对合伙企业承担无限连带责任。在中小城市，也有个体工商户性质的房地产经纪机构存在。

（2）按照注册资金的来源划分，可以分为中资企业和外资企业，其中外资企业又可以分为外商独资企业、中外合资经营企业和中外合作经营企业。如果再进一步细分，还可以分为港资和台资等。目前，我国房地产经纪机构绝大多数是中资公司，台资房地产经纪机构以信义、台庆、住商等企业为代表，港资房地产经纪机构以中原、美联为代表，美资房地产经纪机构以21世纪中国不动产为代表。

（3）按照经营模式划分，可以分为有店经营模式和无店经营模式。其中，有店经营模式根据扩张方式的不同，又可分成直营模式、特许经营（加盟）模式、混合模式和参股模式。直营模式的全称叫作直营连锁模式，即由公司总部直接投资、经营、管理各个经纪门店的经营形态。直营连锁是最为传统的模式。直营门店由连锁企业总部直接投资开设，所有门店在总部的统一领导下经营，总部对各门店实施人、财、物及房源客源信息等方面的统一管理。特许经营模式的全称是特许经营连锁模式，是指特许者将自己所拥有的商标、商号、产品、专利和专有技术、经营模式等，以特许经营合同的形式授予被特许者使用，被特许者按合同规定，在特许者统一的业务模式下从事经营活动，并向特许者支付相应的费用。由于特许企业的存在形式具有连锁经营统一形象、统一管理等基本特征，因此也称为特许连锁。直营和特许经营模式的最大区别就是连锁门店的投资方不同，由总部直接投资设立门店的是直营模式，由被特许方投资设立门店的是特许经营模式。如果一家房地产经纪机构的连锁门店当中既有直营门店也有特许加盟的门店，则这家机构就是混合模式的房地产经纪机构。另外，由特许人和被特许人共同出资设立门店的模式，介于直营和加盟之间，我们习惯称其为参股模式。以上几种模式的特点比较见表1-1。

房地产经纪经营模式特点比较                表 1-1

| 经营模式 | 扩张速度 | 扩张投入 | 收益 | 管控 |
|---|---|---|---|---|
| 直营模式 | 慢 | 大 | 高 | 容易 |
| 特许经营模式 | 快 | 小 | 低 | 相对较难 |
| 混合模式 | 中 | 中 | 中 | 相对较难 |
| 参股模式 | 快 | 大 | 高 | 适中 |

（4）按照主营业务的不同，可以分为新建商品房销售代理机构、存量房（二

手房）经纪机构和综合型经纪机构。顾名思义，新建商品房销售代理机构就是以房地产开发顾问策划、新建商品房销售代理为主营业务的房地产经纪机构；存量房经纪机构就是以存量房买卖、租赁经纪业务为主营业务的房地产经纪机构；综合型机构就是兼营新建商品房销售代理和存量房经纪业务的机构。

（二）房地产经纪机构的设立

房地产经纪机构属于房地产中介服务机构。根据《城市房地产管理法》的规定，设立房地产中介服务机构，应当申请市场主体设立登记。领取营业执照后，方可开业。

设立房地产经纪机构，应当具备下列条件：

（1）有自己的名称和组织机构；

（2）有固定的服务场所；

（3）有必要的财产和经费；

（4）有足够数量的专业人员；

（5）法律、行政法规规定的其他条件。

其中，固定的服务场所是指住所或者经营场所，申请登记时要向市场监督管理部门提供申请人自有房屋的房屋所有权证或者租赁房屋的房屋租赁合同，作为拥有固定服务场所的证明。足够数量的专业人员包括房地产经纪人协理和房地产经纪人。

根据申请设立房地产经纪机构组织形式的不同，还应符合《公司法》《个人独资企业法》《合伙企业法》《促进个体工商户发展条例》等法律法规规定的相应条件。

根据《房地产经纪管理办法》的规定，房地产经纪机构可以设立分支机构。需要注意的是，房地产经纪机构设立的分支机构可以独立开展房地产经纪业务、单独核算，但不具有法人资格。分支机构解散后，房地产经纪机构对其解散后尚未清偿的全部债务承担责任。

（三）房地产经纪机构备案

房地产经纪机构在申请登记领取营业执照后，还需要到所在地的直辖市、市、县人民政府建设（房地产）主管部门办理备案。直辖市、市、县人民政府建设（房地产）主管部门应当将房地产经纪机构及其分支机构的名称、住所、法定代表人（执行合伙人）或者负责人、房地产经纪人员等备案信息向社会公示。

## 二、房地产经纪机构经营信息的公示

《房地产经纪管理办法》要求房地产经纪机构应当遵守法律、法规和规章规定，在经营场所醒目位置标明房地产经纪服务项目、服务内容、收费标准以及相关房地产价格和信息。经营场所是指从事房地产经纪业务活动的处所，可以是房地产经纪机构企业法人住所，也可以是办公场所。现实中，房地产经纪机构的经营场所主要是指房地产经纪门店。在经营场所客户易于看见、看清的醒目位置公示必要内容，目的是解决房地产经纪活动中信息不对称问题。现实中，客户对房地产经纪服务内容、服务标准、房地产交易流程及相关规定通常不甚了解，房地产经纪机构和房地产经纪人员可能会利用信息优势，侵害客户合法权益。房地产经纪机构在经营场所公示必要内容，实质上是一种信息告知行为。客户可以依据公示内容，监督房地产经纪服务行为，维护自己的合法权益。依法设立并备案的房地产经纪机构公示必要内容，特别是公示营业执照和备案证明文件，也有利于主管部门对无照经营的非法机构进行查处。要求在经营场所公示必要的内容也是国际同行的通常做法，美国及我国港台地区都有类似的规定。例如，我国台湾地区的《不动产经纪业管理条例施行细则》第二十一条规定："经纪业应依本条例第十八条及第二十条规定，于营业处所明显之处，揭示下列文件：一、经纪业许可文件。二、同业公会会员证书。三、不动产经纪人证书。四、报酬标准及收取方式。前项第一款至第三款文件，得以复印件为之。第一项第四款规定，于代销经纪业不适用之。"

（一）营业执照和备案证明文件

营业执照是市场主体合法经营权的凭证。营业执照的登记事项有：名称、地址、负责人、经营范围、经营方式、经营期限等。营业执照分正本和副本，二者具有相同的法律效力，但营业场所公示的应当是营业执照正本。营业执照不得伪造、涂改、出租、出借、转让。房地产经纪分支机构（包括经纪门店和售楼处）还应当公示设立该分支机构的房地产经纪机构的营业执照及备案证明文件的复印件、经营地址及联系方式。公示的备案证明文件应当是原件，而不是复印件。

（二）服务项目、内容和标准

服务项目，内容和标准是指房地产经纪机构可为客户提供的具体项目名称、服务项目中所包含的具体事项，以及完成服务的衡量标准。房地产经纪机构代理销售商品房项目的，应在销售现场明显位置应明示商品房销售委托书和批准销售商品房的有关证明文件。《城市房地产开发经营管理条例》（1998 年国务院令第248 号，2020 年修订）规定，房地产开发企业委托中介机构代理销售商品房的，应当向中介机构出具委托书。中介机构销售商品房时，应当向商品房购买人出示商品房的有关证明文件和商品房销售委托书。《商品房销售管理办法》（2001 年建设部令第 88 号）也规定受托房地产中介服务机构销售商品房时，应当向买受人出示商品房的有关证明文件和商品房销售委托书。批准销售商品房的有关证明文件是指房地产管理部门签发的商品房项目销售许可证或预售许可证。

（三）房地产经纪收费

2014 年 12 月 17 日，国家发展改革委下发《国家发展改革委关于放开部分服务价格意见的通知》（发改价格〔2014〕2755 号），要求放开房地产经纪收费等已具备竞争条件的 7 项服务的价格。虽然放开了房地产经纪服务收费标准，但房地产经纪机构收费行为仍要符合有关规定。根据住房和城乡建设部等部门《关于规范房地产经纪服务的意见》（建房规〔2023〕2 号），房地产经纪服务收费由交易各方根据服务内容、服务质量，结合市场供求关系等因素协商确定。房地产经纪机构要合理降低住房买卖和租赁经纪服务费用。鼓励按照成交价格越高、服务费率越低的原则实行分档定价。引导由交易双方共同承担经纪服务费用。具有市场支配地位的房地产经纪机构，不得滥用市场支配地位以不公平高价收取经纪服务费用。房地产互联网平台不得强制要求加入平台的房地产经纪机构实行统一的经纪服务收费标准，不得干预房地产经纪机构自主决定收费标准。房地产经纪机构、房地产互联网平台、相关行业组织涉嫌实施垄断行为的，市场监管部门依法开展反垄断调查。《房地产经纪管理办法》规定，"不得混合标价、捆绑标价"是指房地产经纪基本服务与房地产贷款代办等其他服务不得混合标价、捆绑标价，另外由房地产经纪机构代收代缴的交易费用也应分别标价和公示，比如住宅专项维修资金、评估费、担保费、公证费、不动产登记费等。

房地产经纪服务机构按照《价格法》《房地产经纪管理办法》等法律规章要求，公平竞争、合法经营、诚实守信，为委托人提供价格合理、优质高效服务；严格执行明码标价制度，在其经营场所的醒目位置公示价目表。

（四）交易资金监管方式

房地产交易资金监管包括存量房交易资金监管和商品房预售资金监管。监管方式包括银行托管、政府监管、交易保证机构监管等，不同的监管方式各有特点。房地产经纪机构应公示本地施行的交易资金监管方式，可以是多种，也可以是一种。

（五）信用档案查询方式、投诉电话及 12358 价格举报电话

房地产经纪信用档案包括全国房地产经纪信用档案、省级信用档案和市级信用档案。目前全国房地产经纪信用档案由中国房地产估价师与房地产经纪人学会建立，查询网站是 www.agents.org.cn。投诉电话分为两种：一种是房地产经纪机构内部的客服电话或者纠纷处理电话；另一种是主管部门、消费者协会的投诉电话。规模较大的房地产经纪机构这两种电话都要公示；规模小的，没有内部

投诉电话，可以只公布主管部门的投诉电话。12358 是价格部门开设的价格违法行为举报电话。

（六）房地产经纪服务合同、房屋买卖合同和房屋租赁合同示范文本

房地产经纪服务合同，主要包括房屋出售经纪服务合同、房屋出租经纪服务合同、房屋承购经纪服务合同、房屋承租经纪服务合同、房地产抵押贷款代办服务合同、不动产登记代办服务合同等。2017 年，中国房地产估价师与房地产经纪人学会重新制定并发布了《房地产经纪服务合同推荐文本》，包括房屋出售、房屋出租、房屋承购和房屋承租 4 个合同文本。

为规范商品房交易行为，保障交易当事人的合法权益，切实维护公平公正的商品房交易秩序，住房和城乡建设部、工商总局 2014 年发布的商品房买卖合同示范文本分为《商品房买卖合同（预售）示范文本》GF—2014—0171 和《商品房买卖合同（现售）示范文本》GF—2014—0172，该示范文本自 2014 年 4 月 9日起使用。

【例题 1-5】房地产经纪服务收费应（　　　）。

A. 明码标价                    B. 混合标价

C. 捆绑标价                    D. 模糊标价

# 第四节　房地产经纪从业人员

## 一、房地产经纪从业人员概述

（一）房地产经纪从业人员的含义

在房地产交易活动中，从事促成房地产公平交易，存量房和新建商品房居间、代理等业务活动的人员，都属于房地产经纪从业人员。在房地产人员管理方面，我国实行了房地产经纪从业人员实名登记管理和房地产经纪专业人员职业资格制度。房地产经纪专业人员是指通过房地产经纪专业人员职业资格考试，取得职业资格证书的房地产经纪从业人员。

（二）房地产经纪专业人员的分类

房地产经纪专业人员英文为 Real Estate Agent Professionals。房地产经纪专业人员职业资格分为房地产经纪人协理、房地产经纪人和高级房地产经纪人 3 个级别。房地产经纪人协理和房地产经纪人职业资格实行全国统一考试的评价方式。高级房地产经纪人职业资格评价的具体办法将另行规定。通过房地产经纪人协理、房地产经纪人职业资格考试，取得相应级别职业资格证书的人员，已具备

从事房地产经纪专业相应级别专业岗位工作的职业能力和水平。符合《经济专业人员职务试行条例》中助理经济师、经济师任职条件的人员，用人单位可根据工作需要聘任相应级别经济专业职务。例如，取得房地产经纪人协理职业资格的人员，单位可以聘任其担任助理经济师职务。

（三）房地产经纪专业人员应具备的职业能力

取得房地产经纪专业人员职业资格证书的人员，应当遵守国家法律、法规及房地产经纪行业相关制度规则，坚持诚信、公平、公正的原则，保守商业秘密，保障委托人合法权益，恪守职业道德。不同级别的房地产经纪专业人员，应当具备的职业能力要求有所不同。

1. 房地产经纪人应具备的职业能力

取得房地产经纪人职业资格证书的人员应当具备的能力有：

（1）熟悉房地产经纪行业的法律法规和管理规定；

（2）熟悉房地产交易流程，能完成较为复杂的房地产经纪工作，处理解决房地产经纪业务的疑难问题；

（3）运用丰富的房地产经纪实践经验，分析判断房地产经纪市场的发展趋势，开拓创新房地产经纪业务；

（4）指导房地产经纪人协理和协助高级房地产经纪人工作。

2. 房地产经纪人协理应具备的职业能力

取得房地产经纪人协理职业资格证书的人员应当具备的能力有：

（1）了解房地产经纪行业的法律法规和管理规定。房地产经纪人协理要依法律己，了解房地产经纪行业的法律法规和管理规定，懂得在房地产经纪活动中应该遵循的行为准则，养成自觉守法的好习惯，做到法律允许的才能去做，法律不允许的坚决不做，法律要求的必须去做。崇尚法律，学习有关管理规定，做知法、守法的房地产经纪人协理。

（2）基本掌握房地产交易流程，具有一定的房地产交易运作能力。房地产经纪业务主要有房屋租赁和买卖两种。无论租赁、买卖，都有一套严格、完整的业务流程。房地产经纪人协理只有基本掌握房地产交易流程，具有一定的房地产交易运作能力，才能协助房地产经纪人为交易双方牵线搭桥、促成交易，并且能够充分保障交易安全的经纪业务。

（3）独立完成房地产经纪业务的一般性工作。接听客户来电，接待客户，了解客户对房屋面积、位置、价格和朝向等方面的需要，向客户推荐合适的房源等一般性的房地产经纪业务，房地产经纪人协理应当能够独立地完成。

（4）在房地产经纪人的指导下，完成较复杂的房地产经纪业务。对于寻找到有效的房源并获得业主的委托、寻找合适的买家且在买卖双方之间牵线搭桥撮合成交等较复杂的房地产经纪业务，房地产经纪人协理应当在房地产经纪人的指导下完成。

### 二、房地产经纪专业人员职业资格考试

为适应房地产经纪行业发展的需要，加强房地产经纪专业人员队伍建设，提高房地产经纪专业人员素质，规范房地产经纪活动秩序，依据《城市房地产管理法》《国务院机构改革和职能转变方案》和国家职业资格证书制度有关规定，在总结原房地产经纪人员职业资格制度实施情况的基础上，人力资源和社会保障部、住房和城乡建设部于2015年6月25日发布了《房地产经纪专业人员职业资格制度暂行规定》（以下简称《暂行规定》）和《房地产经纪专业人员职业资格考试实施办法》，自2015年7月1日起施行。

《暂行规定》确定了国家设立房地产经纪专业人员水平评价类职业资格制度，面向全社会提供房地产经纪专业人员能力水平评价服务，房地产经纪专业人员纳入全国专业技术人员职业资格证书制度统一规划。

（一）考试组织安排

人力资源和社会保障部、住房和城乡建设部共同负责房地产经纪专业人员职业资格制度的政策制定，并按职责分工对房地产经纪专业人员职业资格制度的实施进行指导、监督和检查。中国房地产估价师与房地产经纪人学会具体承担房地产经纪专业人员职业资格的评价与管理工作，组织成立考试专家委员会，研究拟定考试科目、考试大纲、考试试题和考试合格标准。从2016年起，房地产经纪人协理、房地产经纪人职业资格实行全国统一大纲、统一命题、统一组织的考试制度。原则上每年举行1次考试。考试时间一般安排在每年第四季度。从2018年起，每年第二季度在部分城市增加了一次试点考试。每年考试的具体时间由人力资源和社会保障部在上一年第四季度向社会公布。考点原则上设在直辖市和省会城市的大、中专院校或者高考定点学校。

（二）考试报名和条件

参加考试由本人提出申请，按有关规定办理报名手续。考试实施机构按照规定的程序和报名条件审核合格后，核发准考证。参加考试人员凭准考证和有效证件在指定的日期、时间和地点参加考试。中央和国务院各部门及所属单位、中央管理企业的人员按属地原则报名参加考试。

申请参加房地产经纪专业人员职业资格考试应当具备的基本条件有：①遵守国家法律、法规和行业标准与规范；②秉承诚信、公平、公正的基本原则；③恪

守职业道德。

申请参加房地产经纪人协理职业资格考试的人员，除具备上述基本条件外，还必须具备中专或者高中及以上学历。

申请参加房地产经纪人职业资格考试的人员，除具备上述基本条件外，还必须符合下列条件之一：

（1）通过考试取得房地产经纪人协理职业资格证书后，从事房地产经纪业务工作满 6 年。也就是说，最高学历为高中或中专学历的人员，只要通过考试取得房地产经纪人协理职业资格证书后，从事房地产经纪工作满 6 年，就可以报名参加房地产经纪人职业资格考试。通过考试后，可以与拥有大专、本科学历的人员一样，取得房地产经纪人职业资格，单位可以聘用其担任中级职称，享受中级职称专业人员的政策待遇。这个规定，给房地产经纪行业人员中的高中、中专学历的人员，提供了晋升为房地产经纪人的通道。

（2）取得大专学历，工作满 6 年，其中从事房地产经纪业务工作满 3 年。

（3）取得大学本科学历，工作满 4 年，其中从事房地产经纪业务工作满 2 年。

（4）取得双学士学位或研究生班毕业，工作满 3 年，其中从事房地产经纪业务工作满 1 年。

（5）取得硕士学历（学位），工作满 2 年，其中从事房地产经纪业务工作满 1 年。

（6）取得博士学历（学位）。

（三）考试科目和时间

房地产经纪人协理职业资格考试设《房地产经纪综合能力》和《房地产经纪操作实务》2 个科目。考试分 2 个半天进行，每个科目的考试时间均为 1.5 小时。房地产经纪人职业资格考试设《房地产交易制度政策》《房地产经纪职业导论》《房地产经纪专业基础》和《房地产经纪业务操作》4 个科目。考试分 4 个半天进行，每个科目的考试时间均为 2.5 小时。

《暂行规定》还规定，对参加房地产经纪专业人员职业资格考试的部分人员免试有关科目，免试部分科目的人员在报名时，应当提供相应证明文件。参加房地产经纪人协理职业资格考试，可免试的条件为：①通过全国统一考试，取得经济专业技术资格"房地产经济"专业初级资格证书的人员，可免试《房地产经纪综合能力》科目，只参加《房地产经纪操作实务》1 个科目的考试。②按照原《〈房地产经纪人员职业资格制度暂行规定〉和〈房地产经纪人执业资格考试实施办法〉》（人发〔2001〕128 号）要求，通过地方组织的考试取得房地产经纪人协理资格证书的人员，可免试《房地产经纪操作实务》科目，只参加《房地产经纪综合能力》1 个科目的考试。需要说明的是，房地产经纪协理有两类。第一类是 2016 年以后，通过全国房地产经纪人协理职业资格考试的人员。这些人员的职业资格证书在全国范围内有效。第二类是 2015 年 6 月 25 日前，按照人事部、建设部印发的《房地产经纪人员职业资格制度暂行规定》，通过各省级人事、建设主管部门组织的房地产经纪人协理考试的人员。这些人员的职业资格证书在本行政区域内仍然继续有效。第二类房地产经纪人协理，如想转变为第一类，即取得在全国范围内有效的房地产经纪人协理资格证书，只需要通过全国房地产经纪人协理《房地产经纪综合能力》1 个科目的考试即可。

参加房地产经纪人职业资格考试可免试的条件为：通过全国统一考试，取得房地产估价师资格证书的人员或者取得经济专业技术资格"房地产经济"专业中级资格证书的人员，或者按照国家统一规定评聘高级经济师职务的人员，可免试《房地产交易制度政策》科目，只参加《房地产经纪职业导论》《房地产经纪专业基础》和《房地产经纪业务操作》3 个科目的考试。

（四）考试过程纪律要求

根据《专业技术人员资格考试违纪违规行为处理规定》（人力资源和社会保障部令第 31 号），参加房地产经纪专业考试的人员在考试过程中有违规行为的，分别给以当次该科目考试成绩无效，情节严重的，给予其当次全部科目考试成绩无效的处理，并将其违纪违规行为记入专业技术人员资格考试诚信档案库。

（1）当次该科目考试成绩无效的情形主要有：

a）携带通信工具、规定以外的电子用品或者与考试内容相关的资料进入座位，经提醒仍不改正的；

b）未在规定座位参加考试，或者未经考试工作人员允许擅自离开座位或者考场，经提醒仍不改正的；

c）在考试开始信号发出前答题，或者在考试结束信号发出后继续答题的；

d）故意损坏电子化系统设施的；

e）未按规定使用考试系统，经提醒仍不改正的；

f）其他应当给予当次该科目考试成绩无效处理的违纪违规行为。

（2）应试人员在考试过程中有下列严重违纪违规行为之一的，给予其当次全部科目考试成绩无效的处理，并将其违纪违规行为记入专业技术人员资格考试诚信档案库，记录期限为五年：

a）抄袭、协助他人抄袭试题答案或者与考试内容相关资料的；

b）互相传递草稿纸等的；

c）持伪造证件参加考试的；

d）本人离开考场后，在考试结束前，传播考试试题及答案的；

e）使用禁止带入考场的通信工具、规定以外的电子用品的；

f）其他应当给予当次全部科目考试成绩无效处理的严重违纪违规行为。

（3）应试人员在考试过程中有下列特别严重违纪违规行为之一的，给予其当次全部科目考试成绩无效的处理，并将其违纪违规行为记入专业技术人员资格考试诚信档案库，长期记录：

a）串通作弊或者参与有组织作弊的；

b）代替他人或者让他人代替自己参加考试的；

c）其他情节特别严重、影响恶劣的违纪违规行为。

（五）成绩滚动和资格证书

房地产经纪专业人员职业资格各科目考试成绩实行滚动管理的办法。在规定的期限内参加应试科目考试并合格，方可获得相应级别房地产经纪专业人员职业资格证书。参加房地产经纪人协理职业资格考试的人员，必须在连续的 2 个考试年度内通过全部（2 个）科目的考试；参加房地产经纪人职业资格考试的人员，必须在连续的 4 个考试年度内通过全部（4 个）科目的考试。因符合免试条件只参加 1 个或 3 个科目考试的人员，须在 1 个或连续的 3 个考试年度内通过应试科目的考试，方可获得相应的房地产经纪专业人员职业资格证书。

房地产经纪人协理、房地产经纪人职业资格考试合格的，由中国房地产估价师与房地产经纪人学会颁发人力资源和社会保障部、住房和城乡建设部监制，中国房地产估价师与房地产经纪人学会用印的相应级别《中华人民共和国房地产经纪专业人员职业资格证书》。该证书在全国范围有效。对违反考试工作纪律和有关规定的人员，按照国家专业技术人员资格考试违纪违规行为处理规定处理。对以不正当手段取得房地产经纪专业人员资格证书的，按照国家专业技术人员资格考试违纪违规行为处理规定处理。

对于《暂行规定》施行前，依据人事部、建设部印发的《〈房地产经纪人员职业资格制度暂行规定〉和〈房地产经纪人执业资格考试实施办法〉》（人发〔2001〕128 号）要求，通过考试取得的房地产经纪人执业资格证书，与按照《暂行规定》要求取得的房地产经纪人职业资格证书效用等同。通过考试取得房地产经纪人协理资格证书依然仅在地方有效。

【例题 1-6】某房地产经纪协理仅有高中学历，考试取得房地产经纪人协理职业资格证书后，其报考房地产经纪人职业资格，需具备的条件是（　　）。

A. 领取房地产经纪人协理职业资格证书满 3 年

B. 从事房地产经纪业务工作满 6 年

C. 需在取得大专学历后满 3 年

D. 需在取得大学本科学历后满 1 年

### 三、房地产经纪专业人员登记

房地产经纪专业人员资格证书实行登记服务制度。房地产经纪专业人员登记证书（以下称登记证书）是房地产经纪专业人员从事房地产经纪活动的有效证件，从事房地产经纪业务时应当主动向委托人出示。中国房地产估价师与房地产经纪人学会负责全国房地产经纪专业人员职业资格证书登记服务的具体工作，接受国务院住房和城乡建设行政主管部门、人力资源和社会保障行政主管部门的指导和监督。地方房地产经纪行业组织等单位（以下称地方登记服务机构）接受中国房地产估价师与房地产经纪人学会委托，协同做好本行政区域内房地产经纪专业人员职业资格证书登记服务工作。中国房地产估价师与房地产经纪人学会建立全国房地产经纪专业人员信用档案，将登记情况等信息通过信用档案及时向社会公布，提供社会查询，接受社会监督。

为了落实房地产经纪专业人员职业资格证书登记服务制度，规范房地产经纪专业人员职业资格证书管理，中国房地产估价师与房地产经纪人学会于 2017 年 6 月 20 日印发《房地产经纪专业人员职业资格证书登记服务办法》（中房学〔2017〕6 号），自 2017 年 7 月 1 日起施行。房地产经纪专业人员职业资格证书登记服务工作（以下称登记服务工作）包括初始登记、延续登记、变更登记，以及登记注销和登记取消。根据《房地产经纪人员职业资格制度暂行规定》（人发〔2001〕128 号）取得房地产经纪人执业资格证书的，以及通过资格互认取得房地产经纪专业人员职业资格的，参照该办法办理登记。根据中国房地产估价师与房地产经纪人学会发布的团体标准——《电子证照规范 房地产经纪专业人员登记证书》T/CIREA JJ001—2023，自 2024 年 1 月 1 日起，房地产经纪专业人员登记证书采取电子形式发放，使用电子登记证书。使用电子登记证书为房地产经纪专业人员登记证书更广泛推广使用、动态更新，为房地产经纪行业信息化建设、数字化转型，与全国一体化在线政务服务平台数据对接、信息共享等奠定了基础，对提升房地产经纪专业人员登记服务效率、服务便利度等也具有重要意义。通过扫描房地产经纪专业人员电子登记证书上的二维码，可查询获取持证人当前职业、信用评价等情况动态信息。使用电子登记证书也从根本上解决了纸质登记证书携带展示不便，信息更新不及时，以及易丢失、易伪造等问题。

（一）登记办理

中国房地产估价师与房地产经纪人学会建立全国房地产经纪专业人员职业资格证书登记服务系统（以下称登记服务系统）。登记服务工作实行在登记服务系统上办理。

中国房地产估价师与房地产经纪人学会、地方登记服务机构通过登记服务系统办理登记服务工作。

申请登记的房地产经纪专业人员（以下称申请人）通过登记服务系统提交登记申请材料，查询登记进度和登记结果，打印登记证书。申请人应当对其提交的登记申请材料的真实性、完整性、合法性和有效性负责，不得隐瞒真实情况或者提供虚假材料。登记申请材料的原件由申请人妥善保管，以备接受检查。中国房地产估价师与房地产经纪人学会、地方登记服务机构认为有必要的，可要求申请人提供登记申请材料的原件接受检查。

申请人应当具备下列条件：

（1）取得房地产经纪专业人员职业资格证书；

（2）受聘于在住房和城乡建设（房地产）主管部门备案的房地产经纪机构（含分支机构，以下称受聘机构）；

（3）达到中国房地产估价师与房地产经纪人学会规定的继续教育合格标准；

（4）最近3年内未被登记取消；

（5）无法律法规或者相关规定不予登记的情形。

登记服务工作按照下列程序办理：

（1）申请人通过登记服务系统提交登记申请材料；

（2）地方登记服务机构自申请人提交登记申请之日起5个工作日内提出受理意见，逾期未受理的，视为同意受理；

（3）中国房地产估价师与房地产经纪人学会自收到地方登记服务机构受理意见起10个工作日内公告登记结果。

予以登记的，申请人自登记结果公告之日起可通过登记服务系统打印登记证书。

不予登记的，申请人可通过登记服务系统查询不予登记的原因。

初始登记、延续登记的有效期为3年，有效期起始之日为登记结果公告之日。初始登记、延续登记有效期间的变更登记，不改变初始登记、延续登记的有效期。

（二）初始登记

申请人取得房地产经纪专业人员职业资格证书后首次申请登记，或者登记注销、登记取消后重新申请登记的，应当申请初始登记。

申请初始登记的，应当提交下列登记申请材料：

（1）初始登记申请表影印件；

（2）房地产经纪专业人员职业资格证书影印件和身份证件影印件；

（3）与受聘机构的劳动关系证明影印件；

（4）受聘机构营业执照影印件和备案证明影印件。

取得房地产经纪专业人员职业资格证书超过3年申请初始登记的，申请之日前3年内应当达到中国房地产估价师与房地产经纪人学会规定的继续教育合格标准。

（三）延续登记

登记有效期届满继续从事房地产经纪活动的，应当于登记有效期届满前90日内申请延续登记。

登记有效期届满后申请登记的，按照延续登记办理。

申请延续登记的，应当提交下列登记申请材料：

（1）延续登记申请表影印件；

（2）与受聘机构的劳动关系证明影印件；

（3）受聘机构营业执照影印件和备案证明影印件。

申请人应当在延续登记申请之日前3年内达到中国房地产估价师与房地产经纪人学会规定的继续教育合格标准。

申请延续登记并同时变更受聘机构的，还应当提供与原受聘机构解除劳动关系的证明影印件或者原受聘机构依法终止的相关证明影印件。

（四）变更登记

在登记有效期间有下列情形之一的，应当申请变更登记：

（1）变更受聘机构；

（2）受聘机构名称变更；

（3）申请人姓名或者身份证件号码变更。

申请变更受聘机构的，应当提交下列登记申请材料：

（1）变更登记申请表影印件；

（2）与原受聘机构解除劳动关系的证明影印件或者原受聘机构依法终止的相关证明影印件；

（3）与新受聘机构的劳动关系证明影印件；

（4）新受聘机构营业执照影印件和备案证明影印件。

申请变更受聘机构名称的，应当提交下列登记申请材料：

（1）变更登记申请表影印件；

（2）市场监督管理主管部门出具的受聘机构名称变更核准通知书和名称变更后的营业执照影印件；

（3）受聘机构名称变更后的备案证明影印件。

申请变更姓名或者身份证件号码的，应当提交下列登记申请材料：

（1）变更登记申请表影印件；

（2）公安机关出具的相关证明影印件；

（3）姓名或者身份证件号码变更后的身份证件影印件。

（五）登记注销和登记取消

有下列情形之一的，本人或者有关单位应当申请登记注销：

（1）已与受聘机构解除劳动合同且无新受聘机构的；

（2）受聘机构的备案证明过期且不备案的；

（3）受聘机构依法终止且无新受聘机构的；

（4）中国房地产估价师与房地产经纪人学会规定的其他情形。

有下列情形之一的，中国房地产估价师与房地产经纪人学会予以登记取消，记入信用档案并向社会公示：

（1）以欺骗、贿赂等不正当手段获准登记的；

（2）涂改、转让、出租、出借登记证书的；

（3）受到刑事处罚的；

（4）法律法规及中国房地产估价师与房地产经纪人学会规定应当予以登记消的其他情形。

有前述登记取消情形之一的，地方登记服务机构、有关单位和个人应当及时报告中国房地产估价师与房地产经纪人学会，经查实后，予以登记取消；情节严重的，收回其职业资格证书。登记取消的，中国房地产估价师与房地产经纪人学会向社会公告其登记证书作废。房地产经纪专业人员死亡、不具有完全民事行为能力或者登记有效期届满未申请延续登记的，其登记证书失效。

### 四、房地产经纪专业人员继续教育

（一）继续教育的基本要求

根据《暂行规定》，取得相应级别房地产经纪专业人员资格证书的人员，应当按照国家专业技术人员继续教育及房地产经纪行业管理的有关规定，参加继续教育，不断更新专业知识，提高职业素质和业务能力。房地产经纪人协理、房地产经纪人和高级房地产经纪人都属于国家的专业技术人员，按照《专业技术人员继续教育规定》（2015 年人力资源和社会保障部令第 25 号）第八条规定：专业技术人员参加继续教育的时间，每年累计应不少于 90 学时，其中，专业科目一般不少于总学时的三分之二。专业技术人员参加继续教育的方式包括参加培训班

（研修班或者进修班）学习、相关的继续教育实践活动、远程教育、学术会议、学术讲座、学术访问活动等。

为了不断提高房地产经纪专业人员的职业素质和业务能力，加强房地产经纪专业人员继续教育的组织管理，中国房地产估价师与房地产经纪人学会于 2017 年 6 月 20 日印发《房地产经纪专业人员继续教育办法》（中房学〔2017〕7 号），自 2017 年 7 月 1 日起施行。房地产经纪专业人员应当参加继续教育，不断更新专业知识，提高职业素质和业务能力，以适应岗位需要和职业发展的要求。房地产经纪机构应当保障房地产经纪专业人员参加继续教育的权利，有责任督促、支持本机构的房地产经纪专业人员参加继续教育。中国房地产估价师与房地产经纪人学会负责房地产经纪专业人员继续教育工作的统筹规划、管理协调、组织实施工作。经中国房地产估价师与房地产经纪人学会授权的省、自治区、直辖市或者设区的市房地产经纪行业组织（以下称地方继续教育实施单位），负责本行政区域内房地产经纪专业人员继续教育的实施工作。经中国房地产估价师与房地产经纪人学会授权的房地产经纪机构负责本机构房地产经纪专业人员的继续教育实施工作。

（二）继续教育的学时要求

房地产经纪专业人员参加继续教育的时间，每年应累计不少于 60 学时。其中，中国房地产估价师与房地产经纪人学会组织实施 20 学时（以下称全国学时）；地方继续教育实施单位组织实施 20 学时（以下称地方学时）；其余 20 学时（以下称自选学时）由中国房地产估价师与房地产经纪人学会授权的房地产经纪机构实施或者由房地产经纪专业人员以本办法规定的其他方式取得。

1. 全国学时

中国房地产估价师与房地产经纪人学会执业会员免费参加由中国房地产估价师与房地产经纪人学会组织实施的继续教育活动。为做好房地产经纪人会员服务工作，根据《中国房地产估价师与房地产经纪人学会会员管理办法（试行）》《房地产经纪专业人员继续教育办法》，中国房地产估价师与房地产经纪人学会发布《关于房地产经纪人执业会员免费参加网络继续教育的通知决定》，自 2019 年 1 月 1 日起实施。

该决定规定，房地产经纪人执业会员除可享受我会章程规定的权益外，还可享受下列权益：①免费或优惠参加我会组织的继续教育、专业研讨会和经验交流活动；②免费获取我会《中国房地产估价与经纪》刊物电子版；③优先推荐参加海外资格互认。按照《中国房地产估价师与房地产经纪人学会会费管理办法》规定，执业会员会费为每人每年 500 元。现对房地产经纪人执业会员实行会费优惠政策，缴纳一年会费便可享三年会员权益，一次性获取 3 年共 60 个全国学时的网络继续教育学习权限。

2. 地方学时

地方继续教育实施单位应当根据本行政区域内需要参加继续教育面授培训的人数，合理控制继续教育培训班规模及安排培训班数量，保证培训效果和质量，科学制定年度继续教育培训计划并及时公布培训班举办时间、地点、内容，供房地产经纪专业人员查询和选择参加。地方继续教育实施单位应当于每年 12 月 31 日前向中国房地产估价师与房地产经纪人学会报送本年度继续教育培训工作总结和下年度继续教育培训计划。年度继续教育培训计划应当包括培训方式、内容、对象、时间、地点、费用等内容。

3. 自选学时

具备下列条件的房地产经纪机构，可以向中国房地产估价师与房地产经纪人学会申请自选学时的继续教育培训资格：

（1）具有一定规模且在住房和城乡建设（房地产）主管部门备案；

（2）具有一定数量的房地产经纪专业人员；

（3）具有健全的内部培训制度和科学的培训计划；

（4）能够提供符合培训要求的师资、场地和设施。

具有继续教育培训资格的房地产经纪机构应当于每年 12 月 31 日前向中国房地产估价师与房地产经纪人学会报送本年度继续教育培训工作总结和下年度继续教育培训计划。地方继续教育实施单位、具有继续教育培训资格的房地产经纪机构、年度继续教育培训计划、继续教育学时信息等通过中国房地产经纪人网（网址：www.agents.org.cn）公布和查询。

（三）全国学时继续教育的方式

继续教育学时可以通过下列方式取得：

（1）参加网络继续教育；

（2）参加继续教育面授培训；

（3）参加房地产行政主管部门或者房地产经纪行业组织主办的房地产经纪相关研讨会、经验交流会、专业论坛、座谈会、行业调研、行业检查，以及境内外考察、境外培训等活动，或者在活动上发表文章；

（4）担任中国房地产估价师与房地产经纪人学会或者地方继续教育实施单位举办的继续教育培训班、专业论坛或专题讲座演讲人；

（5）在房地产行政主管部门或者房地产经纪行业组织主办的刊物、网站、编写的著作上发表房地产经纪相关文章，或者参与其组织的著作、材料编写；

（6）承担房地产行政主管部门或者房地产经纪行业组织立项的房地产经纪相关科研项目，并取得研究成果；

（7）向房地产行政主管部门或者房地产经纪行业组织提交房地产经纪行业发展、制度建设等建议被采纳或者认可；

（8）参加全国房地产经纪专业人员职业资格考试大纲、用书编写以及命题、审题等工作；

（9）公开出版或者发表房地产经纪相关著作或者文章；

（10）在高等院校房地产相关专业进修学习并取得相关证书；

（11）参加中国房地产估价师与房地产经纪人学会授权的房地产经纪机构组织的内部培训；

（12）中国房地产估价师与房地产经纪人学会或者地方继续教育实施单位认可的其他方式。

上述方式中，第8、9、10种方式计入全国学时。其余方式中，由中国房地产估价师与房地产经纪人学会认可的，计入全国学时；由地方继续教育实施单位认可的，计入地方学时。上述方式均可计入自选学时。全国学时、地方学时和自选学时不重复计算。

继续教育学时按照下列标准计算：

（1）参加网络继续教育、继续教育面授培训的，按照实际接受继续教育的时间计算，至少45分钟为一个学时；担任继续教育培训班、专业论坛或专题讲座演讲人的，按照实际授课、演讲时间的4倍确认学时。

（2）下列方式按照每人每次20学时计算：①参加房地产经纪相关研讨会、经验交流会、专业论坛、座谈会、行业调研、行业检查，以及境内外考察、境外培训；②发表房地产经纪相关文章（限前5名作者）；③编写房地产经纪相关著作、材料（限前10名编写人员）；④完成房地产经纪相关科研项目（限前10名完成人）；⑤提交房地产经纪行业发展、制度建设等建议被采纳或者认可（限前5名建议人）；⑥参加全国房地产经纪专业人员职业资格考试大纲、用书编写以及命题、审题等工作；⑦在高等院校房地产相关专业进修学习并取得相关证书。

（四）继续教育的内容和师资要求

继续教育培训内容应当具有先进性、针对性和实用性，主要包括：

（1）房地产经纪专业人员的职业道德和社会责任、行业责任；

（2）房地产经纪相关法律、法规、政策、标准和合同示范或者推荐文本；

（3）国内外房地产经纪行业发展情况；

（4）房地产经纪业务中的热点、难点和案例分析，新技术的应用；

（5）房地产市场、金融、税收、建筑、不动产登记等相关知识；

（6）从事房地产经纪业务所需要的其他专业知识。

继续教育教师一般应当具有高级专业技术职务或者取得房地产经纪人职业资格5年以上，具有良好的职业道德、较高的理论水平、较丰富的实践经验。地方继续教育实施单位应当根据每个培训班的培训对象和内容选派有胜任能力的教师授课，要求其提供授课讲义或者较详细的授课大纲。

（五）处罚与监督

房地产经纪专业人员有下列行为之一的，取消相应的继续教育学时；情节严重的，记入其信用档案：

（1）提供虚假证明材料骗取继续教育学时；

（2）由他人代替参加继续教育培训；

（3）严重违反继续教育培训纪律。

地方继续教育实施单位应当严格遵守继续教育的有关规定，不得乱办班、乱收费、乱发证，继续教育培训不得以营利为目的，应当及时总结培训经验，不断提升培训效果和质量。

中国房地产估价师与房地产经纪人学会对地方继续教育实施单位和具有继续教育培训资格的房地产经纪机构组织实施继续教育的情况进行监督、检查。监督、检查的内容包括：

（1）继续教育有关规定的执行情况；

（2）继续教育教师选聘、培训内容安排、培训收费等；

（3）学员考勤记录、培训考核标准、培训效果和质量等。

对不按照规定组织继续教育、不能保证继续教育培训质量或者有其他违规行为的地方继续教育实施单位和房地产经纪机构，中国房地产估价师与房地产经纪人学会可视情况予以撤换，或者取消其继续教育培训资格。

# 第五节　房地产经纪行为规范

## 一、房地产经纪职业道德

房地产经纪职业道德是房地产经纪机构和房地产经纪专业人员对这一职业活动所共同认可的思想观念、情感和行为习惯的总和，它包括对涉及房地产经纪活动的一些基本问题的是非、善恶的根本认识。

（一）遵纪守法

遵纪守法是每个公民的基本道德修养，更是房地产经纪机构和房地产经纪专业人员应牢固树立的思想观念。遵纪守法要求房地产经纪机构和房地产经纪专业人员在从业过程中的一言一行必须严格遵守各项法律法规。

（二）规范执业

规范执业是保证房地产经纪行业或机构服务品质，保持或提升房地产经纪行业或机构的社会形象的重要手段，是房地产经纪专业人员安身立命的根本。在房地产经纪活动的各个环节中，应严格执行操作规范。

（三）诚实守信

人无信而不立，业无信则难兴。诚实守信是房地产经纪专业人员的立业和兴业之根本，是获得委托人和客户信任的最基本要素，也是房地产经纪专业人员勤勉尽责的基础。诚实守信，一方面要求房地产经纪专业人员在从业过程中不弄虚作假，不欺诈；另一方面要求房地产经纪专业人员应信守诺言，严格按法律规定和合同约定履行义务，不得擅自违约或毁约；同时谨防不当承诺，对于法律法规和政策不允许的或自身能力范围之外的要求，一律不承诺。例如，不能许诺当事人一定能以某一金额的价格售出房屋、能办理高额贷款、办理城镇户口、高投资回报率等；更不能为了实现承诺，诱导买卖双方人员实施不正当甚至不合法行为，如为了高额贷款或降低税费，唆使签订金额不实的假合同。

（四）尽职尽责

尽职尽责是房地产经纪专业人员的职责得到社会认同、认可，并得以进一步发展的必要且有效的途径。尽职尽责要求房地产经纪专业人员在从业过程中，按照相关法律法规的要求以及经纪服务合同的约定履行职责。第一，房地产经纪专业人员要保证房地产经纪活动完整性，不能为图轻松而省略某些环节，也不能马马虎虎，敷衍了事。比如，对卖家委托的房源，应充分了解，不仅要通过已有的文字资料了解，还要到现场进行实地勘察。第二，房地产经纪专业人员要不断提高自己的专业能力，积累房地产专业知识、信息和市场经验，为客户提供专业化的服务。第三，房地产经纪专业人员在房地产经纪活动中，要注意保护客户的隐私，充分保护客户的利益。第四，房地产经纪专业人员要努力工作，帮助其所在机构实现盈利目标，同时要对其所在机构保持忠诚，在言谈举止和行为上都要注意维护企业的信誉和品牌，决不做有损公司信誉、品牌的事情。

（五）同行同业间的尊重与合作

房地产经纪机构和房地产经纪专业人员应当共同遵守经纪服务市场及经纪行业公认的行业准则，从维护行业形象及合法利益的角度出发，相互尊重，公平竞争，不能进行房地产经纪机构之间或房地产经纪专业人员之间的优劣比较宣传，严禁在公众场合及传媒上发表贬低、诋毁、损害同行声誉的言论。房地产经纪同行及同业可以开展合作，除非同行合作不符合委托人的最佳利益。两个或两个以上房地产经纪机构就同一房地产交易提供经纪服务时，房地产经纪机构之间和房地产经纪专业人员之间应当合理分工、明确职责、密切协作，意见不一致时应当及时通报委托人协商决定。通常同行之间合作，应当分享佣金、共担费用，合同的邀约一方在发布房源时应注明是否接受合作，接受合作的必须清楚表明合作的条件。房地产经纪机构对合作完成的经纪业务承担连带责任。

房地产经纪专业人员若想从其他房地产经纪专业人员或者其他房地产经纪机构那里获取信息，应告知对方自己的房地产经纪专业人员身份，并告知是自己咨询还是替客户咨询，若为客户提出询问，则必须告知自己与客户的关系。

独家代理具有排他性，房地产经纪机构和房地产经纪专业人员在联系已与其他机构签署独家房地产经纪服务合同的业务时，应当遵守如下规范：

（1）任何有独家代理出售的房屋，房地产经纪机构和房地产经纪专业人员只能与代理人联系，经独家代理人同意及独家代理的委托人（被代理）主动联系的情况除外。

（2）针对独家代理的房地产经纪业务，当代理的经纪机构拒绝披露独家代理到期日或者代理性质时，其他的房地产经纪专业人员可以与房屋所有权人取得联系，招揽业务。

（3）若其他房地产经纪机构的客户主动联系房地产经纪机构，讨论建立同样服务之专属关系，可进行未来合同的讨论，或现存独家代理的房地产经纪服务合同到期后，可能由房地产经纪专业人员接手的事宜。

（六）禁止不正当竞争

房地产经纪执业不正当竞争行为是指房地产经纪机构和房地产经纪专业人员为了承揽经纪业务，采用不正当手段与同行进行业务竞争，损害其他房地产经纪机构和房地产经纪专业人员合法权益的行为。房地产经纪机构和房地产经纪专业人员应当自觉遵守《反不正当竞争法》，不得采用下列不正当手段：

（1）故意诋毁、诽谤其他房地产经纪机构和房地产经纪专业人员信誉、声誉，散布、传播关于同行的错误信息；

（2）无正当理由，以低于自身成本或在同行业收费水平以下收费为条件吸引客户，或采用商业贿赂的方式争揽业务；

（3）房地产经纪专业人员与所受聘的房地产经纪机构解除劳动关系后，诱劝原受聘房地产经纪机构的客户，以取得业务；

（4）故意在委托人与其他房地产经纪机构和房地产经纪专业人员之间设置障碍，制造纠纷。

### 二、房地产经纪执业规范

房地产经纪执业规范指的是用规则、规范、准则、标准、操守、公约等形式对房地产经纪机构与房地产经纪专业人员的执业行为做出的规定。执业规范指向活动主体具体的行为，具有很强的针对性和可操作性。对房地产经纪机构来说，遵守执业规范是诚信经营、规范发展的基础，也是实现企业使命的内在要求；对房地产经纪专业人员而言，表面上看，执业规范是来自外在的行为约束，而实质上来源于房地产经纪专业人员实现职业价值的内在需要。

房地产经纪执业规范是全体房地产经纪机构和房地产经纪专业人员对自身执业责任和行为规范达成的共识，目前，全国的房地产经纪执业规范是中国房地产估价师与房地产经纪人学会发布的《房地产经纪执业规则》（中房学〔2013〕1号）。

（一）业务招揽

房地产经纪业务招揽是指房地产经纪机构为获得业务委托或者推广代理销售的房屋，安排房地产经纪人员搜集和发布授权的房源、客源，以及进行宣传广告的行为。按照房地产经纪业务分类，业务招揽可以分为存量房交易经纪业务的招揽和新建商品房销售代理业务的招揽。招揽房地产经纪业务，应当以不影响人民正常的生活工作秩序和市容市貌为前提。首先，不得盲目拨打陌生客户电话，特别是对明确拒绝再次接受电话销售的受访客户，不得再次滋扰；不得乱发广告传单、不得乱贴小广告。其次，不得虚假宣传，主要是不得夸大自己的业务能力，不得为招揽业务故意诋毁、诽谤其他房地产经纪机构和房地产经纪人员信誉、声誉等。不得招揽已经提出"免中介"以及已有其他房地产经纪机构独家代理的房地产经纪业务。对其他经纪机构的客户可以招揽但前提是提供不同服务，例如招揽贷款代办或者登记代办服务。招揽房屋出售、出租经纪业务，不得用能卖高价等借口故意误导所有权人；不得用省钱等借口故意误导承购人或者承租人。不得捏造散布涨价信息，或与房地产开发企业串通捂盘惜售、炒卖房号、操作市场价格。以隐瞒、欺诈、胁迫、贿赂等不正当手段招揽业务，诱骗消费者交易或者强制交易的，由县级以上地方人民政府建设（房地产）主管部门责令限期改正，记入信用档案；对房地产经纪人员处以1万元罚款；对房地产经纪机构，取消网上签约资格，处以3万元罚款。

（二）业务承接

1. 书面告知事项

房地产经纪机构承接业务时，在签订房地产经纪服务合同前，应当向委托人说明房地产经纪服务合同和房屋买卖合同或者房屋租赁合同的相关内容。承接房地产经纪业务，不向交易当事人说明和书面告知规定事项的，由县级以上地方人民政府建设（房地产）主管部门责令限期改正，记入信用档案；对房地产经纪人员处以1万元罚款；对房地产经纪机构处以1万元以上3万元以下罚款；因告知不清或者告知不实，给委托人造成经济损失的，房地产经纪机构应当承担相应责任。房地产经纪机构承接业务应书面告知下列事项：

（1）是否与委托房屋有利害关系。原则上，有利害关系的房地产经纪机构和房地产经纪人员不得提供相关的经纪服务。但向委托人明确告知后，委托人书面同意的除外。另外，房地产经纪机构和房地产经纪人员更不得直接参与自己提供经纪服务房屋的交易，如不得承购、承租自己提供经纪服务的房屋。房地产经纪机构和房地产经纪人员承购、承租自己提供经纪服务的房屋的，由县级以上地方人民政府建设（房地产）主管部门责令限期改正，记入信用档案；对房地产经纪人员处以1万元罚款；对房地产经纪机构，取消网上签约资格，处以3万元罚款。

（2）应当由委托人协助的事宜、提供的资料。委托人为房屋出售或者出租人的，需要协助事宜包括配合实地查看房屋、协助编制房屋状况说明书、办理合同备案、办理房屋登记和房屋交接手续等；需要提供的资料包括身份证明、房屋权属证书等证明房屋归属的材料。委托人为房屋承购或者承租人的，需要协助的事宜包括贷款资格审查、办理房屋登记和房屋交接手续等；需要提供的资料包括身份证明、收入证明等。房地产经纪机构应对委托人身份等信息进行确定，以防止某些委托人虚报其房屋权属资料等。

（3）委托房屋的市场参考价格。一是委托房屋所在社区或所处商圈范围内同类房屋当时的正常平均成交价格（主要指单价）、一段时期内价格变动的情况；二是在近一段时期内，委托房屋所在区域其他成交案例的买卖成交价格或者租赁成交价格情况（包含单价和总价）。关于买卖成交价格，应当界定是含税价还是卖家净得价（不含税费）。同时，房地产经纪机构应当告知委托人以上信息的来源。

（4）房屋交易的一般程序及可能存在的风险。根据交易类型，房屋交易的一般程序包括买卖程序、租赁程序和抵押程序等。房屋交易存在的风险包括交易当事人违约风险、房屋价格变动风险、房屋产权瑕疵风险、政策调控风险、交易资金的安全风险、房屋的使用和保管风险等。须注意的是，产权确认在存量房交易中十分重要。如果在交易签约前未做产权核验，将会存在极大的产权纠纷风险，很有可能导致最后房屋无法交易或无法办理转移登记。房地产经纪机构在接受委托时，一方面应及时揭露房屋产权存在瑕疵的后果，请求委托人积极配合查询；另一方面，应在接受委托前到房屋所在地的房地产交易管理部门、不动产登记机构查询该房屋的权属情况，对是否在征收范围、是否已经抵押或被查封、是否存在产权共有人等信息进行核验，确定该房屋能否进行交易。

（5）房屋交易涉及的税费。

（6）经纪服务的内容及完成标准。根据经纪服务的类型，告知服务的内容和完成标准。

（7）经纪服务收费标准和支付时间。

（8）其他需要告知的事项。如法律、法规和政策对房地产交易的限制性、禁止性规定等。

2. 签订房地产经纪服务合同

房地产经纪机构承接经纪业务，应当与当事人签订书面房地产经纪服务合同，优先选用房地产管理部门或房地产经纪行业组织发布的房地产经纪服务合同示范或推荐文本。房地产经纪合同主要内容应包括：①当事人的信息。包括房地产经纪服务双方当事人的姓名（名称）、身份证件名称和号码、住所、联系电话、承办房地产经纪人员的姓名和登记号等。②服务内容。包括服务的具体事项、内容要求和完成标准。③服务费用。包括服务收费具体标准和金额、支付时间和支付方式。④双方当事人的权利和义务。⑤违约责任和纠纷解决方式等。房地产经纪服务合同应当加盖房地产经纪机构印章，并有执行该项经纪业务的一名房地产经纪人或两名房地产经纪人协理的签名及登记号。房地产经纪服务合同未由从事该业务的一名房地产经纪人或者两名房地产经纪人协理签名的，由县级以上地方人民政府建设（房地产）主管部门责令限期改正，记入房地产经纪信用档案；对房地产经纪机构处以1万元以上3万元以下罚款。

房地产经纪机构和房地产经纪人员提供经纪服务过程中，向委托人推荐其他产品或服务（如抵押贷款、房屋保险、交易担保、装饰装修及家政服务等）的，应向委托人说明。另外，还应当向客户说明交易中可能出现的利益关系，比如房地产经纪机构担任卖方代理人的同时，是否也可以接受买方委托为买方提供服务的可能性。房地产经纪机构提供代办贷款、代办房地产登记等其他服务，未向委托人说明服务内容、收费标准等情况，并未经委托人同意的，由县级以上地方人民政府建设（房地产）主管部门责令限期改正，记入信用档案；对房地产经纪人员处以1万元罚款；对房地产经纪机构处以1万元以上3万元以下罚款。

房地产经纪业务应当由房地产经纪机构统一承接。分支机构应当以设立该分支机构的房地产经纪机构名义承揽业务。房地产经纪人员不得以个人名义承接房地产经纪业务。房地产经纪人员以个人名义承接房地产经纪业务和收取费用的，由县级以上地方人民政府建设（房地产）主管部门责令限期改正，记入信用档案；对房地产经纪人员处以1万元罚款；对房地产经纪机构处以1万元以上3万元以下罚款。

（三）业务办理

1. 安排办理人员

房地产经纪机构承接经纪业务后，应当根据业务性质委派具备相应素质和能力的房地产经纪人直接办理或者牵头办理。每宗房地产经纪业务都应当由登记在本机构的房地产经纪人承办，并在房地产经纪服务合同中载明。承办的房地产经纪人可以选派登记在本机构的房地产经纪人协理为经纪业务的协办人，协助执行经纪业务。承办人对协办人执行经纪业务进行指导和监督，并对其工作结果负责。不同类型的房地产对房地产经纪服务人员职业素养和执业能力的要求不同，一般房地产经纪人可以承办普通住宅的经纪业务，当遇到高档公寓、独栋别墅或者商业房地产、工业房地产时，具有较高执业水平的房地产经纪人并有房地产经纪人协理协助才能胜任。所以，房地产经纪机构应当合理设置部门，安排具有相应执业能力的房地产经纪专业人员从事不同的房地产经纪业务。

2. 明确房屋看管的责任

有些委托人在将房源委托给房地产经纪机构进行销售或租赁时，会将该房源的钥匙交予房地产经纪机构保管、使用。这样方便了房地产经纪专业人员带客户看房。这种情况下，房地产经纪机构就要尽到该房屋看管责任。按照我国现行的法律规定，房地产经纪机构一旦接受了业主（委托人）所委托房源的钥匙，就要对该房屋履行看管责任。该房屋若是发生失窃或是被人为损坏等情况，所造成的损失皆由房地产经纪机构负责赔偿。特别是对于一些装修较为豪华、家具电器较为名贵的房源来说，房地产经纪机构要承担的风险较大。因此，房地产经纪专业人员在接受房源的钥匙时，应与委托人签订有关协议，确定房屋看管的责任。此外，房地产经纪专业人员要特别注意，自己负有保管责任并不代表自己可以使用、处理该房屋的相关事宜。因此，房地产经纪专业人员在管理钥匙期间，不仅自己不能居住或使用房屋，也不能交由他人居住使用。

3. 发布房源信息或者房地产广告

房地产经纪机构发布房地产广告或者业务招揽广告应当遵守《房地产广告发布规定》（国家工商行政管理总局令第80号）。房地产经纪机构发布所代理的房地产项目广告，应当提供业主委托证明。广告必须真实、合法、科学、准确，不得欺骗、误导消费者。承办房屋出售、出租经纪业务的，房地产经纪机构应当与委托人签订房地产经纪服务合同，并经委托人书面同意后，方可以对外发布相应的房源信息或广告。房源信息应当真实，面积应当表明为建筑面积或者套内建筑面积，并不得含有升值或者投资回报的承诺，不得以项目到达某一具体参照物的所需时间表示项目位置，不得对规划或者建设中的交通、商业、文化教育设施以及其他市政条件作误导宣传等。对在未经依法取得国有土地使用权的土地上开发建设的房屋、在未经国家征用的集体所有的土地上建设的房屋、权属有争议的房屋、违反国家有关规定建设的房屋和被司法机关和行政机关依法裁定、决定查封或者以其他形式限制房地产权利的房屋，不得发布广告。房地产经纪机构发布所代理的新建商品房项目广告时，应当提供委托证明。房源信息或者房地产信息必须真实、合法，不得欺骗和误导公众，特别对于能否实地查看待售的房屋，房地产经纪人员应当在房源广告中据实披露，不得作不实宣传。

4. 及时报告订约机会等信息

房地产经纪机构和房地产经纪人员作为买方或者承租方代理人时，必须在首次与卖方接触时将与购买人或者承租人的关系告诉卖主，在签订交易合同前，并将此告知以书面确认的方式告诉卖主。担任卖方代理人时，亦然。承办业务的房地产经纪人员应当及时、如实地向出售（出租）委托人报告业务进行过程中的订约机会、市场行情变化及其他有关情况，不得对委托人隐瞒与交易有关的重要事项；应当凭借自己的专业知识和经验，及时、如实地向承购（承租）委托人提供经过调查、核实的标的房屋信息，如实告知所知悉的标的房屋的有关情况，协助其对标的房屋进行查验；应当及时、如实地向房地产经纪机构报告业务进展情况。

5. 撮合交易

在当事人对房地产满意的情况下，撮合交易的过程就是房地产经纪人员协助委托人讨价还价的过程。房地产经纪人员在执行代理业务时，在合法、诚信的前提下，应当维护委托人的最大权益；在执行居间业务时，应当公平、正直，不偏袒任何一方。

当事双方达成交易意向后，房地产经纪人员应当协助委托人订立房地产交易合同。房地产经纪人员应当告知当事人优先选用政府部门或者行业组织发布的示范或推荐的合同文本，并协助委托人逐条解读合同条款，办理房地产交易合同网上签订或者合同备案等手续。

房地产经纪机构和房地产经纪人员不得迎合委托人，为规避房屋交易税费等非法目的，协助当事人就同一房屋签订不同交易价款的"阴阳合同"。这种行为属于违法行为。为交易当事人规避房屋交易税费等非法目的，就同一房屋签订不同交易价款合同提供便利的，由县级以上地方人民政府建设（房地产）主管部门责令限期改正，记入信用档案；对房地产经纪人员处以1万元罚款；对房地产经纪机构，取消网上签约资格，处以3万元罚款。

6. 交易资金监管

房地产经纪机构和房地产经纪人员应当严格遵守房地产交易资金监管规定，保障房地产交易资金安全，房地产经纪机构及其从业人员不得通过监管账户以外的账户代收代付交易资金，不得挪用、占用或者拖延支付客户的房地产交易资金。

房地产经纪机构擅自划转客户交易结算资金的，由县级以上地方人民政府建设（房地产）主管部门责令限期改正，取消网上签约资格，处以3万元罚款。侵占、挪用房地产交易资金的，由县级以上地方人民政府建设（房地产）主管部门责令限期改正，记入信用档案；对房地产经纪人员处以1万元罚款；对房地产经纪机构，取消网上签约资格，处以3万元罚款。

7. 防止经营用途贷款违规流入房地产领域

近段时间，一些企业和个人违规将经营用途贷款投向房地产领域，影响房地产调控政策效果，挤占支持实体经济特别是小微企业发展的信贷资源。根据中国银保监会办公厅、住房和城乡建设部办公厅、中国人民银行办公厅联合印发了《关于防止经营用途贷款违规流入房地产领域的通知》，房地产经纪机构不得为购房人提供或与其他机构合作提供房抵经营贷等金融产品的咨询和服务，不得诱导购房人违规使用经营用途资金；在提供新房、二手房买卖经纪服务时，应要求购房人书面承诺，购房资金不存在挪用银行信贷资金等问题。

（四）服务收费

房地产经纪服务实行明码标价制度，不得收取任何未予标明的费用。服务报酬由房地产经纪机构按照约定向委托人统一收取，并开具合法票据。房地产经纪人员不得以个人名义收取任何费用。房地产经纪机构收取佣金不得违反国家法律法规，不得赚取差价及谋取合同约定以外的非法收益；不得利用虚假信息骗取中介费、服务费、看房费等费用。对于单边代理的房地产经纪业务，房地产经纪人员有义务向交易相对人或者交易相对人的代理人披露佣金的安排。

房地产经纪机构在代理销售新建商品房时应当与开发商确定相关信息，按照规定公开标示商品房价格、相关收费以及影响商品房价格的其他因素等信息。根据《商品房销售明码标价规定》，房地产经纪机构应当在商品房交易场所的醒目位置放置标价牌、价目表或者价格手册，有条件的可同时采取电子信息屏、多媒体终端或电脑查询等方式。采取上述多种方式明码标价的，标价内容应当保持一致。商品房销售明码标价应当做到价目齐全，标价内容真实明确、字迹清晰、标示醒目，并标示价格主管部门投诉举报电话。商品房销售明码标价实行"一房一标"。

房地产经纪机构未完成房地产经纪服务合同约定的事项，或者服务未达到房地产经纪服务合同约定的标准的，不得收取佣金。房地产经纪机构从事经纪活动支出的必要费用，可以按照房地产经纪服务合同约定要求委托人支付，不得分解收费项目和强制收取代书费、银行贷款服务费等费用；房地产经纪服务合同未约定的，不得要求委托人支付。

经委托人同意，两个或者两个以上房地产经纪机构就同一房地产经纪业务开展合作的，只能按一宗业务收费，不得向委托人增加收费。合作完成机构应当根据合同约定分配佣金。

有下列行为之一的，由县级以上人民政府价格主管部门按照价格法律、法规和规章的规定，责令改正、没收违法所得、依法处以罚款；情节严重的，依法给予停业整顿等行政处罚：

（1）房地产经纪服务未实行明码标价，未在经营场所醒目位置标明房地产经纪服务项目、服务内容、收费标准以及相关房地产价格和信息的；

（2）房地产经纪机构收取未予标明的费用的；

（3）房地产经纪机构利用虚假标价，或者通过混合标价、捆绑标价等使人误解的标价内容和标价方式进行价格欺诈的；

（4）对交易当事人隐瞒真实的房屋交易信息，低价收进高价卖（租）出房屋赚取差价构成价格违法行为的；

（5）房地产经纪机构未完成房地产经纪服务合同约定事项，或者服务未达到房地产经纪服务合同约定标准的，收取佣金的；

（6）两家或者两家以上房地产经纪机构合作开展同一宗房地产经纪业务，未按照一宗业务收取佣金，或者向委托人增加收费的。

（五）资料签署和保存

重要文书应由房地产经纪人签名。为将经纪服务合同责任落实到每个房地产经纪人员，增强承办房地产经纪人员的责任心，切实保护委托人利益，房地产经纪服务合同、房屋状况说明书和书面告知材料等重要文书应当由房地产经纪机构授权的房地产经纪人员签名，并在文书上注明房地产经纪人员的登记（注册）号。业务记录要健全。房地产经纪机构应当建立和健全业务记录制度，执行业务的房地产经纪人员应当如实全程记录业务执行情况及发生的费用等，形成业务记录。资料要妥善保管。房地产经纪机构应当妥善保管房地产经纪服务合同、买卖合同或租赁合同、委托人提供的资料、业务记录、业务交接单据、原始凭证等与房地产经纪业务有关的资料、文件和物品，严禁伪造、涂改交易文件和凭证。房地产经纪服务合同的保存期不少于5年。

值得注意的是，由于一些经客户签名的文件因某种原因不符合有关部门的要求，有些房地产经纪专业人员为了贪图一时的方便或怕客户责怪，会重新准备文件并"伪造"客户的签名。这样做会引起两种后果：一是被有关部门或单位发现，该文件会被退回房地产经纪机构，要求重新递交一份客户亲笔签名的文件，这样就拖延了交易的办理时间，影响了工作效率，有时会引起客户的不满，甚至要求赔偿损失；二是当客户出现违约情况时，如客户在交易中途突然决定取消交易、不支付服务佣金等，这些并非客户亲笔签名的文件，将无法保障房地产经纪机构的合理利益。因此，遇到此类问题时，应及时向客户请求重新进行签名。

（六）信息保密

房地产经纪机构和房地产经纪人员应当保守在从事房地产经纪活动中知悉的委托人、交易相对人和其他人不愿泄露的情况、信息及商业秘密。但是，两种情况除外：一是委托人或者其他人准备或者正在实施的危害国家安全、公共安全以及其他严重危害他人人身、财产安全的犯罪事实和信息除外；二是法院或政府有关部门要求协助提供相关信息时除外。

房地产经纪机构和房地产经纪人员不得不当使用委托人的个人信息或者商业秘密，谋取不正当利益。现实房地产交易中，交易当事人向房地产经纪机构提供个人信息，日积月累，房地产经纪机构会掌握大量的客户信息。一般在购房之后，房主还会进行装饰装修、购置家具家电等一些后续投资，掌握在房地产经纪机构手里的客户信息就有相当的经济价值，这种情况下，房地产经纪机构及经纪人员一定要抵制利诱，遵守职业道德，不泄露客户信息，更不能利用委托人的个人信息或者资料谋取不正当利益。

房地产经纪机构未按照规定如实记录业务情况或者保存房地产经纪服务合同的，由县级以上地方人民政府建设（房地产）主管部门责令限期改正，记入信用档案；对房地产经纪人员处以1万元罚款；对房地产经纪机构处以1万元以上3万元以下罚款。泄露或者不当使用委托人的个人信息或者商业秘密，谋取不正当利益的，由县级以上地方人民政府建设（房地产）主管部门责令限期改正，记入信用档案；对房地产经纪人员处以1万元罚款；对房地产经纪机构，取消网上签约资格，处以3万元罚款。

**【例题 1-7】** 下列内容为某房地产经纪机构发布的房屋出售广告，内容不符合广告管理有关规定的有(      )。

A. 所售房屋套内建筑面积为 100m²

B. 该房屋为名校学区房升值空间巨大

C. 购买该房屋需一次性付款

D. 该房屋距离大型超市 10 分钟里程

E. 预计该房屋每年可升值 10%

### 三、房地产经纪业务的风险防范

(一) 风险主要来源

房地产经纪业务风险通常来自两个层面：一是宏观社会经济环境层面中各种变量引发的风险；二是房地产经纪业务具体环境层面中各种变量导致的风险。房地产经纪业务风险的发生，通常有以下几种情形：①因房地产经纪机构、房地产经纪人员不执行或违反法律、法规、部门规章等有关规定、要求而受到行政处罚的风险；②因经纪服务行为不当导致委托人或相对人的利益受损，则可能带来民事赔偿的风险；③因某些房地产经纪人员为了个人的利益，做出一些损害经纪机构的利益与形象的举动，或因一些客户越过房地产经纪人员私底下达成交易（即业内所称的"跳单"），有的客户故意隐瞒不利于交易的信息等情形，由此引发的道德风险。

房地产经纪业务风险是客观存在的，房地产经纪机构与经纪专业人员应当恪守职业道德，认真执行房地产经纪的执业规范，有效防范风险。

(二) 提高风险识别能力

在现实中，房地产经纪人员往往风险意识薄弱，通常在发生事故、导致损失后，才认识到风险的存在，因此主动识别房地产经纪业务中的各类风险，建立风险识别系统、提高风险识别能力是风险防范的第一步。每一个房地产经纪机构的规模、运作构架不同，因而风险识别系统也难有统一的模式。总体来说，房地产经纪机构在建立风险识别系统时，要遵循两个基本原则：一是尽量以不影响日常的工作效率为前提；二是要全面考察，即针对每一个工作环节进行考察，识别其风险。

根据房地产经纪机构的经营特点，这里主要介绍两个风险识别的切入点：①投诉处理。从某种程度上说，投诉处理最能反映房地产经纪机构在业务开展过程中存在的问题，这些问题往往就是引发风险事件的"隐患"。房地产经纪机构应设有专门的工作人员负责投诉处理，他们必须具备较高的专业能力，能够到位地与客户进行沟通、协调，从而保证投诉处理的质量与效果，维护房地产经纪机构的良好形象。同时，应及时将投诉中存在的风险因素进行归纳、总结，并向公司有关部门反馈，使公司的风险防范系统不断得到改进和完善。②坏账管理。房地产经纪业务的应收款，通常是指在提供了服务之后，客户承诺支付而未取得的服务费用。当客户拒绝支付或款项严重逾期时，应收款则转化为坏账。对这些坏账产生的原因进行分析，是发现房地产经纪机构或房产经纪人员在业务操作过程中存在问题的一个渠道，同时也是识别风险的一个切入点。在对坏账追查、追讨的过程中，工作人员要深入了解客户不愿支付服务佣金的原因。若是从中发现了公司业务操作中的风险因素，应及时向有关部门反馈。

（三）对外承诺标准化

对外承诺包括口头承诺和书面承诺两方面，在这里主要指的是书面承诺，如交易委托合同、房源钥匙保管协议等。进行对外承诺，其目的主要是在客户心中建立足够的交易信心，从而最终令交易顺利完成。在进行对外承诺时，房地产经纪机构和人员必须注意的一点是，所承诺的内容一定是有能力兑现的。为了切实做到这一点，就必须要实行对外承诺标准化。它主要从以下三个方面入手：①制定标准的对外承诺文本。制定规范、标准的对外承诺文本，是实行对外承诺标准化的关键。房地产经纪人员在开展经纪业务时，使用标准的承诺文本，能最大限度地防范对外承诺中存在的风险。②展示标准化文本。展示标准化文本，主要是对客户展示各类标准化文本。这是一种通过外部监督的方式来防范对外承诺风险的措施。即房地产经纪机构将本公司所用的文本（包括合同、协议、证明等各类文本），装订成册，在客户面前展示，使客户知道标准文本的样式。这样，在签署相关文件时，客户如果发现房地产经纪人员给他们提供的文本不同于标准文本，他们就会拒签，从而防止发生房地产经纪人员乱开承诺的风险事故。③规范档案与印章管理，主要指各类对外承诺文本，也包括在经纪业务开展过程中涉及的其他文件、文本。房地产经纪机构应建立系统的档案管理制度，对各类档案的管理责任人、保管方式、保管期限等均应做出明确、详细的规定，避免档案遗失或其他因档案管理不当带来的风险。印章管理，也要建立起明晰、系统的管理制度，对管理责任人及如何使用等都要有详细的说明。房地产经纪机构的每一个门店通常都配有相关的印章，使用的频率高。如果管理不当，极易发生风险事故。

（四）合理分配权限

在开展经纪业务的过程中，涉及各类事务的处理，要最大限度地保证这些事务进行正确的处理，就必须根据每一项事务的涉及面、重要程度等进行分类，然后将各类事务分配给相关的工作人员负责处理。这些责任人的权限必须明确、清晰，尽量让每一项事务皆有专人负责，以便激发工作人员的责任感，使他们既能保证工作质量，又能保证工作效率。在进行权限的控制与分配时，须注意负责处理某项事务的工作人员必须具备相应的能力，即能够对所负责的事务辨别、判断，并做出决策。

（五）培训门店责任人

目前，我国大多数的房地产经纪机构采用连锁经营模式，经营地点分散，房地产经纪机构很难对各个业务操作环节实行集中、统一管理。因此，为了保证业务操作的规范，防范由业务操作不规范引起的风险，房地产经纪机构必须对各个经营地点的责任人（一般是指该分店的店长及店长助理）进行到位的培训。对责任人的培训包括两个方面。一方面是上岗前的系统培训，即对业务操作涉及的各个环节进行详细、透彻的讲解，使他们全面掌握公司规定的操作要领及相应的意义；另一方面是指上岗后的培训，包括定期或不定期的各类培训，这是保证士气与操作规范的重要手段。尤其是在机构出台了新的规定时，更是必须对责任人进行到位的培训，才能将新规定真正地贯彻下去。

（六）建立监察稽核体系

对各个经营地点实行定期或不定期的监察稽核，建立起系统的监察稽核体系，是保证业务操作规范的重要措施。各个经营地点在开展经纪业务时拥有一定的自主权，但房地产经纪机构为了保证公司的顺利运作，避免各种不规范操作引起的风险，也会制定相关制度对各个经营地点的业务操作进行指导、规范。进行监察稽核时，主要是考查各个经营地点对这些制度的落实、执行情况。

（七）转移风险

经纪业务涉及的工作环节众多，房地产经纪机构往往很难对每一个环节都进行到位的风险控制。因此，有不少房地产经纪机构会将某些工作环节交予其他专业公司处理，从而实现一定程度的风险转移，如将房款收取、代办房屋过户手续等业务转交给律师事务所处理等。这样一来，虽然可能增加了开支，但房地产经纪机构也因此规避了某些自身难以控制、管理的风险因素。但应注意，在业务转让给其他机构的同时，双方应就风险责任进行明确约定。

# 复 习 思 考 题

1. 什么是房地产？房地产的种类有哪些？
2. 什么是房地产业？房地产业细分为哪些行业？
3. 什么是房地产经纪？房地产经纪的作用有哪些？

4. 房地产经纪的特性是什么？分类有哪些？

5. 境外房地产经纪行业经验和制度可学习借鉴的内容有哪些？

6. 房地产经纪行为规范的具体内容有哪些？

7. 房地产经纪机构的类型主要有哪些？设立条件有哪些？

8. 房地产经纪机构经营公示的内容有哪些？

9. 房地产经纪专业人员职业资格制度的主要内容有哪些？

10. 房地产经纪专业人员应该遵守哪些职业道德？

11. 房地产经纪专业人员的继续教育要求有哪些？

12. 如何防范房地产经纪业务风险？

# 第二章 房屋建筑

房屋建筑是房地产的物质实体，是界定、利用、描述、评判房地产的重要内容。不了解房屋建筑知识的房地产交易当事人一般难以胜任对其质量、性能等方面的鉴别，从而需要专业人员提供相应服务。要做好房地产经纪专业服务，房地产经纪专业人员需要从房地产交易当事人的角度，调查了解、实地查看可供出售或出租的房地产，并编制房屋状况说明书。为帮助房地产经纪专业人员全面认识房地产的物质实体，本章主要介绍房屋建筑的有关基础知识，包括房屋建筑组成及使用、房屋建筑图与面积计算、房屋建筑设施设备、房屋建筑维修养护等。

## 第一节 房屋建筑组成及使用

### 一、建筑物的分类

#### （一）根据建筑物使用性质划分

建筑物按照使用性质，分为民用建筑、工业建筑和农业建筑三大类。其中，民用建筑根据使用功能，分为居住建筑和公共建筑两类。房地产经纪活动以民用建筑为主要标的物。

1. 居住建筑

居住建筑是指供家庭或个人居住使用的建筑，包括住宅建筑和宿舍建筑。其中，住宅也称住房，应按套型设计，每套住宅应设卧室、起居室（厅）、厨房和卫生间等基本功能空间。按照不同的分类标准，住宅通常有下列分类：

（1）按照住宅配置分为：成套住宅和非成套住宅。成套住宅一般是指在一户建筑内具有卧室、起居室（厅）、厨房和卫生间等全部基本功能空间的住宅。反之，一户住宅内缺少某类或某几类基本功能空间，称为非成套住宅。

（2）按照一幢建筑提供居住家庭的数量分为：独幢住宅（也称为独户住宅）、双拼住宅、联排住宅、叠拼住宅。

（3）按照一幢建筑的外观分为：板式住宅（也称为板楼）、塔式住宅（外观像"宝塔"，也称为塔楼），是以共用楼梯或共用楼梯、电梯为核心布置多套住房，且其主要朝向建筑长度与次要朝向建筑长度之比小于 2 的住宅。板式住宅的通风和采光功能一般优于塔式住宅，而塔式住宅占用的建设用地面积相对较少。

（4）按照幢内住宅的布局分为：单元式住宅（是由多个住宅单元组合而成，每个住宅单元均设有楼梯或电梯的住宅）、通廊式住宅（是由共用楼梯或电梯通过内廊或外廊进入各套住房的住宅，又可分为内廊式住宅、外廊式住宅）、内天井住宅。

（5）按照一套住宅所在的楼层布局分为：平层住宅、跃层住宅（是套内空间跨越两楼层及以上的住宅）。

（6）按照一幢建筑的功能和性质分为：纯住宅、商住住宅（也称为商住楼）、酒店式公寓。

（7）按照项目的容积率分为：低密度住宅（又可分为低层低密度住宅、高层低密度住宅）、高密度住宅（又可分为低层高密度住宅、高层高密度住宅）。容积率也称建筑容积率，是指一定地块内总建筑面积与建筑用地面积的比值。其中，总建筑面积是地上所有建筑面积之和；建筑用地面积是指城市规划行政主管部门批准的建设用地边界线所围合的用地水平投影面积，不含代征地面积。对住宅使用人来说，一般情况下容积率低，舒适度相对较好。

（8）按照住宅的装修、品质和环境等因素可分为：低档住宅、中档住宅、高档住宅。

（9）按照住宅的装修分为：毛坯房、简单装修房、精装修房。

（10）按照住宅是否竣工交付分为：期房、现房。

2. 公共建筑

公共建筑是指供人们购物、旅行、办公、学习、体育、医疗等使用的非生产性建筑，包括商业建筑（是用于商品交换、商品流通或商业服务的建筑，如商铺、商店、商场、购物中心、超级市场、批发市场等）、旅馆建筑（是为旅客提供住宿、饮食服务以及娱乐活动的建筑，如宾馆、饭店、招待所等）、办公建筑、文教建筑、观演建筑、体育建筑、展览建筑、医疗建筑等。

（二）根据建筑物高度或层数划分

1. 以建筑高度分类的要求

根据《民用建筑设计统一标准》GB 50352—2019，民用建筑按地上高度或层数进行分类应符合下列规定：

（1）建筑高度不大于 27.0m 的住宅建筑、建筑高度不大于 24.0m 的公共建筑及建筑高度大于 24.0m 的单层公共建筑为低层或多层民用建筑；

（2）建筑高度大于 27.0m 的住宅建筑和建筑高度大于 24.0m 的非单层公共

建筑，且高度不大于 100.0m 的，为高层民用建筑；

（3）建筑高度大于 100.0m 为超高层建筑。

2. 以层数分类的要求

实践中，一般习惯沿用《民用建筑设计术语标准》GB/T 50504—2009 中的规定，按照层数将居住建筑物分为低层建筑、多层建筑、高层建筑和超高层建筑。具体分为低层住宅（1～3 层）、多层住宅（4～6 层）、中高层住宅（7～9 层）和高层住宅（10 层及以上）。

建筑物层数通常是指其自然层数，是按楼板、地板结构分层的楼层数。《住宅设计规范》GB 50096—2011 对于层数的计算做出了以下规定：

（1）当住宅楼的所有楼层的层高不大于 3.00m 时，层数应按自然层数计；

（2）当住宅和其他功能空间处于同一建筑物内时，应将住宅部分的层数与其他功能空间的层数叠加计算建筑层数。当建筑中有一层或若干层的层高大于 3.00m 时，应对大于 3.00m 的所有楼层按其高度总和除以 3.00m 进行层数折算。余数小于 1.50m 时，多出部分不应计入建筑层数；余数大于或等于 1.50m 时，多出部分应按 1 层计算；

（3）层高小于 2.20m 的架空层和设备层不应计入自然层数；

（4）高出室外设计地面小于 2.20m 的半地下室不应计入地上自然层数。

层高是指上下两层楼面或楼面与地面之间的垂直距离。室内净高是指楼面或地面至上部楼板底面或吊顶底面之间的垂直距离。总层数是指地上层数与地下层数之和。

（三）根据建筑结构划分

建筑结构是指建筑物中由承重构件（基础、墙体、柱、梁、楼板、屋架等）组成的体系。按照建筑物的结构，建筑物可分为砖木结构建筑、砖混结构建筑、钢筋混凝土结构建筑、钢结构建筑。

1. 砖木结构建筑

主要是用砖石和木材建造并由砖石和木骨架共同承重的建筑物，其结构构造可以由木结构（梁和柱）承重，砖石砌筑成围护墙，也可采用砖墙、砖柱承重的木屋架结构。古代建筑、1949 年以前建造的城镇民居、20 世纪 50 至 60 年代的民用建筑，绝大多数为砖木结构建筑。砖木结构建筑通常在 3 层以下。这类房屋抗震性能较差，使用寿命较短。

2. 砖混结构建筑

主要由砖、石及钢筋混凝土等作为承重材料的建筑物，其构造是砖墙、砖柱为竖向构件来承受竖向荷载，钢筋混凝土楼板、大梁、过梁、屋架等横向构件，搁置在墙、柱上，承受并传递楼面荷载。这种结构的建筑造价较低，抗震性能较差，开间和进深的尺寸都受一定的限制，其层高也受限制。砖混结构建筑物的层数一般在 6 层以下。这类房屋抗震性能较差。

3. 钢筋混凝土结构建筑

该类结构的承重构件都是由钢筋混凝土构件构成的，外墙、隔墙等围护结构则是由轻质砖或其他砌体组成。钢筋混凝土结构建筑的特点是结构的适用性强、抗震性能好和耐用年限较长。从多层到高层，甚至超高层建筑都可以采用此类结构形式，是目前我国建筑工程中采用最多的一种建筑结构类型。钢筋混凝土结构建筑的结构形式主要有框架结构、剪力墙结构、筒体结构、框架剪力墙结构、框架筒体结构和筒中筒等多种形式。这类房屋抗震性能较好，使用寿命较长。

4. 钢结构建筑

主要的承重构件采用钢材作为承重材料。这种结构的造价较高，多用于高层公共建筑和跨度大的建筑，如体育馆、影剧院、跨度大的工业厂房等。这类房屋抗震性能较好，但不耐火，耐腐蚀性也较差。

## 二、房屋建筑的构造组成

（一）地基和基础

地基不是建筑物构造的组成部分，但与基础紧密相连，是承受由基础传下来的荷载的土体或岩体。地基应满足下列要求：①有足够的承载力。②有均匀的压缩量，以保证有均匀的下沉。③有防止产生滑坡、倾斜方面的能力。地基分为天然地基和人工地基。未经人工加固处理的地基，称为天然地基；经过人工加固处理的地基，称为人工地基。

基础是指建筑物地面以下的承重结构，如基坑、承台、框架柱、地梁等，是建筑物的墙或柱子在地下的扩大部分，其作用是承受建筑物上部结构传下来的荷载，并把它们连同自重一起传给地基。基础必须坚固、稳定而可靠。根据不同标准基础有以下分类：

（1）按照使用的材料，基础分为灰土基础、三合土基础、砖基础、石基础、混凝土基础、毛石混凝土基础、钢筋混凝土基础等。

（2）按照埋置深度，基础分为深基础、浅基础和不埋基础。埋置深度大于 4m 的，为深基础；埋置深度小于 4m 的，为浅基础；基础直接做在地表面上的，为不埋基础。

（3）按照受力性能，基础分为刚性基础和柔性基础。刚性基础是指用砖、石、灰土、混凝土、三合土等受压强度大，而受拉强度小的刚性材料做成的基础。柔性基础是指用抗拉、抗压、抗弯、抗剪均较好的钢筋混凝土材料做的基础。

（4）按照构造形式，基础分为条形基础、独立基础、筏板基础、箱形基础和桩基础。①条形基础是指呈连续的带形基础，包括墙下条形基础和柱下条形基础。②独立基础是指基础呈独立的块状，形式有台阶形、锥形、杯形等。③筏板基础是一块支承着许多柱子或墙的钢筋混凝土板，板直接作用于地基上，一块整板把所有的单独基础连在一起，使地基土的单位面积压力减小。筏板基础适用于地基土承载力较低的情况。筏板基础还有利于调整地基土的不均匀沉降，或用来跨过溶洞，用筏板基础作为地下室或坑槽的底板有利于防水、防潮。④箱形基础主要是指由底板、顶板、侧板和一定数量内隔墙构成的整体刚度较好的钢筋混凝土箱形结构。它是能将上部结构荷载较均匀地传至地基的刚性构件。箱形基础由于刚度大、整体性好、底面积较大，所以既能将上部结构的荷载较均匀地传到地基，又能适应地基的局部软硬不均，有效调整基底的压力。箱形基础能建造比其他基础形式更高的建筑物，对于地基承载力较低的软弱地基尤为合适。箱形基础对于抵抗地震荷载的作用最为明显。在地下水位较高的地段建造高层建筑，由于箱形基础底板为一块整板，所以有利于采取各种防水措施，施工方便，防水效果好。⑤桩基础由设置于土中的桩和承接上部结构的承台组成。承台设置于桩顶，把各单桩连成整体，并把建筑物的荷载均匀地传递给各根桩，再由桩端传给深处坚硬的土层，或通过桩侧面与其周围土的摩擦力传给地基。

（二）墙体和柱

一般墙体和柱均是竖向承重构件，它支撑着屋顶、楼板等，并将这些荷载及自重传给基础。一些为了分隔、装饰目的而设置的墙体和柱不具有承重作用。墙体和柱是否承重需根据设计、施工情况具体确定。

1. 墙体

墙体是主要起承重、围护、分隔空间作用的建筑构件。墙承重结构建筑的墙体，承重与围护合一；骨架结构体系建筑墙体的作用是围护与分隔空间。墙体要有足够的强度和稳定性，具有保温、隔热、隔声、防火、防水的能力。

按照不同的方法墙体有以下分类：

（1）按照在建筑物中的位置，墙体分为外墙和内墙。外墙位于建筑物四周，是建筑物的围护构件，起着挡风、遮雨、保温、隔热、隔声等作用。内墙位于建筑物内部，主要起分隔内部空间的作用，也可起到一定的隔声、防火等作用。

（2）按照在建筑物中的方向，墙体分为纵墙和横墙。纵墙是沿建筑物长轴方向布置的墙。横墙是沿建筑物短轴方向布置的墙，其中的外横墙通常称为山墙。

（3）按照受力情况，墙体分为承重墙和非承重墙。承重墙是指直接承受上部结构（如梁、楼板、墙）等传下来的荷载的墙，对结构安全起着最重要的作用。非承重墙是指仅承受自重而不承受上部结构荷载的墙。无论是承重墙还是非承重墙，用于建筑物内部空间分隔的，也可称为隔墙；用于内、外部空间分隔的，也可称为围护墙。

（4）按照使用的材料，墙体分为砖墙、石墙、土墙、砌块墙、混凝土墙。

（5）按照构造方式，墙体分为实体墙、空心墙和复合墙。实体墙是用普通砖和其他实心砌块砌筑而成的墙。空心墙是墙体内部中有空腔的墙，这些空腔可以通过砌筑方式形成，也可以用本身带孔的材料组合而成，如空心砌块等。复合墙是指用两种以上材料组合而成的墙，如加气混凝土复合板材墙。

2. 柱

柱在工程结构中主要承受压力，有时也同时承受弯矩的竖向杆件，用以支承梁、桁架、楼板等。按截面形式分有方柱、圆柱、矩形柱、工字形柱、H形柱、T形柱、L形柱、十字形柱、双肢柱、格构柱。按材料分有石柱、砖柱、木柱、钢柱、钢筋混凝土柱、钢管混凝土柱和各种组合柱。根据柱的长细比，柱还可以分为短柱与长柱。两者在因受压而产生破坏的过程结果表现有所不同。

（三）门和窗

1. 门

门窗是建筑物中的围护和分隔构件，不承重。门的主要作用是交通出入，分隔和联系建筑空间；窗的主要作用是采光、通风及观望。按照门使用的材料，门分为木门、钢门、铝合金门、塑钢门。按照门开启的方式，门分为平开门（又可分为内开门和外开门）、弹簧门、推拉门、转门、折叠门、卷帘门、上翻门和升降门等。按照门的功能，门分为防火门、安全门和防盗门等。按照门在建筑物中的位置，门分为围墙门、入户门、内门（房间门、厨房门、卫生间门）等。

2. 窗

窗一般由窗框、窗扇、玻璃、五金等组成。按照窗使用的材料，窗分为木窗、钢窗、铝合金窗、塑钢窗。按照窗在建筑物中的位置，窗分为侧窗和天窗。天窗以及采光顶的下方通常为人员活动的场所，为防止采光面板受损时对下方人员造成伤害，用于采光的面板可以采用不易破碎的高分子材料，如聚碳酸酯阳光板等，并具有一定的防穿透能力。当采用玻璃作为天窗透光面板时，应采用夹层玻璃，其胶片最小厚度不小于 0.76mm。

按照窗开启的方式，窗分为固定窗（仅供采光及眺望，不能通风）、推拉窗、平开窗（又可分为内开窗和外开窗）、旋转窗（又可分为横式旋转窗和立式旋转窗。横式旋转窗按转动铰链或转轴位置的不同，又可分为上悬窗、中悬窗和下悬窗），以及技术含量较高的平开上悬窗。目前常见的窗户类型有各自的优缺点，下面举例介绍：

（1）推拉窗。优点：不占用室内外空间，开关操作轻便。缺点：一是最大开启度只能达到整个窗户面积的1/2；二是在风雨天，窗户关闭，无法换气；三是清洁朝外的玻璃面，特别是位于高层的，较困难；四是密封性差，湿气、灰尘容易进入。

（2）平开窗。平开窗总体优点是窗扇和窗框间均有橡胶密封压条，封闭性能好。①外平开窗优点是防水性能好，且开启时不占用室内空间。缺点是清洁朝外的玻璃面，特别是位于高层的，较困难。②内平开窗优点是便于经常擦洗，保持窗户洁净。缺点主要有两个方面，一是如窗户面积过大，占用室内空间；二是窗户低，如家中有小孩，容易撞到小孩的头。

（3）平开上悬窗。它通过转动执手选择门窗的开关，向内平开及顶部向内上悬，从而达到密封、适量通风及防盗的目的。优点是具有良好的保温隔声性能；通风时，新风回旋进入室内；刮风下雨时，也可以开启窗户，保持室内空气清新；清洁朝外的玻璃面也较为方便。缺点是五金件价格相对较高。目前主要用于高档住宅。

（四）地面、楼板和梁

常见的地面由面层、垫层和基层构成，对有特殊要求的地坪，通常在面层与垫层之间增设一些附加层。根据面层使用的材料和施工方式，地面分为以下几类：①整体类地面，包括水泥砂浆地面、细石混凝土地面和水磨石地面等。②块材类地面，包括普通烧结砖、大阶砖、水泥花砖、缸砖、陶瓷地砖、陶瓷锦砖、人造石板、天然石板以及木地面等。③卷材类地面，常见的有塑料地面、橡胶毡地面以及地毯地面等。④涂料类地面。

楼板应具有以下特点：一是有足够的强度，能够承受使用荷载和自重；二是有一定的刚度，在荷载作用下挠度变形不超过规定数值；三是能满足隔声要求，包括隔绝空气传声和固体传声；四是有一定的防潮、防水和防火能力。按照结构层使用的材料，楼板分为木楼板、砖拱楼板、钢筋混凝土楼板等。钢筋混凝土楼板坚固、耐久、强度高、刚度大、防火性能好，目前应用比较普遍。钢筋混凝土楼板按照施工方式，分为预制、叠合和现浇三种。

顶棚也称为天棚、天花板，一般是指建筑空间的顶部，是室内饰面之一，表面应光洁、美观，并能改善室内的亮度，还应具有隔声、吸声、保温、隔热等功能。

梁是跨过空间的横向构件，主要起结构水平承重作用，承担其上的楼板传来的荷载。按照力的传递路线，梁分为主梁和次梁；按照梁与支撑的连接状况，梁分为简支梁、连续梁和悬臂梁。圈梁是环绕整个建筑物墙体所设置的梁，主要是为了提高建筑物整体结构的稳定性。

（五）楼梯、走廊

1. 楼梯

楼梯是由连续行走的梯级、休息平台和维护安全的栏杆（或栏板）、扶手以及相应的支托结构组成的作为楼层之间垂直交通用的建筑部件。楼梯段是由若干个踏步组成的供层间上下行走的倾斜构件，是楼梯的主要使用和承重部分。休息平台是指联系两个倾斜楼梯段之间的水平构件，主要作用是供人行走时缓冲疲劳和分配从楼梯到达各楼层的人流。栏杆和扶手是设置在楼梯段和休息平台临空边缘的安全保护构件。楼梯的分类情况如下：

（1）按照在建筑物中的位置，楼梯分为室内楼梯和室外楼梯。

（2）按照使用性质，楼梯分为室内主要楼梯、辅助楼梯、室外安全楼梯和防火楼梯。

（3）按照使用的材料，楼梯分为钢筋混凝土楼梯、木楼梯和钢楼梯等。

（4）按照楼层间楼梯的数量和上下楼层方式，分为直跑式楼梯、折角式楼梯、双分式楼梯、双合式楼梯、剪刀式楼梯和曲线式楼梯等。

在层数较多或有特殊需要的建筑物中，应设有电梯或自动扶梯。

2. 走廊

走廊是建筑物中的水平交通空间。公共走廊净宽不应小于1.20m，净高不应低于2.10m；设置封闭外廊时，应设置可开启的窗扇。

（六）屋顶

屋顶是建筑物顶部起覆盖作用的围护构件，由屋面、承重结构层、保温隔热层和顶棚组成。屋顶的主要作用是承重、保温隔热和防水排水，并且起到抵御自然界的风、雨、雪以及太阳辐射、气温变化和其他外界的不利因素的作用，承受积雪、积灰、人等外部荷载及自身重量，并将这些荷载传给承重墙或梁、柱。常见的屋顶类型有平屋顶、坡屋顶，此外还有曲面屋顶、多波式折板屋顶等形式。

（七）栏杆、栏板

栏杆、栏板是高度在人体胸部与腹部之间，用于保障人身安全或分隔空间的防护分隔构件。阳台、外廊、室内回廊、中庭、内天井、上人屋面及楼梯等处的临空部位应设置防护栏杆（栏板）。栏杆（栏板）垂直高度不应小于1.10m。栏杆（栏板）高度应按所在楼地面或屋面至扶手顶面的垂直高度计算，如底面有宽度大于或等于0.22m，且高度不大于0.45m的可踏部位，应按可踏部位顶面至扶手顶面的垂直高度计算。楼梯、阳台、平台、走道和中庭等临空部位的玻璃栏板应采用夹层玻璃。少年儿童专用活动场所的栏杆应采取防止攀滑措施，当采用垂直杆件做栏杆时，其杆件净间距不应大于 0.11m。

### 三、住宅室内主要装饰材料

（一）室内装饰材料类别

室内装饰材料是指用于建筑内部地面、墙面、柱面、顶面等的罩面材料。本书主要介绍常用于住宅室内装饰的陶瓷砖、木材、石材、涂料、玻璃等材料。

1. 陶瓷砖

陶瓷砖从表面形态可分为釉面砖、无釉砖等；根据吸水率不同可分为瓷质砖、炻瓷砖、细炻砖、炻质砖、陶质砖。

2. 木材

木材主要包括实木、实木复合以及竹类等材料。

3. 石材

建筑装饰石材主要包括天然装饰石材和人造装饰石材两大类。天然装饰石材常见品种为大理石和花岗石等；人造装饰石材常见品种有人造大理石和人造花岗石等。

4. 涂料

建筑涂料是涂于物体表面能形成具有保护、装饰或特殊性能（如绝缘、防腐、标志等）的固态涂膜的一类液体或固体材料。

5. 玻璃

建筑使用的玻璃一般分为用于建筑外围护结构玻璃和内部玻璃，例如玻璃幕墙、玻璃屋面、玻璃门窗、玻璃雨篷、玻璃栏板、玻璃楼梯、玻璃地板、游泳馆水下观察窗等。建筑物采用的玻璃通常有平板玻璃以及由平板玻璃作为原片制作的深加工玻璃，如钢化玻璃、半钢化玻璃、夹层玻璃、镀膜玻璃和中空玻璃等。

（二）地面常用装饰材料

1. 木质类地板

木质类地板主要包括实木地板、实木复合地板、强化木地板、竹地板。实木地板是直接用实木加工成的地板。实木复合地板是以实木拼板或单板为面层、实木条为芯层、单板为底层制成的企口地板，以及以单板为面层、胶合板为基材制成的企口地板。强化木地板又称浸渍纸层压木质地板，是以一层或多层专用纸浸渍热固性氨基树脂，铺装在刨花板、中密度纤维板、高密度纤维板等人造板基材表面，背面加平衡层，正面加耐磨层，经热压而成的地板。竹地板是把竹材加工成竹片后，再用胶粘剂胶合、加工成的长条企口地板。

2. 陶瓷地砖

陶瓷地砖简称地砖，包括室内地砖和室外地砖两类。室内地砖一般产品较薄，承载能力较弱，抗冻融性能不佳，因此不能用于室外。室外地砖一般产品较厚，承载和耐磨能力较强，表面较粗糙，不易打滑，吸水率低，抗冻融性能较好，用于铺砌广场及道路。吸水率不超过 6％的陶瓷砖一般可作为地砖使用。主要包括：瓷质砖、炻瓷砖、细炻砖。瓷质砖是吸水率不超过 0.5％的陶瓷砖，也称玻化砖；质地紧密坚硬，强度很高，吸水率低，多加工成抛光砖。炻瓷砖是吸水率大于 0.5％但不超过 3％的陶瓷砖；吸水率稍大，强度较高，常在表面施加釉层。细炻砖是吸水率大于 3％但不超过 6％的陶瓷砖；吸水率较大，强度高，在表面施加釉层，可用于不太严寒的地区的室外。

3. 石材装饰地面

通常可用于地面装饰的石材包括天然石材中的大理石、花岗石和人造石材中的人造大理石、水磨石。大理石装饰板简称大理石板。大理石是商品名称，非岩石学定义，由云南省大理市点苍山所产的具有绚丽色泽与花纹的石材而得名。泛指大理岩、石灰岩、白云岩等，颜色品种丰富，花纹美观，广泛用作建筑物墙面、地面、柱面、台面等装饰，耐酸性差，用于地面和室外时应注意加强表面防护。花岗岩装饰板简称花岗岩板，颜色品种丰富，广泛用作建筑物内外墙面、地面、柱面、台面等装饰，用水泥做胶黏剂时应注意加强防污染处理。

人造大理石是以石英砂、大理石和方解石粉等为主要原材料，经配料、搅拌、成型、固化、烘干、抛光等工艺制成的板材。人造大理石类似天然大理石形貌，具有模仿性强、重量轻、耐腐蚀等特点，用于建筑领域的装饰工程。水磨石以水泥、无机颜料、装饰性骨料和水为主要原材料，经配料、搅拌、成型、养护、水磨抛光等工艺制成的板材。水磨石花色品种丰富可调，强度高，还可具有防静电功能和不起火花功能。

（三）墙面、柱面常用装饰材料

1. 陶瓷墙砖

陶瓷墙砖简称墙砖，包括内墙瓷砖和外墙瓷砖两类。内墙瓷砖通常是指吸水率大于 10％的釉面砖，抗冻融性能和强度不佳，用于室内。外墙瓷砖通常是指吸水率较小的釉面砖，具有一定的抗冻融能力，用于室外。

炻质砖是吸水率大于 6％但不超过 10％的陶瓷砖；吸水率大，强度较低，在表面施加釉层，可作为墙砖使用，应尽量避免用于地面，不能用在严寒地区的室外。

陶质砖是吸水率大于 10％的陶瓷砖；吸水率很大，强度低，多在表面施加釉层，只能用于不产生结冰的室内墙面。

2. 墙面装饰石材

大理石、花岗岩和人造大理石除用于地面装饰外也可用于建筑物墙面、柱面等装饰。此外，砂岩板材花纹美观，广泛用作建筑物墙面装饰，通常表面吸水率较大，应加强表面防护。

3. 内墙涂料

建筑物内墙涂料主要包括：室内用腻子、合成树脂乳液内墙涂料、纤维状内墙涂料和云彩涂料等。

室内用腻子是以胶黏剂、填料、助剂等原材料配制成的，用于找平的基层表面处理材料。室内用腻子的胶黏剂主要包括水溶性树脂、水分散性树脂等。室内用腻子分为一般型室内用腻子和耐水型室内用腻子。

合成树脂乳液内墙涂料是以合成树脂乳液为成膜物质，与颜料、体质颜料及各种助剂配制而成的，施涂后能形成表面平整的薄质涂层的内墙用建筑涂料。纤维状内墙涂料也称为好涂壁、思壁彩，是以合成纤维、天然纤维和棉质材料等为主要成膜物质，以一定的乳液为胶料，另外加入增稠剂、阻燃剂、防霉剂等助剂配制而成的可用于内墙装饰的涂料；其利用纤维材料本身的色彩、光泽和质地取得特殊的装饰效果，花纹图案表现丰富，具有独特的立体感和吸声透气性。云彩涂料也称为梦幻涂料、幻彩涂料，是以合成树脂乳液为成膜物质，以珠光颜料为主要颜料，具有特殊流变特性和珍珠光泽的涂料；其根据加入的珠光颜料品种的不同呈现不同的色彩，以及在不同角度或不同的光线下呈现变幻的色彩。

（四）顶棚常用装饰材料

顶棚的装饰一般应采用轻质材料，通常采用石膏板、金属板、铝扣板、PVC 板、木质板、矿棉板、龙骨等进行吊顶装饰；也可直接在天花板表面进行喷浆处理和抹灰处理，然后进行装饰。上述可以用于墙面的室内用腻子、合成树脂乳液内墙涂料、纤维状内墙涂料和云彩涂料等涂料亦可用于顶棚的装饰。顶棚不宜采用玻璃饰面，当局部采用时，应选用安全玻璃，并应采取安装牢固的构造措施。

此外，随着科技进步，室内装修风格的个性化、多元素，建筑玻璃开始突破围护采光的单一功能，逐渐发展成为兼有装饰、节能、安全的室内装饰建筑材料。室内装饰常用的玻璃主要有：

1. 压花玻璃

压花玻璃是表面带有花纹图案，透光而不透明的平板玻璃；其色彩鲜明，图案丰富，透过光线因漫射而失去透视性，具有强烈装饰效果。

2. 毛玻璃

毛玻璃是采用研磨、喷砂等机械方法，使表面呈微细凹凸状态而不透明的玻璃制品；其使透过光向不同方向漫射，透光不透明，用于要求透光而不透视的场合以及防止定向反射的场合。

3. 玻璃马赛克

玻璃马赛克也叫玻璃锦砖，通常是由多块面积不大于 9cm$^2$ 的小砖经衬材拼贴成联的彩色饰面玻璃；其透明度变化范围大，可单色拼排，也可拼成复杂图案甚至大型壁画。激光玻璃是表面具有全息光栅或其他图形光栅，在光源照射下产生物理衍射七彩光的玻璃制品；其特点是五光十色，绚丽多彩，如梦如幻，变化莫测，装饰效果极其强烈。

4. 空心玻璃砖

空心玻璃砖是两个模压成凹形的半块玻璃砖黏结成为带有空腔的整体，腔内充入干燥稀薄空气或玻璃纤维等绝热材料所形成的玻璃制品。

5. 乳白玻璃和丝网印刷玻璃

乳白玻璃是内部含有高分散晶体的白色半透明玻璃；在光漫射作用下，使玻璃呈现乳浊状，多用于室内玻璃隔断。丝网印刷玻璃是利用丝网印刷技术，将玻璃油墨或高温玻璃釉料印刷在玻璃表面所形成的带有图案的玻璃；属于半透明玻璃，图案色彩丰富，主要用于室内隔断、装饰、标志及建筑立面。

### 四、住宅功能及使用要求

（一）居住区与生活圈

1. 居住区

居住区是城市中住宅建筑相对集中的地区，是城市居民生活和城市治理的基本单元。据研究，我国城市居民平均约 75% 的时间在居住社区中度过，到 2035 年，我国有约 70% 人口生活在居住社区。居住社区也越来越成为提供社会基本公共服务、开展社会治理的基本单元。

完整居住社区是指在居民适宜步行范围内有完善的基本公共服务设施、健全的便民商业服务设施、完备的市政配套基础设施、充足的公共活动空间、全覆盖的物业管理和健全的社区管理机制，且居民归属感、认同感较强的居住社区。

居住区依据其居住人口规模主要可分为十五分钟生活圈居住区、十分钟生活圈居住区、五分钟生活圈居住区和居住街坊四级。

2. 生活圈

生活圈是根据城市居民的出行能力、设施需求频率及其服务半径、服务水平的不同，划分出的不同的居民日常生活空间，并据此进行公共服务、公共资源

（包括公共绿地等）的配置。"生活圈"通常不是一个具有明确空间边界的概念，圈内的用地功能是混合的，里面包括与居住功能并不直接相关的其他城市功能。但"生活圈居住区"是指一定空间范围内，由城市道路或用地边界线所围合，住宅建筑相对集中的居住功能区域；通常根据居住人口规模、行政管理分区等情况可以划定明确的居住空间边界，界内与居住功能不直接相关或是服务范围远大于本居住区的各类设施用地不计入居住区用地。十五分钟生活圈居住区的用地面积规模约为 $130\sim200\mathrm{hm}^2$，十分钟生活圈居住区的用地面积规模约为 $32\sim50\mathrm{hm}^2$，五分钟生活圈居住区的用地面积规模约为 $8\sim18\mathrm{hm}^2$；居住街坊是居住的基本生活单元，尺度为 $150\sim250\mathrm{m}$，由城市道路或用地边界线所围合，用地规模约 $2\sim4\mathrm{hm}^2$。围合居住街坊的道路皆应为城市道路，开放支路网系统，不可封闭管理。

（二）居住环境

居住区用地的日照、气温、风等气候条件，地形、地貌、地物等自然条件，用地周边的交通、设施等外部条件，以及地方习俗等文化条件，都将影响着居住区的建筑布局和环境塑造。

1. 声环境

国家标准《声环境质量标准》GB 3096—2008 第 5.1 条规定了各类声环境功能区昼间、夜间的环境噪声限值，如表 2-1 所示。

环境噪声限值单位：dB（A）                                    表 2-1

| 声环境功能区类别 | | 昼间 | 夜间 |
| --- | --- | --- | --- |
| 0 类 | | 50 | 40 |
| 1 类 | | 55 | 45 |
| 2 类 | | 60 | 50 |
| 3 类 | | 65 | 55 |
| 4 类 | 4a 类 | 70 | 55 |
| | 4b 类 | 70 | 60 |

其中，1 类声环境功能区指以居民住宅、医疗卫生、文化教育、科研设计、行政办公为主要功能，需要保持安静的区域。2 类声环境功能区指以商业金融、集市贸易为主要功能，或者居住、商业、工业混杂，需要维护住宅安静的区域。

2. 光环境

老年人居住建筑日照标准不应低于冬至日日照时数 2h；在原设计建筑外增加任何设施不应使相邻住宅原有日照标准降低，既有住宅建筑进行无障碍改造加装电梯除外；旧区改建项目内新建住宅建筑日照标准不应低于大寒日日照时数 1h。

3. 居住绿地

居住用地范围内除社区公园以外的绿地，包括组团绿地、宅旁绿地、配套公建绿地、小区道路绿地等，还包括满足当地植物覆土要求、方便居民出入的地下或半地下建筑的屋顶绿地、车库顶板上的绿地。居住绿地应具有改善环境、防护隔离、休闲活动、景观文化等功能。

（三）居住空间

住宅应按套型设计，每套住宅应设卧室、起居室（厅）、厨房和卫生间等基本功能空间。由卧室、起居室（厅）、厨房和卫生间等组成的套型，其使用面积不应小于 30m²；由兼起居的卧室、厨房和卫生间等组成的最小套型，其使用面积不应小于 22m²。

厨房宜布置在套内近入口处。卫生间不应直接布置在下层住户的卧室、起居室（厅）、厨房和餐厅的上层。卧室、起居室（厅）的室内净高不应低于 2.40m，局部净高不应低于 2.10m，且局部净高的室内面积不应大于室内使用面积的 1/3。厨房、卫生间的室内净高不应低于 2.20m。

（四）室内环境

1. 采光

每套住宅应至少有一个居住空间能获得冬季日照。需要获得冬季日照的居住空间的窗洞开口宽度不应小于 0.60m。卧室、起居室（厅）、厨房应有直接天然采光。卧室、起居室（厅）、厨房的采光窗洞口的窗地面积比不应低于1/7。采光窗下沿离楼面或地面高度低于 0.50m 的窗洞口面积不应计入采光面积内，窗洞口上沿距地面高度不宜低于 2.00m。

2. 空气污染物控制

住房和城乡建设部发布的行业标准《住宅建筑室内装修污染控制技术标准》JGJ/T 436—2018 中，对住宅室内装饰装修材料引起的空气污染物控制要求如下：室内空气污染物浓度应分为Ⅰ级、Ⅱ级、Ⅲ级，各污染物浓度对应的等级应符合表 2-2 的规定。室内空气质量应按污染物中最差的等级进行评定。

污染物浓度分级（mg/m³）　　　　　　　　　　表 2-2

| 污染物 | 浓度 | | |
|---|---|---|---|
| | Ⅰ级 | Ⅱ级 | Ⅲ级 |
| 甲醛 | $C \leqslant 0.03$ | $0.03 < C \leqslant 0.05$ | $0.05 < C \leqslant 0.08$ |
| 苯 | $C \leqslant 0.02$ | $0.02 < C \leqslant 0.05$ | $0.05 < C \leqslant 0.09$ |
| 甲苯 | $C \leqslant 0.10$ | $0.10 < C \leqslant 0.15$ | $0.15 < C \leqslant 0.20$ |
| 二甲苯 | $C \leqslant 0.10$ | $0.10 < C \leqslant 0.15$ | $0.15 < C \leqslant 0.20$ |
| TVOC | $C \leqslant 0.20$ | $0.20 < C \leqslant 0.35$ | $0.35 < C \leqslant 0.50$ |

## 第二节　房屋建筑图与面积测算

### 一、建筑工程图

工程图纸是根据投影原理或有关规定绘制在纸介质上的，通过线条、符号、文字说明及其他图形元素表示工程形状、大小、结构等特征的图形。按照以上要求制作的施工图，是房地产经纪工作中经常需要识读，进而帮助房地产经纪人概括了解、介绍房经纪服务标的房屋的有效工具。

一套完整的施工图，根据其专业内容或作用不同，一般分为：①图纸目录；②设计总说明；③建筑施工图（包括总平面图、平面图、立面图、剖面图和建筑详图）；④结构施工图；⑤设备施工图。房地产经纪人一般需要能够简单识读的是其中的建筑施工图。

（一）建筑总平面图

建筑总平面图是用来说明建筑场地内的建筑物、道路、绿化等的总体布置的平面图，见图 2-1。

从建筑总平面图中一般可以看出下列内容：①该建筑场地的位置、数量、大小及形状；②新建建筑物在场地内的位置及与邻近建筑物的相对位置关系；③场

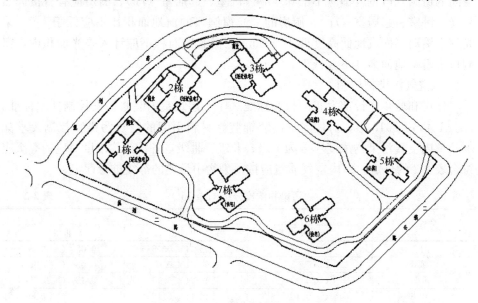

图 2-1　建筑总平面图

地内的道路布置与绿化安排；④新建建筑物的朝向；⑤新建建筑物首层室内地面与室外地坪及道路的绝对标高；⑥扩建建筑物的预留地。为更加直观地了解到一个建筑区划内或建筑场地内建筑物、构筑物、景观、绿化等布局，有的还将建筑总平面图与景观图结合在一起，见图 2-2。该图除可以看出建筑场地内各建筑物的位置外，还能看出该建筑场地内配建的泳池等设施。

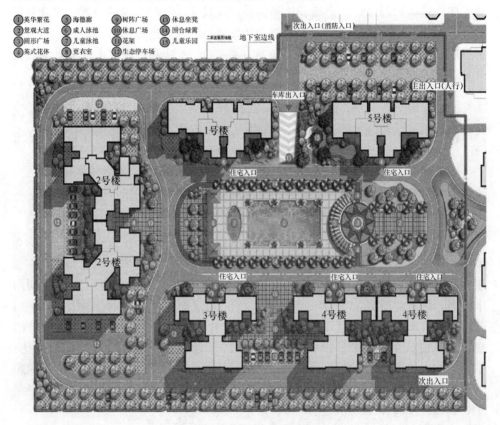

图 2-2　建筑总平面及景观图

【例题 2-1】通过建筑总平面及景观图（图 2-2）可以看出，该小区共由（　　）幢楼组成。

A. 5　　　　　　　　B. 6　　　　　　　　C. 7　　　　　　　　D. 8

（二）建筑平面图

建筑平面图是假想用一水平的剖切面沿着房屋门窗洞口位置将建筑物剖切后，对剖切面以下部分所作的水平投影图。

一幢建筑物一般有下列几种建筑平面图：①首层平面图；②标准层平面图（表示中间相同的各层平面布置）；③顶层平面图（表示房屋最高层的平面布置）；④屋顶平面图（即屋顶平面的水平投影）。

从建筑平面图中可以看出下列内容：①建筑物的平面形状，出口、入口、走廊、楼梯、房间、阳台等的布置和组合关系；②建筑物及其组成房间的名称、尺寸、定位轴线和墙厚；③走廊、楼梯的位置及尺寸；④门、窗的位置、尺寸及编号；⑤台阶、阳台、雨篷、散水的位置及尺寸；⑥室内地面的标高。

**【例题 2-2】** 通过建筑标准层平面图（图 2-3）可以看出，该建筑标准层共设计有（    ）套住宅。

A. 2                        B. 4

C. 5                        D. 8

**【例题 2-3】** 通过建筑标准层平面图（图 2-3）可以看出，该建筑标准层共有（    ）部电梯。

A. 1                        B. 2

C. 3                        D. 4

（三）建筑立面图

在与建筑物立面平行的铅垂投影面上所作的投影图称为建筑立面图，简称立面图。反映主要出入口或比较显著地反映出房屋外貌特征的那一面立面图，称为正立面图。其余的立面图相应称为背立面图、侧立面图。通常也可按房屋朝向来命名，因此，建筑立面图一般包括：南、北立面图，东、西立面图四部分，若建筑各立面的结构有丝毫差异，都应绘出对应立面的立面图来诠释所设计的建筑。从建筑立面图中可以看出下列内容：①建筑物的外观特征及凹凸变化；②建筑物各主要部分的标高及高度关系；③建筑立面所选用的材料、色彩和施工要求等。

（四）建筑剖面图

建筑剖面图是假想用一个或多个垂直于外墙轴线的铅垂剖切面，将房屋剖开所得的投影图，称为建筑剖面图，简称剖面图。剖面图用以表示房屋内部的结构或构造形式、分层情况和各部位的联系、材料及其高度等。具体可以看出下列内容：①剖切到的各部位的位置、形状及图例。其中有室内外地面、楼板层及屋顶层、内外墙及门窗、梁、女儿墙或挑檐、楼梯及平台、雨篷、阳台等。②未剖切到的可见部分，如墙面的凹凸轮廓线、门、窗、勒脚、踢脚线、台阶、雨篷等。③外墙的定位轴线及其间距。④垂直方向的尺寸及标高。⑤施工说明。

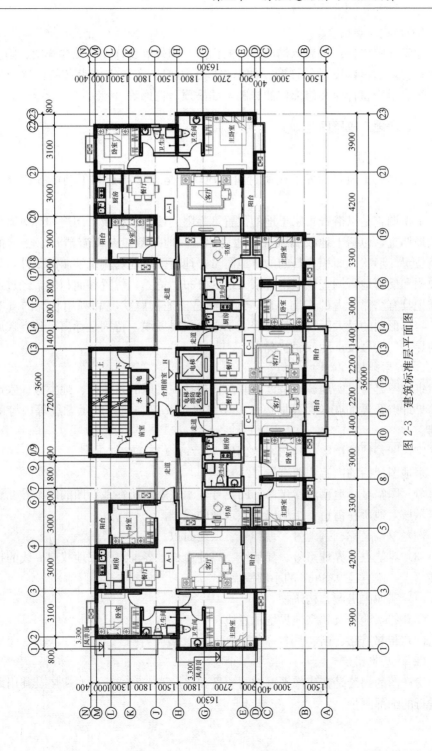

图 2-3　建筑标准层平面图

（五）建筑详图

建筑详图包括：①表示局部构造的详图，如外墙身详图、楼梯详图、阳台详图等；②表示房屋设备的详图，如卫生间、厨房、实验室内设备的位置及构造等；③表示房屋特殊装修部位的详图，如吊顶、花饰等。

## 二、房地产权属图

（一）地籍图

宗地是指土地权属界址线所封闭的地块，是地籍调查和不动产登记的基本单元。

地籍调查是以清查每宗土地的位置、界限、面积、权属、用途和等级为目的的土地调查，包括土地权属调查和地籍测量。地籍测量是以查清每宗土地的边界、位置、形状、面积为目的的土地测量。地籍图是地籍测量绘制的图件，是用来说明和反映地籍调查区域内各宗土地的分布、境界、位置和面积的，经过不动产登记具有法律效力的专题地图。地籍图是土地权属状况和利用状况的真实写照，与地形图的最大区别是精确表示了土地权属界线，特别是标出了独立权属地段的界线、编号及土地权属状况。

（二）宗地图

宗地图是通过实地调查宗地绘制的，包括一宗地的宗地号、地类号、宗地面积、界址点及界址点号、界址边长、邻宗地号及邻宗地界址示意线等内容的专业图。

宗地图是地籍档案的附图，比例尺为 1∶500 至 1∶2 000。

宗地图包括的内容主要有：

（1）图幅号、地籍号、坐落。图幅号表示该宗地所在地籍图的图幅号。地籍号表示该宗地所在街道、街坊以及该宗地的编号。

（2）单位名称、宗地号、地类号、宗地面积。

（3）界址点、界址点号、界址线、界址边长。界址点是宗地权属界线的拐点或转角点，以直径 0.8mm 的小圆圈表示。

（4）宗地内房屋和构筑物。

（5）邻宗地号及邻宗地界址示意线。

（6）相邻道路、街巷及名称。

（三）房产图

房产图的测绘是在房产平面控制测量和房产调查完成后，对房屋及其用地状况进行的细部测量。

首先测绘房产分幅图；其次测绘房产分丘图；然后测绘房产分户图。

1. 房产分幅图

房产分幅图是全面反映房屋及其用地的位置和权属等状况的基本图，是测绘房产分丘图和房产分户图的基础资料。也是不动产登记中的房屋登记和建立产籍资料的索引和参考资料，比例尺一般为 1：500。房产分幅图表示的内容有：控制点、行政境界、丘界、房屋、房屋附属设施和房屋围护物、房产要素和房产编号，以及与房产管理有关的地形地籍要素和注记。

2. 房产分丘图

所谓丘，是指地表上一块有界空间的地块。它是房屋权属用地单元的最小单位，又称为宗、地块等。根据丘内产权单元的情况，丘有独立丘和组合丘之分。丘在划分时，有固定界标的，按固定界标划分；没有固定界标的，按自然界线划分。

房产分丘图以丘为单位绘制，是房产分幅图的局部明细图，是绘制不动产权证（房屋权属证书）附图的基本图，比例尺为 1：100～1：1 000。

房产分丘图表示的内容除了房产分幅图表示的内容，还有：房屋权界线、界址点、界址点号、房角点、建成年份、用地面积、建筑面积、墙体归属和四至关系等各项房地产要素。

3. 房产分户图

房产分户图以产权登记户为单位绘制，是在房产分丘图基础上绘制的细部图，以一户产权人为单位，表示房屋权属范围的细部，以明确异产毗连房屋的权利界线，是不动产权证的附图。

房产分户图的比例尺一般为 1：200；表示的主要内容有房屋权利界线、四面墙体的归属和楼梯、走道等部位以及门牌号、所在层次、户号、室号、建筑面积和房屋边长等。房产分户图图框内标注有房屋权属面积，它包括套内建筑面积和共有分摊面积。

【例题 2-4】通过房产分户图（图 2-4）可以看出，该幢房屋 1 层共有（　　）套房屋。

A. 1　　　　　　　　　　　　　B. 2

C. 5　　　　　　　　　　　　　D. 9

【例题 2-5】通过房产分户图（图 2-4）可以看出，该房屋权属证书记载的房屋位于 1 层的（　　）部位。

A. 东边　　　　　　　　　　　B. 西边

C. 中间　　　　　　　　　　　D. 靠边

| 座　落 | | ××区×××小区××号楼 | | | | | | 结　构 | | 混合结构 | | |
|---|---|---|---|---|---|---|---|---|---|---|---|---|
| 门-户/室号 | 1门101 | 2门101 | 2门102 | 3门101 | 3门102 | 4门101 | 4门102 | 5门101 | 5门102 |
| 建筑面积（m²） | 103.27 | 77.93 | 77.93 | 77.93 | 77.93 | 77.93 | 77.93 | 77.93 | 77.93 |
| 其中 套内面积（m²） | 85.58 | 64.58 | 64.58 | 64.58 | 64.58 | 64.58 | 64.58 | 64.58 | 64.58 |
| 分摊面积（m²） | 17.69 | 13.35 | 13.35 | 13.35 | 13.35 | 13.35 | 13.35 | 13.35 | 13.35 |

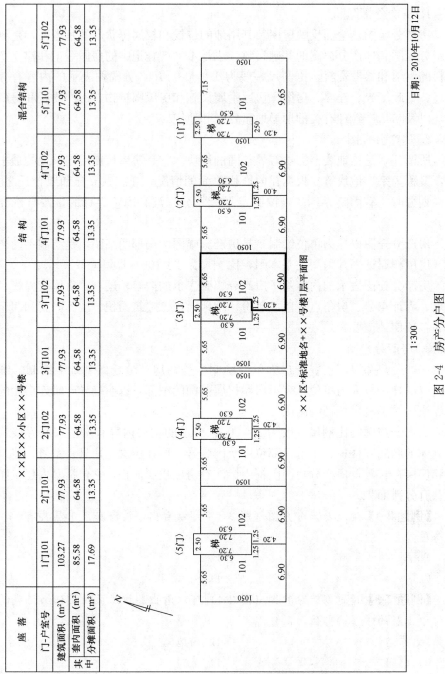

××区+标准地名+××号楼1层平面图

1:300

日期：2010年10月12日

图 2-4　房产分户图

××市国土资源测绘和房屋测量中心

### 三、房地产展示图

#### （一）楼盘区位图

楼盘区位图（图 2-5）也称楼盘位置图，是介绍、说明房地产项目区位状况的展示性地图或效果图，内容一般展示的信息包括项目的坐落、方位、总体朝向、周边主要交通道路、重要场所、基础设施、公服设施、景观，以及其他有利于提升项目形象与附加值的因素及其相对位置等。为了全面展示以上信息，楼盘区位图中各图上物的大小、距离、比例关系往往并不准确，且作了有利于项目销售的修改。在利用这类楼盘区位图介绍相关信息时，应注意避免客户误解其为实际情况的等比例缩小地图，减少由此引起的纠纷。

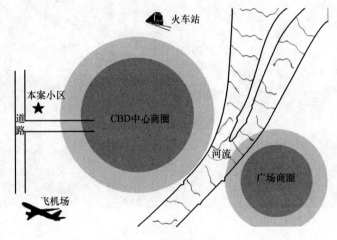

图 2-5　楼盘区位图

#### （二）楼盘摆位图

楼盘摆位图也称楼盘平面展示图（图 2-6），是对房地产项目周边及内部重要建筑物、设施设备的位置进行简明表示的房地产项目平面展示图。通常情况下，通过楼盘摆位图可以清晰地看到楼盘的以下内容：

（1）外围四至道路；

（2）楼盘内的所有楼幢、楼号、单元门号；

（3）楼盘内的建筑物或土地的使用情况，具体为：

a）公共设施：公园、绿地、广场、儿童游乐场、学校、停车场、体育场馆等；

b）楼盘内或沿街的商业配套：银行、邮局、学校、医院、公交车站、菜

图 2-6　楼盘摆位图

市、知名的餐饮、娱乐、休闲场所、商场、超市、其他中介机构等；

　　c）反感设施，一般指距离房屋过近或出现在视野内，容易引起人们反感的设施，如：变电站、加油站、污水处理站、高压铁塔、锅炉房等。

　　（三）楼盘效果图

　　楼盘效果图也称楼盘效果展示图，是在建筑、装饰施工之前，通过施工图纸，把施工后的实际效果用真实和直观的视图表现出来，让观看者能够一目了然地看到施工后实际效果的展示图。效果图一般按照视角不同分为：区位鸟瞰图、入口处视角、楼盘内各区域建筑景观效果图、户型家配图。

　　其中，户型家配图的内容由户型图与户型相应的配套图识组成，是交易客户最为关注的效果图之一。户型图中房屋朝向一般为"上北下南、左西右东"，并用箭头或指针标注正北方向。通过户型图可以清晰地看到该户型的房屋朝向、入口、房间内部布局（包括客厅、卧室、厨房、卫生间、阳台的布局、数量和组合关系）以及门、窗的位置等。有些户型图还标注了客厅、卧室、厨房、卫生间、阳台的长、宽尺寸。如通过户型图（图2-7）可以看出该户型的朝向，客厅、卧室、厨房、卫生间、阳台布局、数量和组合关系，户外楼梯、电梯的位置等。由于我国大部分地区位于中纬度地区，南和偏南（东南和西南）是阳光充分的朝向。南北通透的户型，房屋采光、通风效果较好，成为最受大多数居民喜欢的户型。

**【例题2-6】**通过房屋户型图（图2-7）可以看出，该户型有(　　)。

A. 三室两厅　　　　　　　B. 双卫生间

C. 两室两厅　　　　　　　D. 双厨房

E. 设有独立书房

图2-7　房屋户型图

**【例题 2-7】** 通过房屋户型图（图 2-7）可以看出，该户型为（　　）朝向。

A. 南北　　　　　B. 东西　　　　　C. 东北　　　　　D. 东南

## 四、土地和房屋面积

### （一）土地面积及测算

广义上的土地面积，是指地球表面上某一区域的面积，如全国的土地面积，某一省、市、县或乡的土地面积，某一地块的土地面积。这里的土地面积主要是指与土地权属有关的土地面积，它主要有宗地面积和共有土地分摊面积。不计入宗地面积的范围有：①无明确使用权属的冷巷、巷道或间隙地；②市政管辖的道路、街道、巷道等公共用地；③公共使用的河滩、水沟、排污沟；④已征收、划拨或者属于原房地产证记载范围，经规划部门核定需要作市政建设的用地；⑤其他按规定不计入宗地面积的。共有土地分摊面积是指土地所有者或土地使用者在共有土地面积中所分摊的面积。该面积一般是根据所拥有建筑面积的多少按比例分摊。

土地面积测算的方法可分为图解法和解析法两大类。凡是从图上直接量算面积或由图上采集数据计算面积的，均为图解法。凡是由实地采集计算元素（坐标、边长等）用数学公式或数学模型计算面积的，均为解析法。

### （二）房屋面积及测算

#### 1. 房屋面积的种类

房屋面积主要有建筑面积、使用面积，成套房屋还有套内建筑面积、共有建筑面积、分摊的共有建筑面积，住宅还有居住面积，此外还有预测面积、实测面积、合同约定面积、产权登记面积。

（1）房屋建筑面积是指，房屋外墙（柱）勒脚以上各层的外围水平投影面积，包括阳台、挑廊、地下室、室外楼梯等，且具有上盖，结构牢固，层高 2.20m 以上（含 2.20m）的永久性建筑。

（2）房屋使用面积是指，房屋户内全部可供使用的空间面积，按房屋的内墙面水平投影计算。

（3）套内建筑面积是指，由套内房屋使用面积、套内墙体面积、套内阳台建筑面积三部分组成的面积。

（4）共有建筑面积是指，各产权人共同占有或共同使用的建筑面积，它应按一定方式在各产权人之间进行分摊。

（5）分摊的共有建筑面积是指，某个产权人在共有建筑面积中所分摊的面积。

（6）预测面积：根据预测方式的不同，预测面积分为按图纸预测的面积和按已完工部分结合图纸预测的面积两种。

按图纸预测的面积是指，在商品房预售时按商品房建筑设计图上尺寸计算的房屋面积。

按已完工部分结合图纸预测的面积是指，对商品房已完工部分实际测量后，结合商品房建筑设计图，测算出的房屋面积。

（7）实测面积是指，房屋竣工后由房产测绘单位实际测量后出具的房屋面积实测数据。实测面积又称竣工面积。

实测面积有时与预测面积不一致，原因可能是允许的施工误差、测量误差造成的，也可能是工程变更（包括建筑设计方案变更）、施工错误、施工放样误差过大、房屋竣工后原属于应分摊的共有建筑面积的功能或服务范围改变等造成的。

（8）合同约定面积是指，商品房出卖人和买受人在商品房预（销）售合同中约定的所买卖商品房的面积。合同约定面积简称合同面积。

（9）产权登记面积是指，由房产测绘单位测算，标注在不动产权证（房屋权属证书）上，记入不动产登记簿和房屋权属档案的建筑面积。产权登记面积也称权属面积。

2. 房屋面积的测算

现行《房产测量规范》GB/T 17986—2000、《住宅设计规范》GB 50096—2011 等多个国家标准，均对房屋面积计算规则作出了规定。不同的标准，对同一个建筑部位，如何计算面积的规定，也不完全一致。但这些标准有各自的适用范围，如《住宅设计规范》，适用于住宅的建筑设计工作。在商品房预（销）售和房屋等不动产登记工作中，房屋面积的计算按照《房产测量规范》执行。下面主要介绍《房产测量规范》对建筑面积计算的规定。

（1）计算全部建筑面积的范围：

a）永久性结构的单层房屋，按一层计算建筑面积；多层房屋按各层建筑面积的总和计算。

b）房屋内的夹层、插层、技术层及其梯间、电梯间等其高度在 2.20m 以上部位计算建筑面积。

c）穿过房屋的通道，房屋内的门厅、大厅，均按一层计算面积。门厅、大厅内的回廊部分，层高在 2.20m 以上的，按其水平投影面积计算。

d）楼梯间、电梯（观光梯）井、提物井、垃圾道、管道井等均按房屋自然层计算面积。

e）房屋天面上，属永久性建筑，层高在 2.20m 以上的楼梯间、水箱间、电梯机房及斜面结构屋顶高度在 2.20m 以上的部位，按其外围水平投影面积计算。

f）挑楼、全封闭的阳台按其外围水平投影面积计算。

g）属永久性结构有上盖的室外楼梯，按各层水平投影面积计算。

h）与房屋相连的有柱走廊，两房屋间有上盖和柱的走廊，均按其柱的外围水平投影面积计算。

i）房屋间永久性的封闭的架空通廊，按外围水平投影面积计算。

j）地下室、半地下室及其相应出入口，层高在 2.20m 以上的，按其外墙（不包括采光井、防潮层及保护墙）外围水平投影面积计算。

k）有柱或有围护结构的门廊、门斗，按其柱或围护结构的外围水平投影面积计算。

l）玻璃幕墙等作为房屋外墙的，按其外围水平投影面积计算。

m）属永久性建筑有柱的车棚、货棚等按柱的外围水平投影面积计算。

n）依坡地建筑的房屋，利用吊脚做架空层，有围护结构的，按其高度在 2.20m 以上部位的外围水平面积计算。

o）有伸缩缝的房屋，若其与室内相通的，伸缩缝计算建筑面积。

（2）计算一半建筑面积的范围：

a）与房屋相连有上盖无柱的走廊、檐廊，按其围护结构外围水平投影面积的一半计算。

b）独立柱、单排柱的门廊、车棚、货棚等属永久性建筑的，按其上盖水平投影面积的一半计算。

c）未封闭的阳台、挑廊，按其围护结构外围水平投影面积的一半计算。

d）无顶盖的室外楼梯按各层水平投影面积的一半计算。

e）有顶盖不封闭的永久性的架空通廊，按外围水平投影面积的一半计算。

（3）不计算建筑面积的范围：

a）层高小于 2.20m 以下的夹层、插层、技术层和层高小于 2.20m 的地下室和半地下室。

b）突出房屋墙面的构件、配件、装饰柱、装饰性的玻璃幕墙、垛、勒脚、台阶、无柱雨篷等。

c）房屋之间无上盖的架空通廊。

d）房屋的天面、挑台、天面上的花园、泳池。

e）建筑物内的操作平台、上料平台及利用建筑物的空间安置箱、罐的平台。

f）骑楼、过街楼的底层用作道路街巷通行的部分。

g）利用引桥、高架路、高架桥、路面作为顶盖建造的房屋。

h）活动房屋、临时房屋、简易房屋。

i）独立烟囱、亭、塔、罐、池、地下人防干、支线。

j）与房屋室内不相通的房屋间伸缩缝。

（三）成套房屋面积指标及应用

1. 成套房屋建筑面积的内涵

对于整幢为单一产权人的房屋，建筑面积的测算一般以幢为单位进行。随着同一幢房屋内产权出现多元化及功能出现多样化，如多层、高层住宅楼中每户居民各拥有其中一套，除单一功能的住宅楼外还有商住楼、综合楼等，从而还需要房屋建筑面积测算分层、分单元、分户进行，由此产生了分幢建筑面积、分层建筑面积、分单元建筑面积和分户建筑面积等概念。

分幢建筑面积是指以整幢房屋为单位的建筑面积。分层建筑面积是指以房屋某层或某几层为单位的建筑面积。分单元建筑面积是指以房屋某梯或某几个套间为单位的建筑面积。分户建筑面积是指以一个套间为单位的建筑面积。分层建筑面积的总和，分单元建筑面积的总和，分户建筑面积的总和，均等于分幢建筑面积。成套房屋建筑面积通常是指分户建筑面积。

2. 成套房屋建筑面积的组成

成套房屋的建筑面积由套内建筑面积和分摊的共有建筑面积组成，即：

建筑面积＝套内建筑面积＋分摊的共有建筑面积

成套房屋的套内建筑面积由套内房屋使用面积、套内墙体面积、套内阳台建筑面积三部分组成，即：

套内建筑面积＝套内房屋使用面积＋套内墙体面积＋套内阳台建筑面积

【例题 2-8】张某购买了一套住宅，经实际测量：该住宅套内使用面积为 $110m^2$，套内自有墙体的水平投影面积为 $8m^2$，应分摊的共有建筑面积为 $6m^2$，封闭阳台的水平投影面积为 $6m^2$，未封闭阳台的水平投影面积为 $4m^2$，则该套住宅的建筑面积为（　　）$m^2$。

A. 120　　　　　　B. 128　　　　　　C. 132　　　　　　D. 134

3. 套内房屋使用面积的计算

套内房屋使用面积为套内房屋使用空间的面积，以水平投影面积按以下规定计算：

（1）套内使用面积为套内卧室、起居室、过厅、过道、厨房、卫生间、厕所、贮藏室、壁柜等空间面积的总和。

（2）套内楼梯按自然层数的面积总和计入使用面积。

（3）不包括在结构面积内的套内烟囱、通风道、管道井均计入使用面积。

（4）内墙面装饰厚度计入使用面积。

4. 套内墙体面积的计算

套内墙体面积是套内使用空间周围的围护或承重墙体或其他承重支撑体所占用面积，其中各套之间的分隔墙和套与公共建筑之间的分隔墙以及外墙（包括山墙）等共有墙，均按水平投影面积的一半计入套内墙体面积。套内自有墙体按水平投影面积全部计入套内墙体面积。

5. 套内阳台建筑面积的计算

套内阳台建筑面积均按阳台外围与房屋外墙之间的水平投影面积计算。

其中，封闭的阳台按水平投影全部计算建筑面积，未封闭的阳台按水平投影的一半计算建筑面积。

6. 分摊的共有建筑面积的计算

根据共有部位的服务范围和功能不同，应分摊的共有建筑面积分为幢共有建筑面积、功能共有建筑面积、本层共有建筑面积三大类。

幢共有建筑面积是指为整幢服务的共有建筑面积，如为整幢服务的配电房、水泵房等。

功能共有建筑面积是指专为某一使用功能服务的共有建筑面积，如专为某一使用功能（如商业）服务的电梯、楼梯间、大堂等。

本层共有建筑面积是指专为本层服务的共有建筑面积，如本层的共有走廊等。

共有建筑面积的内容包括：作为公共使用的电梯井、管道井、楼梯间、垃圾道、变电室、设备间、公共门厅、过道、地下室、值班警卫室等，以及为整幢服务的公共用房和管理用房的建筑面积，以水平投影面积计算；套与公共建筑之间的分隔墙，以及外墙（包括山墙）等共有墙，均按水平投影面积的一半计入建筑面积。

不计入共有建筑面积的内容有：独立使用的地下室、车棚、车库；作为人防工程的地下室、避难室（层）；用作公共休憩、绿化等场所的架空层；为建筑造型而建，但无实用功能的建筑面积。建在幢内或幢外与本幢相连，为多幢服务的设备、管理用房，以及建在幢外与本幢不相连，为本幢或多幢服务的设备、管理用房均作为不应分摊的共有建筑面积。

产权各方有合法产权分割文件或协议的，按其文件或协议规定进行分摊。无产权分割文件或协议的，根据房屋共有建筑面积的不同使用功能，按相关房屋的建筑面积比例进行分摊。

共有建筑面积分摊的方法：

住宅楼：以幢为单位，按各套内建筑面积比例分摊共有建筑面积。

商住楼：以幢为单位，根据住宅和商业的不同使用功能，将应分摊的共有建筑面积分为住宅专用的共有建筑面积（住宅功能共有建筑面积），商业专用的共有建筑面积（商业功能共有建筑面积），住宅与商业共同使用的共有建筑面积（幢共有建筑面积）。

综合楼：多功能综合楼共有建筑面积按各自的功能，参照上述商住楼分摊的方法进行分摊。

【例题2-9】商品房建筑面积由套内建筑面积和( )组成。

A. 分摊的共有建筑面积      B. 套内使用面积

C. 幢内的公共设施面积      D. 套内阳台面积

**（四）套内使用面积与建筑面积的比值（得房率）**

套内使用面积与建筑面积的比值，俗称得房率（以下称 $K$ 值），$K$ 值越大，得房率就越高。也就是说，建筑面积一样的房屋，得房率越高，套内可使用空间面积就越大。$K$ 值通常与以下五个方面直接相关：

（1）建筑形式。如板式住宅的 $K$ 值一般在 $80\%$ 以上，板式住宅的 $K$ 值一般大于塔式住宅的 $K$ 值。

（2）建筑结构。房屋的结构形式不同，垂直承重构件占用面积不同，$K$ 值不同。如钢筋混凝土结构的房屋，墙柱体积面积约占 $12\%$；砖混结构的房屋，墙柱体积面积约占 $15\%\sim18\%$。

（3）地区温差。由于不同地区冬季温差悬殊，为保证室内保温效果，建筑设计中房屋外墙的厚度往往差别较大。以多层住宅的外砖墙为例，南方地区的外墙宽度可采用 240mm 甚至 180mm，而在辽宁省要采用 370mm，黑龙江省的许多地区则须采用 490mm。

（4）墙体材料。建筑设计选用墙体材料种类不同，墙体占用面积不同。为减少墙体宽度，提高 $K$ 值，外墙在不降低保温效果前提下可采用保温复合墙、夹芯墙，非承重的内墙（隔墙）在保证隔声效果前提下可采用轻骨架隔墙和板材隔墙。

（5）房间数量与套内建筑面积的关系。住宅套内建筑面积与房间数量匹配关系也会使得 $K$ 值出现差异。一种常见情况是住宅套内建筑面积相同，当房间数量较少时，由于墙体相对较少而 $K$ 值较大，反之 $K$ 值较小；另一种情况是房间数量相同，住宅套内建筑面积增加，墙体面积虽然可能增加，但因后者增加幅度小、前者增加幅度大而使 $K$ 值增大，反之 $K$ 值减小。

【例题2-10】某住宅建筑面积为 $111m^2$，分摊的共有建筑面积为 $21m^2$，套内房屋使用面积为 $83m^2$，该住宅的套内建筑面积为( )$m^2$。

A. 62　　　　　B. 83　　　　　C. 90　　　　　D. 104

# 第三节　房屋建筑设施设备

## 一、给水排水

（一）给水系统

1. 常用的供水方式

（1）直接供水方式：适用于室外配水管网的水压、水量能终日满足室内供水的情况。这种供水方式简单、经济且安全。

（2）设置水泵、水箱的供水方式：适用于室外给水管网中压力低于或周期性低于建筑内部给水管网所需水压，而且建筑内部用水量又很不均匀时，宜采用设置水泵和水箱的联合给水方式。

（3）分区、分压供水方式：适用于在多层和高层建筑中，室外配水管网的水压仅能供下面楼层用水，不能供上面楼层用水的情况。

（4）设水箱、变频调速装置、水泵联合工作的给水方式：这种给水方式在居民小区和公共建筑中应用广泛。水箱设在小区公共设备间或某幢建筑单独设备间内，水箱贮水量根据用水标准确定，水泵把水从水箱内取出，供给小区供水管网或建筑内部供水管线，变频调速装置根据水泵出口压力变化来调节水泵转速，使泵出口压力维持在一个恒定的水平，当用水量非常小时，水泵转速极低，甚至停转，节能效果显著，供水压力稳定。

2. 给水管道的布置

给水管道布置总的要求是管线尽量简短、经济，便于安装维修。给水管道的敷设有明装和暗装两种。明装是管线沿墙、墙角、梁或地板上及顶棚下等处敷设，其优点是安装、检修方便，缺点是不美观。暗装是将供水管道设置于墙槽内、吊顶内、管井或管沟内。考虑维修方便，管道穿过基础墙、地板处时应预留孔洞，尽量避免穿越梁、柱。

3. 消防给水系统

消火栓系统是最基本的消防给水系统，在多层或高层建筑物中已广泛使用。消火栓箱中装有消火栓、水龙带、水枪等器材。在火灾危险性较大、燃烧较快、无人看管或防火要求较高的建筑物中，需装设自动喷水灭火系统，其作用是当火灾发生时，能自动喷水扑灭火灾，同时又能自动报警。

（二）排水系统

建筑排水系统按其排放的性质，一般可分为生活污水、生产废水、雨水三类排水系统。一般房地产交易中，客户对生活污水的排放（特别是卫生间排水）较为关心，作为房地产经纪人员需要熟悉其方式及特点。

1. 生活污水排放设施设备

（1）排水器具：包括洗脸盆、洗手盆、洗涤盆、洗菜盆、浴盆、拖布池、大便器、小便池、地漏等。

（2）排水管道：包括横支管、立管、埋设地下总干管、室外排出管、通气管及其连接部件。

2. 卫生间排水设计

一般卫生间的排水设计分为隔层排水和同层排水。其特点比较见表2-3。

**卫生间排水设计比较** 表2-3

| 特点 | 隔层排水 | 同层排水 |
|------|---------|---------|
| 排水噪声 | 高 | 低 |
| 顶部影响 | 需吊顶，房间净高少 | 不需吊顶、房间净高大 |
| 洁具位置 | 不易移动 | 移动较方便 |
| 楼板穿越 | 需穿越、易因渗漏引起纠纷 | 不穿越，减少纠纷隐患 |
| 清理难度 | 易产生卫生死角 | 几乎没有卫生死角 |
| 维修便利 | 需下层配合维修 | 可在本层自行维修 |
| 建造、维修成本 | 相对较低 | 相对较高 |
| 堵塞情况 | 高差大，堵塞率相对较低 | 高差小，堵塞率相对较高 |

## 二、电气

住宅建筑电气分为强电、弱电（智能化）两部分。其中弱电（智能化）部分将单独介绍。此处主要介绍强电部分中房地产经纪一般应了解的供配电系统、室内布线、防雷与接地等内容。

（一）供配电系统常见部件

（1）导线：导线是供配电系统中的一个重要组成部分，包括导线型号与导线截面的选择。导线截面的选择，应根据机械强度、导线电流的大小、电压损失等因素确定。

（2）配电箱：配电箱按用途，可分为照明和动力配电箱。按安装形式，可分为明装（挂在墙上或柱上）、暗装和落地柜式。

（3）电开关：包括刀开关和空气断路器。前者适用于小电流配电系统中，可作为一般电灯、电器等回路的开关来接通或切断电路，此种开关有单极、双极和三极三种；后者也称自动空气开关，除可对电路实行通断操作外，还可在电路中出现过载、短路或欠压等故障时，自动分断电路，起到保护作用。

（4）电表：用来计算用户的用电量，并根据用电量来计算应缴电费数额。电表的额定电流应大于最大负荷电流，并适当留有余地。

（二）室内线路及插座设置

布线系统应根据建筑物结构、环境特征、使用要求、用电设备分布及所选用导体的类型等因素综合确定。布线用各种电缆、导管、电缆桥架及母线槽在穿越防火分区楼板、隔墙及防火卷帘上方的防火隔板时，其空隙应采用相当于建筑构件耐火极限的不燃烧材料填塞密实。

每套住宅内同一面墙上的暗装电源插座和各类信息插座宜统一安装高度。当电源插座底边距地面 1.80m 及以下时，应选用带安全门的产品；厨房宜预留增添设施、设备的电源插座位置，电源插座距水槽边缘的水平距离宜大于 600mm；洗衣机、电热水器、空调和厨房设备宜选用开关型插座；可能被溅水的电源插座应选用防护等级不低于 IP54 的防溅水型插座；除照明、壁挂空调电源插座外，所有电源插座配电回路应设置剩余电流动作保护装置。

住宅套内电源插座应根据住宅套内空间和家用电器设置，电源插座的数量不应少于表 2-4 的规定。

电源插座设置要求　　　　　　　　　　　　　表 2-4

| 空间 | 设置数量和内容 |
|---|---|
| 卧室 | 一个单相三线和一个单相二线的插座两组 |
| 兼起居的卧室 | 一个单相三线和一个单相二线的插座三组 |
| 起居室（厅） | 一个单相三线和一个单相二线的插座三组 |
| 厨房 | 防溅水型一个单相三线和一个单相二线的插座两组 |
| 卫生间 | 防溅水型一个单相三线和一个单相二线的插座一组 |
| 布置洗衣机、冰箱、排油烟机、排风机及预留家用空调处 | 专用单相三线插座各一个 |

（三）防雷和接地措施

1. 防雷措施

建筑高度为 100m 或 35 层及以上的住宅建筑和年预计雷击次数大于 0.25 的住宅建筑，应按第二类防雷建筑物采取相应的防雷措施；建筑高度为 50～100m

或19~34层的住宅建筑和年预计雷击次数大于或等于0.05且小于或等于0.25的住宅建筑，应按不低于第三类防雷建筑物采取相应的防雷措施。

2. 等电位联结

住宅建筑应做总等电位联结，装有淋浴或浴盆的卫生间应做局部等电位联结。局部等电位联结应包括卫生间内金属给水排水管、金属浴盆、金属洗脸盆、金属采暖管、金属散热器、卫生间电源插座的PE线以及建筑物钢筋网。

3. 接地

住宅建筑套内下列电气装置的外露可导电部分均应可靠接地：

(1) 固定家用电器、手持式及移动式家用电器的金属外壳；

(2) 家居配电箱、家居配线箱、家居控制器的金属外壳；

(3) 线缆的金属保护导管、接线盒及终端盒；

(4) I类照明灯具的金属外壳。

### 三、燃气

#### (一) 燃具选择及设置

燃气是一种气体燃料，根据来源，分为天然气、人工煤气和液化石油气。室内燃气供应系统由室内燃气管道、燃气表和燃气用具等组成。燃气经过室内燃气管道、燃气表再达到各个用气点。常见的燃气用具有燃气灶、燃气热水器、家庭燃气炉、燃气开水炉等。低压燃具相比中压燃具，使用的安全性更高，一旦发生事故危害性更低。家庭用户用气量不大，燃具的热负荷不高，低压燃具可以满足需求。因此家庭用户应选用低压燃具。

与燃具贴邻的墙体、地面、台面等，应为不燃材料。燃具与可燃或难燃的墙壁、地板、家具之间应保持足够的间距或采取其他有效的防护措施。直排式燃气热水器不得设置在室内。燃气设备严禁设置在卧室内。燃气采暖热水炉和半密闭式热水器严禁设置在浴室、卫生间内。户内燃气灶应安装在通风良好的厨房、阳台内；燃气热水器等燃气设备应安装在通风良好的厨房、阳台内或其他非居住房间；住宅内各类燃气设备的烟气必须排至室外。

【例题2-11】不得设置燃气采暖热水炉的房屋室内位置包括(　　)。

A. 厨房　　　　　　　　　　B. 卧室

C. 浴室　　　　　　　　　　D. 阳台

E. 卫生间

#### (二) 供气设施安全要求

室内燃气管道由引入管、立管和支管等组成，其不得穿过变配电室、地沟、烟道等地方，必须穿过时，须采取相应的措施加以保护。燃具连接软管不应穿越墙体、门窗、顶棚和地面，长度不应大于2.0m且不应有接头。

高层建筑的家庭用户使用燃气时，应采用管道供气方式；建筑高度大于100m时，用气场所应设置燃气泄漏报警装置，并应在燃气引入管处设置紧急自动切断装置。

（三）燃气设备使用要求

根据《城镇燃气管理条例》，燃气用户及相关单位和个人不得有下列行为：

（1）擅自操作公用燃气阀门；

（2）将燃气管道作为负重支架或者接地引线；

（3）安装、使用不符合气源要求的燃气燃烧器具；

（4）擅自安装、改装、拆除户内燃气设施和燃气计量装置；

（5）在不具备安全条件的场所使用、储存燃气；

（6）盗用燃气；

（7）改变燃气用途或者转供燃气。

### 四、供暖、通风与空调

（一）供暖系统

供暖系统是为使建筑物达到供暖目的，由热源或供暖装置、散热设备和管道等组成的系统。在需要供暖的地区，应关注房屋有无供暖，以及供暖的效果（如保证的室内最低温度）、时间（即每年供暖的起止日期）和费用（如需交纳的供暖费）。

1. 供暖方式及特点

根据热源，可分为集中供暖和分散供暖两大类。集中供暖是指热源和散热设备分别设置，用热媒管道相连接，由热源向多个热力入口或热用户供给热量的供暖方式。进而，又可分为城市或区域供暖和小区供暖。城市或区域供暖是由一个或多个大型热源产生的热水或蒸汽，通过城市或区域供暖管网，满足一定地区乃至整个城市的建筑物生活或生产用热需要，如大型区域锅炉房或热电厂供暖。小区供暖通常是住宅小区自建锅炉房供暖，由锅炉产生的热水或蒸汽经输热管道送到房屋内的散热设备中，散出热量，使室温增高。集中供暖的优点是安全、清洁、方便，可全天候供暖，费用较低；其缺点是供暖的温度和时间不由自己控制。分散供暖是指由小型热源通过管道向多个房间供热的小规模供热方式，或集热源和散热设备为一体的单体供暖方式。分散供暖的缺点是费时费力，其中用电供暖的效果通常不好、费用高，用煤供暖会产生煤灰、有害气体等污染。

2. 供暖末端散热方式及特点

供暖系统末端的散热方式主要有散热器、热风和热辐射（地板式）等方式。经纪人员应在必要时向客户介绍其使用中的不同效果和特点，便于客户根据自身需要选择。

（1）散热器供暖的特点

a）优点：一是冷热空气在室内空间实现一种自然的对流，相对机械动力的热风流通方式供暖较为舒适。二是由于是自然对流，其供暖中一般没有噪声。三是设备简单便于维修。四是造价相对较低。

b）缺点：一是散热器需要占用平面空间，既影响美观也不便于室内布置。二是凸出墙面易对人身（特别是小孩）造成伤害。三是热气梯度不合理，不符合"头要凉，脚要热"的舒适要求。四是供暖效率低，节能效果较差。

（2）风机供暖的特点

a）优点：一是往往可以实现冷暖一体，节省空间。二是可以加装或改造空气净化系统。

b）缺点：一是机械动力吹出热风，使室内空气比较干燥，不利于人体健康。二是，热气梯度不合理，不符合"头要凉，脚要热"的舒适要求。三是供暖效率低，节能效果较差。四是占用空间较大，有噪声。五是造价和使用费用相对较高。

（3）热辐射（地板式）供暖的特点

a）优点：一是热气梯度合理，符合"头要凉，脚要热"的舒适要求。二是节省平面空间，便于室内布置。三是相对更加节能。四是无凸出部件，使用更安全。五是没有噪声。

b）缺点：一是装修工艺要求较高，需谨防地板下供暖管遭外力损伤。二是对铺设的地板材质、质量要求较高，宜选用地砖、强化复合木地板、地热专用木地板。三是占用一定的垂直空间，减少室内净高。四是损检、维修困难，工程量大，成本高。

（二）通风与空调系统

1. 通风系统及设备

通风系统可改善室内的空气环境。为维持室内适宜的空气温度、湿度和洁净度等，通风系统可以排出其中的余热余湿、有害气体、水蒸气和灰尘，同时送入一定质量的新鲜空气，以满足人体健康和环境卫生等要求。通风方式按动力，分为自然通风和机械通风；按作用范围，分为全面通风和局部通风；按特征，分为进气式通风和排气式通风。

2. 空调系统及设备

空调系统对送入室内的空气进行过滤、加热或冷却、干燥或加湿等处理，使室内的空气温度、湿度、洁净度和气流速度等参数达到给定的要求，使空气环境满足不同的使用需要。空调系统一般可由空气处理设备（如制冷机、冷却塔、水泵、风机、空气冷却器、加热器、加湿器、过滤器、空调器、消声器）和空气输送管道，以及空气分配装置的各种风口和散流器，还有调节阀门、防火阀等附件所组成。按空气处理的设置情况，空调系统可以分为集中式系统（空气处理设备大多设置在集中的空调机房内，空气经处理后由风道送入各房间）、分布式系统（将冷、热源和空气处理与输送设备整个组装的空调机组，按需要直接放置在空调房内或附近的房间内，每台机组只供一个或几个小房间，或者一个大房间内放置几台机组）、半集中式系统（集中处理部分或全部风量，然后送往各个房间或各区进行再处理）。

近几年，随着人们对生产生活环境要求的提高，新风系统逐步成为民用建筑的重要组成部分。新风系统是一种更为先进的空调系统。它是为满足卫生要求、弥补排风或维持空调房间正压而向房间供应经集中处理的室外空气的系统。

### 五、电梯

电梯按使用性质，可分为乘客电梯、载物电梯、医用电梯、杂物电梯、观光电梯。电梯按行驶速度，可分为高速电梯、中速电梯、低速电梯。消防电梯的常用速度大于 2.5m/s，客梯速度随层数增加而提高。中速电梯的速度为 1.5～2.5m/s。低速电梯的速度在 1.5m/s 之下。

（一）电梯的基本规格

电梯的基本规格包括电梯的用途、额定速度、额定载重量、轿厢尺寸和门的形式等。电梯的基本规格决定了电梯的服务对象、运载能力、工作性能及对电梯井道和机房的要求。

电梯的基本规格如下：

（1）电梯的用途：指电梯的应用功能。

（2）额定速度：电梯设计时规定的轿厢速度，单位为 m/s。额定速度是电梯的主参数，是电梯设备、制造以及客户选用的主要依据之一。

（3）额定载重量：电梯设计时规定的轿厢内最大载荷，单位为 kg，额定载重量也是电梯的主参数，也是电梯设计、制造以及客户选用的主要依据之一。

（4）轿厢尺寸：轿厢内部尺寸（轿厢的宽度×深度×高度）和轿厢入口净尺寸。

（5）门的形式：电梯门的结构形式，分为中分门和旁开门等。中分门是指层门或轿门由门口中间各自向左、右以相同速度开启的门。旁开门是指层门或轿门的两扇门，以两种不同速度向同一侧开启的门。

（二）电梯的设置要求

电梯的设置首先应考虑安全可靠，方便用户，其次才是经济。一般一部电梯的设计服务人数在 400 人以上，服务面积为 450～650m²。在住宅中，为满足日常使用，设置电梯应符合以下要求：①7 层以上（含 7 层）的住宅或住户入口层，楼面距室外设计地面的高度超过 16m 的住宅，必须设置电梯；②12 层以上（含 12 层）的住宅，设置电梯不应少于两台，其中应配置一台可容纳担架的电梯；③高层住宅电梯宜每层设站，当住宅电梯非每层设站时，不设站的层数不应超过两层。塔式和通廊式高层住宅电梯宜成组集中布置。单元式高层住宅每单元只设一部电梯时应采用联系廊连通。

电梯在高层建筑中的位置一般可归纳为，在建筑物平面中心、在建筑物平面的一侧、在建筑物平面基本体量以外。

（三）电梯对居住感受的影响

楼房有无电梯，以及电梯的数量、质量、已使用年限以及每天运行时间等，是较高楼层住宅的租购人需要考虑的因素，对于有老年人的家庭来说更是如此。一般电梯的数量和电梯的服务范围，决定了电梯的等待时间。我们常说的"几梯几户"，通常是指一个单元内的梯户比。例如，"一梯两户"是指该单元内有一部电梯，每层服务两户。

## 六、建筑智能化

随着智能化技术的发展和人们对建筑空间更加集约的使用，能够快速反应、综合协调、自动控制各种传统建筑的设施设备在智能建筑得到了广泛发展。智能建筑是以建筑物为平台，基于对各类智能化信息的综合应用，集架构、系统、应用、管理及优化组合为一体，具有感知、传输、记忆、推理、判断和决策的综合智慧能力，形成人、建筑、环境互为协调的综合体，为人们提供安全、高效、便利及可持续发展功能环境的建筑。

智能建筑的系统配置一般包括：信息化应用系统、智能化集成系统、信息设施系统、建筑设备管理系统、公共安全系统等。

（一）信息化应用系统

信息化应用系统是满足建筑物运行和管理的信息化需要，提供建筑业务运营的支撑和保障的智能化系统；一般包括：公共服务、智能卡应用、物业管理、信息设施运行管理、信息安全管理、通用业务和专业业务等信息化应用系统。

（1）公共服务系统应具有访客接待管理和公共服务信息发布等功能，并宜具有将各类公共服务事务纳入规范运行程序的管理功能。

（2）智能卡应用系统应具有身份识别等功能，并宜具有消费、计费、票务管理、资料借阅、物品寄存、会议签到等管理功能，且应具有适应不同安全等级的应用模式。

（3）物业管理系统应具有对建筑的物业经营、运行维护进行管理的功能。

（4）信息设施运行管理系统应具有对建筑物信息设施的运行状态、资源配置、技术性能等进行监测、分析、处理和维护的功能。

（5）信息安全管理系统应符合国家现行有关信息安全等级保护标准的规定。

（6）通用业务系统应满足建筑基本业务运行的需求。

（7）专业业务系统应以建筑通用业务系统为基础，满足专业业务运行的需求。

（二）智能化集成系统

将不同功能的建筑智能化系统，通过统一的信息平台实现集成，以形成具有信息汇集、资源共享及优化管理等综合功能的系统。一般包括：智能化信息集成（平台）系统和集成信息应用系统。

（1）智能化信息集成（平台）系统一般包括操作系统、数据库、集成系统平台应用程序、各纳入集成管理的智能化设施系统与集成互为关联的各类信息通信接口等。

（2）集成信息应用系统一般由通用业务基础功能模块和专业业务运营功能模块等组成。

（三）信息设施系统

信息设施系统是具有对建筑内外相关的语音、数据、图像和多媒体等形式的信息予以接受、交换、传输、处理、存储、检索和显示等功能的智能化系统；一般包括：信息接入系统、布线系统、移动通信室内信号覆盖系统、卫星通信系统、用户电话交换系统、无线对讲系统、信息网络系统、有线电视及卫星电视接收系统、公共广播系统、会议系统、信息导引及发布系统、时钟系统等。

（四）建筑设备管理系统

建筑设备管理系统是具有建筑设备运行监控信息互为关联和共享功能的智能化系统，一些建筑还具备对设备进行能耗监测的功能。该系统是绿色建筑的重要支持系统。一般包括：建筑设备监控系统、建筑能效监管系统以及需纳入管理的其他业务设施系统等。

（1）建筑设备监控系统一般包括冷热源、供暖通风和空气调节、给水排水、供配电、照明、电梯等，并宜包括以自成控制体系方式纳入管理的专项设备监控系统等；一般采集的信息包括温度、湿度、流量、压力、压差、液位、照度、气体浓度、电量、冷热量等建筑设备运行基础状态信息。

（2）建筑能效监管系统是实时进行能耗监测和能耗计量，并可以根据建筑物业管理的要求，对建筑的用能环节进行相应适度调控及供能配置适时调整的智能化系统。

（五）公共安全系统

公共安全系统是为有效地应对建筑内火灾、非法侵入、自然灾害、重大安全事故等危害人们生命和财产安全的各种突发事件的智能化系统。一般包括火灾自动报警系统、安全技术防范系统和应急响应系统等。

（1）火灾自动报警系统是探测火灾早期特征、发出火灾报警信号，为人员疏散、防止火灾蔓延和启动自动灭火设备提供控制与指示的消防系统，是火灾探测报警系统和消防联动控制系统的简称。

（2）安全技术防范系统是根据防护对象的防护等级、安全防范管理等要求，以建筑物自身物理防护为基础，运用电子信息技术、信息网络技术和安全防范技术等进行构建的智能化系统。一般包括：安全防范综合管理（平台）和入侵报警、视频安防监控、出入口控制、电子巡查、访客对讲、停车库（场）管理系统等。

（3）应急响应系统是以火灾自动报警系统、安全技术防范系统为基础，可以采取多种通信方式对自然灾害、重大安全事故、公共卫生事件和社会安全事件实现就地报警和异地报警，并可以实现管辖范围内的应急指挥调度、紧急疏散与逃生紧急呼叫和导引、事故现场应急处置功能的智能化系统。

建筑面积大于 20 000m² 的公共建筑或建筑高度超过 100m 的建筑所设置的应急响应系统，必须配置与上一级应急响应系统信息互联的通信接口。

# 第四节　房屋建筑维修养护

## 一、房屋建筑保修

（一）开发建设单位的保修责任

1. 责任主体

开发建设单位是建筑物投资、建设、销售的主体，其在建筑物产生时就对其享有物权并应承担相应责任。特别是房地产通过销售转移给他人时，其理应作为主体对受让人承担房地产保修责任。《商品房销售管理办法》规定：房地产开发企业应当对所售商品房承担质量保修责任。销售商品住宅时，房地产开发企业应当根据《商品住宅实行住宅质量保证书和住宅使用说明书制度的规定》（以下简称《商品住宅规定》），向买受人提供《住宅质量保证书》《住宅使用说明书》。在保修期限内发生的属于保修范围的质量问题，房地产开发企业应当履行保修义务，并对造成的损失承担赔偿责任。因不可抗力或者使用不当造成的损坏，房地产开发企业不承担责任。

2. 保修内容与期限

当事人应当在合同中就保修范围、保修期限、保修责任等内容作出约定。保修期从交付之日起计算。商品住宅的保修期限不得低于建设工程承包单位向建设单位出具的质量保修书约定保修期的存续期；存续期少于《商品住宅规定》中确定的最低保修期限的，保修期不得低于《商品住宅规定》中确定的最低保修期限。非住宅商品房的保修期限不得低于建设工程承包单位向建设单位出具的质量保修书约定保修期的存续期。

《商品住宅规定》中在对于《住宅质量保证书》必要内容的规定中，提出了建筑各部位保修期的要求。具体为《住宅质量保证书》应当包括以下内容：

（1）工程质量监督部门核验的质量等级；

（2）地基基础和主体结构在合理使用寿命年限内承担保修；

（3）正常使用情况下各部位、部件保修内容与保修期：屋面防水 3 年；墙面、厨房和卫生间地面、地下室、管道渗漏 1 年；墙面、顶棚抹灰层脱落 1 年；地面空鼓开裂、大面积起砂 1 年；门窗翘裂、五金件损坏 1 年；管道堵塞 2 个月；供热、供冷系统和设备 1 个采暖期或供冷期；卫生洁具 1 年；灯具、电器开关 6 个月；其他部位、部件的保修期限，由房地产开发企业与用户自行约定；

（4）用户报修的单位，答复和处理的时限。

【例题 2-12】业主从开发建设单位接收商品房后 6 个月地下室出现渗漏，则对该问题负有保修义务的主体是（      ）。

A. 业主                    B. 开发建设单位
C. 建筑施工单位            D. 物业服务企业

（二）建筑施工单位的保修责任

建筑施工单位是建筑物的实际生产建造者，是根据要求向开发建设单位提供质量合格建筑物产品的责任主体。根据《建设工程质量管理条例》，建设工程实行质量保修制度。建设工程包括土木工程、建筑工程、装修工程及线路管道和设备安装工程。

建设工程承包单位在向建设单位提交工程竣工验收报告时，应当向建设单位出具质量保修书。质量保修书中应当明确建设工程的保修范围、保修期限和保修责任等。

《建筑工程质量条例》要求在正常使用条件下，建设工程的最低保修期限为：

（1）基础设施工程、房屋建筑的地基基础工程和主体结构工程，为设计文件规定的该工程的合理使用年限；

（2）屋面防水工程、有防水要求的卫生间、房间和外墙面的防渗漏，为5年；

（3）供热与供冷系统，为2个采暖期、供冷期；

（4）电气管线、给水排水管道、设备安装和装修工程，为2年。

（5）其他项目的保修期限由发包方与承包方约定。

建设工程的保修期，自竣工验收合格之日起计算。建设工程在保修范围和保修期限内发生质量问题的，施工单位应当履行保修义务，并对造成的损失承担赔偿责任。建设工程在超过合理使用年限后需要继续使用的，产权所有人应当委托具有相应资质等级的勘察、设计单位鉴定，并根据鉴定结果采取加固、维修等措施，重新界定使用期。

**二、业主对房屋的维修养护**

（一）住宅专项维修资金制度

《民法典》规定：建筑物及其附属设施的维修资金，属于业主共有。经业主共同决定，可以用于电梯、屋顶、外墙、无障碍设施等共有部分的维修、更新和改造。建筑物及其附属设施的维修资金的筹集、使用情况应当定期公布。紧急情况下需要维修建筑物及其附属设施的，业主大会或者业主委员会可以依法申请使用建筑物及其附属设施的维修资金。

《住宅专项维修资金管理办法》规定：下列费用不得从住宅专项维修资金中列支：

（1）依法应当由建设单位或者施工单位承担的住宅共用部位、共用设施设备维修、更新和改造费用；

（2）依法应当由相关单位承担的供水、供电、供气、供热、通信、有线电视等管线和设施设备的维修、养护费用；

（3）应当由当事人承担的因人为损坏住宅共用部位、共用设施设备所需的修复费用；

（4）根据物业服务合同约定，应当由物业服务企业承担的住宅共用部位、共用设施设备的维修和养护费用。

（二）专有部分的维修义务

所有人、管理人、使用人对房屋建筑承担合理使用和维修义务（保修期后），以使其不致发生附属物的脱落、坠落、渗水、漏水等危险。《民法典》规定因所有人、管理人、使用人或者第三人的原因，建筑物、构筑物或者其他设施倒塌、塌陷造成他人损害的，由所有人、管理人、使用人或者第三人承担侵权责任。建筑物、构筑物或者其他设施及其搁置物、悬挂物发生脱落、坠落造成他人损害，所有人、管理人或者使用人不能证明自己没有过错的，应当承担侵权责任。所有人、管理人或者使用人赔偿后，有其他责任人的，有权向其他责任人追偿。不动产权利人因用水、排水、通行、铺设管线等利用相邻不动产的，应当尽量避免对相邻的不动产权利人造成损害。

如果因所有人、管理人、使用人对房屋建筑使用不当、改造装修等造成他人损失，所有人、管理人、使用人应采用停止侵害、排除妨碍、消除危险等方式承担侵权责任。具体表现为对阳台、挂架、地板、水管等进行维修。

### 三、共有部分及设施设备的维修养护

（一）共有部分及设施设备承接查验

商品房竣工后一般应进行物业承接查验，主要是指承接新建物业前，物业服务企业和建设单位按照国家有关规定和前期物业服务合同的约定，共同对物业共用部位、共用设施设备进行检查和验收的活动。

建设单位与物业买受人签订的物业买卖合同，应当约定其所交付物业的共用部位、共用设施设备的配置和建设标准。建设单位制定的临时管理规约，应当对全体业主同意授权物业服务企业代为查验物业共用部位、共用设施设备的事项作出约定。

物业服务企业应当根据上述要求对下列物业共用部位、共用设施设备进行现场检查和验收：

（1）共用部位：一般包括建筑物的基础、承重墙体、柱、梁、楼板、屋顶以及外墙、门厅、楼梯间、走廊、楼道、扶手、护栏、电梯井道、架空层及设备间等；

（2）共用设备：一般包括电梯、水泵、水箱、避雷设施、消防设备、楼道灯、电视天线、发电机、变配电设备、给水排水管线、电线、供暖及空调设备等；

（3）共用设施：一般包括道路、绿地、人造景观、围墙、大门、信报箱、宣

传栏、路灯、排水沟、渠、池、污水井、化粪池、垃圾容器、污水处理设施、机动车（非机动车）停车设施、休闲娱乐设施、消防设施、安防监控设施、人防设施、垃圾转运设施以及物业服务用房等。

此外，建设单位应当依法移交有关单位的供水、供电、供气、供热、通信和有线电视等共用设施设备，不作为物业服务企业现场检查和验收的内容。

（二）共有部分及设施设备日常维护

保修期后，由业主作为共有部分管理维修的第一责任主体。《民法典》规定对建筑物内的住宅、经营性用房等专有部分享有所有权，对专有部分以外的共有部分享有共有和共同管理的权利。业主对建筑物专有部分以外的共有部分，享有权利，承担义务；不得以放弃权利为由不履行义务。

业主的这种责任一方面通过缴纳维修资金的方式承担；一方面可通过选聘物业服务企业或者其他管理人并支付物业费的方式进行维护。《民法典》规定：业主可以自行管理建筑物及其附属设施，也可以委托物业服务企业或者其他管理人管理。

（三）其他维修责任

当物业存在安全隐患，危及公共利益及他人合法权益时，责任人应当及时维修养护，有关业主应当给予配合。责任人不履行维修养护义务的，经业主大会同意，可以由物业服务企业维修养护，费用由责任人承担。

造成房屋建筑损坏、毁损的，权利人可以依法请求侵权人承担侵权责任，予以维修、恢复原状等。

《物业管理条例》规定：供水、供电、供气、供热、通信、有线电视等单位，应当依法承担物业管理区域内相关管线和设施设备维修、养护的责任。

# 复 习 思 考 题

1. 建筑物的分类有哪些？

2. 居住建筑是由哪些部分组成的？

3. 房屋建筑构造组成主要包括哪些部位、构件？

4. 住宅室内装饰材料主要有哪些？

5. 住宅功能及使用要求有哪些？

6. 生活圈的种类有哪些？各自的内涵是什么？

7. 房地产经纪人员通过查看建筑总平面图、建筑标准层平面图、房产分户平面图和房屋户型图可以得到房屋哪些基本信息？

8. 销售房屋时使用的主要房地产展示图种类有哪些？各自展示的主要内容是什么？

9. 房屋面积的种类有哪些？各自的内涵是什么？

10. 房屋面积计算规则的具体内容是什么？

11. 房屋建筑有哪些设施、设备？

12. 开发建设单位对其开发的房屋有哪些保修责任？

# 第三章　房地产交易法律基础

　　根据《城市房地产管理法》，房地产交易包括房地产转让、房地产抵押和房屋租赁。房地产经纪服务的主要目的是促成房地产交易完成。房地产交易法律关系相对复杂，且极易产生纠纷。在促成这些交易完成的房地产经纪服务过程中，还会产生相应的法律关系。房地产交易及经纪服务法律关系大部分属于民事法律关系，需要通过民法加以调整。因此，要做好房地产经纪服务，房地产经纪专业人员应当具备一定的法律知识，特别是民事法律知识，协助当事人处理好相关问题。本章主要介绍《民法典》总则编、合同编、物权编、婚姻家庭编、继承编、个人信息保护等法律基础知识。

## 第一节　民　法　概　述

### 一、《民法典》及民法基本原则

（一）《民法典》的出台

　　民法是调整平等民事主体之间的人身关系、财产关系的法律规范的总和。人身关系是自然人基于人格和身份而产生的相互关系，比如婚姻关系、亲属关系等。财产关系是涉及钱财物的法律关系，包括物权、债权、知识产权关系。民法是为了保护民事主体的合法权益，调整民事关系，维护社会和经济秩序的基本法律。调整房地产交易关系，应以民法作为最一般的行为规则。2020 年 5 月 28 日，第十三届全国人民代表大会第三次会议通过了《民法典》，这是新中国第一部以法典命名的法律，于 2021 年 1 月 1 日起施行。编纂《民法典》不是制定全新的民事法律，也不是简单的法律汇编，而是对现行的民事法律规范进行编订纂修，对已经不适应现实情况的规定进行修改完善，对经济社会生活中出现的新情况、新问题作出有针对性的新规定。《民法典》共七编、1260 条。

（二）民法基本原则

　　《民法典》总则编统领各分编，规定民事活动必须遵循的基本原则和一般性规则、民事权利及其他合法权益受法律保护，确立了平等、自愿、公平、诚信、守法、公序良俗和绿色原则等基本原则。民法基本原则要求：民事主体在民事活动中的法律地位一律平等；民事主体从事民事活动，应当遵循自愿原则，按照自己的意思设立、变更、终止民事法律关系；民事主体从事民事活动，应当遵循公平原则，合理确定各方的权利和义务；民事主体从事民事活动，应当遵循诚信原则，秉持诚实，恪守承诺；民事主体从事民事活动，不得违反法律，不得违背公序良俗；民事主体从事民事活动，应当有利于节约资源、保护生态环境。

**二、民事法律关系**

（一）民事法律关系的要素

民事法律关系，就是民事法律规范所调整的社会关系，即为民法所确认和保护的，符合民事法律规范的，以权利、义务为内容的社会关系。民事法律关系的三要素，是指民事法律关系的主体、民事法律关系的客体、民事法律关系的内容。民事法律关系的主体，是指参加民事法律关系，享有民事权利，承担民事义务的自然人、法人和非法人组织。民事法律关系的客体，是指民事法律关系主体的权利和义务所指向的对象，其可以是物、行为、智力成果，也可以是人身利益。民事法律关系的内容，就是民事权利和民事义务。权利本质上是一种利益，当受到民事法律保护的时候，其就被称为民事权利。义务是指因他人行为而对自己行为作出限制，即必须为某种行为或者必须不为某种行为。民法是以权利为本位，以权利为体系的。民法中的权利包括物权、债权、知识产权、人身权等。

（二）民事主体

民事主体是民事关系的参与者、民事权利的享有者、民事义务的履行者和民事责任的承担者。《民法典》总则编规定了自然人、法人、非法人组织三类民事主体。民事法律赋予民事主体从事民事活动，从而享受民事权利和承担民事义务的资格，称作民事权利能力。具有民事权利能力，即获得参与民事活动的资格，但能不能运用这一资格，还受民事主体主观条件的制约。民事行为能力是民事主体独立实施民事法律行为的资格。

1. 自然人

自然人就是通常意义上具有生物学意义的人，民法上使用这个概念，主要是与法人相区别。自然人的民事权利能力始于出生，终于死亡，即自然人从出生时起到死亡时止，具有民事权利能力，可以依法享有民事权利，承担民事义务。自然人的民事权利能力一律平等。《民法典》总则编在民法通则的基础上，增加了保护胎儿利益的规定。涉及遗产继承、接受赠与等胎儿利益保护的，胎儿被视为具有民事权利能力。《民法典》总则编根据自然人年龄和辨识能力的不同，将自然人的民事行为能力分为完全民事行为能力、限制民事行为能力和无民事行为能力。18 周岁以上的自然人为成年人。不满 18 周岁的自然人为未成年人。成年人为完全民事行为能力人，可以独立实施民事法律行为。16 周岁以上的未成年人，以自己的劳动收入为主要生活来源的，视为完全民事行为能力人。8 周岁以上的未成年人和不能完全辨认自己行为的成年人为限制民事行为能力人，实施民事法律行为由其法定代理人代理或者经其法定代理人同意、追认，但是可以独立实施纯获利益的民事法律行为或者与其年龄、智力、精神健康状况相适应的民事法律行为。不满 8 周岁的未成年人、8 周岁以上不能辨认自己行为的未成年人以及不能辨认自己行为的成年人，为无民事行为能力人，由其法定代理人代理实施民事法律行为。无民事行为能力人、限制民事行为能力人的监护人是其法定代理人。监护是弥补无民事行为能力人和限制民事行为能力人的民事行为能力不足的法律制度，依法对其人身权利、财产权利以及其他合法权益进行保护和监督的人是监护人，被保护和监督的人是被监护人。未成年人的监护人是其父母；父母均已死亡或没有监护能力的，由以下有监护能力的人按顺序担任监护人：①祖父母、外祖父母；②兄、姐；③其他愿意担任监护人的个人或组织，但须经被监护人住所地的居民委员会、村民委员会或民政部门同意。无民事行为能力或限制民事行为能力的成年人，由以下有监护能力的人按顺序担任监护人：①配偶；②父母、子女；③其他近亲属；④其他愿意担任监护人的个人或组织，但须经被监护人住所地的居民委员会、村民委员会或民政部门同意。

2. 法人

法人是具有民事权利能力和民事行为能力，依法独立享有民事权利和承担民事义务的组织。法人应当有自己的名称、组织机构、住所、财产或者经费。法人成立的具体条件和程序，由法律、行政法规规定。法人分为营利法人、非营利法人和特别法人三类。对特别法人，《民法典》总则编规定了机关法人、农村集体经济组织法人、基层群众性自治组织法人和城镇农村的合作经济组织法人等几种情况。法人的民事权利能力和民事行为能力从其成立时产生，到其终止时消灭。法人的行为只能依靠其机构的行为才能实现。法人以其全部财产独立承担民事责任。法人的机关是指根据法律或法人章程的规定，能够对外代表法人、决定法人意思而从事民事活动的个人或集体，主要有权力机关、执行机关和代表机关等。代表机关必须由单个自然人担任，即法定代表人。法定代表人在代表法人对外意思表示时，不再代表自己，意思表示的效力归于法人。法人可以依法设立分支机构。法律、行政法规规定分支机构应当登记的，依照其规定。分支机构以自己的名义从事民事活动，产生的民事责任由法人承担；也可以先以该分支机构管理的财产承担，不足以承担的，由法人承担。

3. 非法人组织

非法人组织是指不具有法人资格但能以自己的名义从事民事活动的组织，包括个人独资企业、合伙企业、不具有法人资格的专业服务机构（如不具有法人资格的律师事务所、会计师事务所）。随着我国经济社会的发展，在实际生活中，大量不具有法人资格的组织以自己的名义从事各种民事活动。非法人组织的财产不足以清偿债务的，其出资人或者设立人承担无限责任。合伙企业是指自然人、法人和非法人组织依照《合伙企业法》在中国境内设立的普通合伙企业和有限合伙企业。普通合伙企业由普通合伙人组成，有限合伙企业由普通合伙人和有限合伙人组成。普通合伙人对合伙企业债务承担无限连带责任，有限合伙人以其认缴的出资额为限对合伙企业债务承担责任。

（三）房地产交易法律关系

房地产交易法律关系是指参与房地产转让、房地产抵押和房屋租赁等房地产交易的各方当事人在房地产交易过程中产生的民事法律关系。房地产经纪业务中常见的房地产交易法律关系主要有房屋买卖双方的法律关系、房屋租赁双方的法律关系。

房屋买卖双方的法律关系。房屋买卖是房地产出卖人转移房屋所有权于买受人，由买受人支付房屋价款的行为。出卖人负有按照约定转让房屋所有权的义务，买受人负有按照约定支付价款的义务。具体的权利义务通过房屋买卖合同约定。实践中，通常房地产损毁、灭失的风险在交付之前由出卖人承担，交付之后由买受人承担。

房屋租赁双方的法律关系。房屋租赁是出租人将租赁房屋交付承租人使用、收益，承租人支付租金的行为。出租人应当按照合同约定履行房屋的维修义务并确保房屋和室内设施安全。承租人应当按照合同的约定支付租金，并按照约定的用途和使用要求合理使用房屋。承租人应当妥善使用、保管租赁房屋及其附属家具家电，因保管、使用不善造成毁损、灭失的，应当承担损失赔偿责任。房屋租赁期限届满，承租人应当返还租赁房屋。返还的租赁房屋应当符合约定或者按照租赁房屋的性质使用后的状态。

### 三、民事法律事实和民事法律行为

（一）民事法律事实

民事法律事实就是指依法能够引起民事法律关系产生、变更或消灭的客观现象。根据客观事实是否与人的意志有关，可以将法律事实分为事件和行为两大类，事件又称为"自然事实"，是指与人的意志无关，能够引起民事法律后果的客观现象，如人的死亡引发的继承法律关系；因诉讼时效期间届满使得债务人享有诉讼时效抗辩权等。行为，是指人的有意识的活动，可以分为意思表示行为与非意思表示行为。意思表示是民事主体希望产生法律效果的内心意愿的外在表达，是构成民事法律行为的基础。意思表示行为的法律效果是行为人所追求的，而非意思表示行为的法律效果是法律所规定的，如侵权行为和事实行为。民事法律关系的产生、变更和消灭，有时只以一个法律事实为根据，有时需要以两个或两个以上的法律事实的相互结合为根据。例如，遗嘱继承法律关系，就需要立遗嘱的行为和遗嘱人死亡这两个法律事实才能够发生。

（二）民事法律行为

民事法律行为也称"法律行为"，是民事主体通过意思表示设立、变更、终止民事法律关系的行为。法律行为既包括合法的法律行为，也包括无效、可撤销和效力待定的法律行为。法律行为具有以下特征：首先，法律行为以意思表示为核心要素。法律行为作为能够引发私法上的效果的法律事实，它与其他法律事实相互区别的最重要的特征就在于意思表示。其次，法律行为以发生私法上的效果为目的。法律行为是实现民法自愿原则的工具或手段，意味着当事人在私人事务领域内的自我决定、自我负责，法律行为只能也只应发生私法上的效果。在公共事务领域中，私人虽然也有权表达自己的意思，但不是民法上的意思表示。意思表示的重要特征在于其所希望引起的法律后果也正是它所想要产生的，如果它不想要这种后果产生，该后果就不能产生。但是如果某种法律后果的产生与否不由行为人来决定的话，就不存在意思表示。例如，王某因与李某有仇而将其房屋损毁，我们说，损毁李某的房屋是王某所追求的目的，是他希望引起的后果，但是由此产生的损害赔偿义务，却不是王某所追求的。因此，王某所实施的行为就是一种侵权行为，而非法律行为。

（三）民事法律行为的分类

1. 单方法律行为、双方法律行为和多方法律行为

根据民事法律行为的成立须有几个方面的意思表示而作此分类。单方法律行为指依一方当事人的意思表示而成立的法律行为，大体上可以分为两种：一是行使个人权利的行为，而该行为仅仅发生个人的权利变动，如抛弃所有权、他物权的行为等；二是涉及他人权利的发生、变更或消灭等，如债务的免除、委托代理的撤销、委托代理的授权、处分权的授予、无权代理的追认、遗嘱的订立、继承权的抛弃等。双方法律行为指由双方当事人相对应的意思表示一致而成立的法律

行为，一般的合同（契约）都是双方法律行为。多方法律行为指依两个或两个以上当事人彼此意思表示一致才能成立的法律行为，如合伙合同、联营合同、订立公司章程的行为等。多方法律行为与双方法律行为的区别在于，前者的当事人所追求的利益与目标是共同的，而后者的当事人所追求的利益与目标恰恰是相对的。

2. 有因行为与无因行为

根据民事法律行为与原因的关系而作此分类。有因行为是指与原因不可分离的行为。所说的原因就是民事法律行为的目的，对于有因行为，原因不存在，行为就不能生效。无因行为是指行为与原因可以分离，不以原因为要素的行为。无因行为并非没有原因，而是指原因无效并不影响行为的效力。例如债权转让或债务承担合同行为即为无因行为，还有，委托代理关系中委托人的授权行为也是无因行为。

3. 财产行为与身份行为

根据法律行为发生的效果是财产性还是身份性的而作此分类。财产行为是以发生财产上法律效果为目的的行为，财产行为的后果是在当事人之间发生财产权利与义务的变动，如处分行为、给付行为与负担行为等。身份行为是指直接以发生或丧失身份关系为目的的行为，如结婚、离婚、收养等行为。

4. 主法律行为与从法律行为

根据法律行为相互间的附属关系而作此分类。主法律行为是指不需要其他法律行为的存在即可独立存在的法律行为，从法律行为是指以其他法律行为的存在为其存在前提的法律行为。区别主法律行为与从法律行为的意义在于，主法律行为无效的，从法律行为也无效；但从法律行为无效的，一般不影响主法律行为的效力。

5. 负担行为与处分行为

根据法律行为所产生的效果而作此分类。负担行为是指以发生债权债务为其效力的行为，亦称债权行为或债务行为。处分行为是指直接发生、变更、消灭物权或准物权的行为。

此外，民事法律行为还有几种重要的分类，包括单务行为与双务行为、有偿行为与无偿行为、诺成性行为与实践性行为、要式行为与不要式行为等。因这些分类存在着对应的合同分类，将在本章第二节中阐述。

（四）民事法律行为的效力

在多数情形下，民事法律行为成立即生效，但在一些场合，民事法律行为的成立与生效却不是同时完成的。民事法律行为的生效是以民事法律行为的成立为前提的；但已成立的法律行为，不一定都能生效，生效与否还要看是否具备法定的生效要件。民事法律行为按效力情形分为有效、无效、可撤销和效力待定的法律行为。《民法典》总则编规定，具备下列条件的民事法律行为有效：①行为人具有相应的民事行为能力；②意思表示真实；③不违反法律、行政法规的强制性规定，不违背公序良俗。某些具体的民事法律行为的生效，除了应具备上述条件，还应遵守相关的特殊规定，如房地产买卖合同、房屋租赁合同应采用书面形式。附条件的民事法律行为，条件的成就与否是民事法律行为成立、变更、消灭的依据。《民法典》总则编规定，下列民事法律行为无效：①无民事行为能力人实施的；②行为人与相对人以虚假的意思表示实施的；③行为人与相对人恶意串通，损害他人合法权益的；④违反法律、行政法规的强制性规定的；⑤违背公序良俗的。《民法典》总则编规定，有权撤销民事法律行为的情形如下：①限制民事行为能力人实施的民事法律行为（除纯获利益的或者与其年龄、智力、精神健康状况相适应的民事法律行为外），在被法定代理人追认前，善意相对人有撤销的权利；②基于重大误解实施的民事法律行为，行为人有权请求人民法院或者仲裁机构予以撤销；③一方以欺诈手段，使对方在违背真实意思的情况下实施的民事法律行为，受诈方有权请求人民法院或者仲裁机构予以撤销；④第三人实施欺诈行为，使一方在违背真实意思的情况下实施的民事法律行为，对方知道或者应当知道该欺诈行为的，受欺诈方有权请求人民法院或者仲裁机构予以撤销；⑤一方或者第三人以胁迫手段，使对方在违背真实意思的情况下实施的民事法律行为，受胁迫方有权请求人民法院或者仲裁机构予以撤销；⑥一方利用对方处于危困状态、缺乏判断能力等情形，致使民事法律行为成立时显失公平的，受损害方有权请求人民法院或者仲裁机构予以撤销。无效的或被撤销的民事法律行为自始没有法律约束力。民事法律行为部分无效，不影响其他部分效力的，其他部分仍然有效。效力待定法律行为是指已经成立，但其是否生效则应由第三人确定，因而其效力处于未决状态。民事法律行为无效、被撤销或确定不发生效力后，行为人因该行为取得的财产，应当予以返还；不能返还或没有必要返还的，应当折价补偿。有过错的一方应当赔偿对方由此所受到的损失；各方都有过错的，应当各自承担相应的责任。法律另有规定的，依照其规定。

## 四、民事责任

### （一）民事责任的概念

民事责任是民事主体不履行或不完全履行民事义务的法律后果，是保障民事权利实现的重要措施，也是对不履行民事义务的一种制裁。民事主体依照法律规定和当事人约定，履行民事义务，承担民事责任。二人以上依法承担按份责任，能够确定责任大小的，各自承担相应的责任；难以确定责任大小的，平均承担责任。二人以上依法承担连带责任的，权利人有权请求部分或者全部连带责任人承担责任。因不可抗力不能履行民事义务的，不承担民事责任。不可抗力是指不能预见、不能避免且不能克服的客观情况，如战争、罢工、风灾、地震、雷电、流行病等。

（二）民事责任的承担方式

承担民事责任的方式主要有以下 11 种：①停止侵害；②排除妨碍；③消除危险；④返还财产；⑤恢复原状；⑥修理、重作、更换；⑦继续履行；⑧赔偿损失；⑨支付违约金；⑩消除影响、恢复名誉；⑪赔礼道歉。以上承担民事责任方式，可以单独适用，也可以合并适用。

### 五、诉讼时效

诉讼时效是权利人在法定期间内不行使权利，当时效期间届满时，义务人获得诉讼时效抗辩权，权利人的请求权不受国家强制力保护的法律制度。但不是所有的请求权都适用诉讼时效，《民法典》总则编规定，请求停止侵害、排除妨碍、消除危险；不动产物权和登记的动产物权的权利人请求返还财产；请求支付抚养费、赡养费或者扶养费等不适用诉讼时效的规定。

（一）普通诉讼时效期间

《民法典》总则编将《中华人民共和国民法通则》规定的 2 年一般诉讼时效期间延长为 3 年，以适应交易方式与类型不断创新、权利义务关系更趋复杂的现实情况，有利于更好地保护债权人合法权益。

（二）最长权利保护期间

《民法典》总则编规定：自受到损害之日起超过 20 年的，人民法院不予保护；有特殊情况的，人民法院可以根据权利人的申请决定延长。

（三）诉讼时效的中止和中断

诉讼时效期间的最后 6 个月内，因下列障碍，权利人不能行使请求权的，诉讼时效中止，自中止时效的原因消除之日起满 6 个月，诉讼时效期间届满：①不可抗力；②无民事行为能力人或者限制民事行为能力人没有法定代理人，或者法定代理人死亡、丧失民事行为能力、丧失代理权；③继承开始后未确定继承人者遗产管理人；④权利人被义务人或者其他人控制；⑤其他导致权利人不能行使请求权的障碍。有下列情形之一的，诉讼时效中断，从中断事由发生时起，诉讼时效期间重新计算：①权利人向义务人提出履行请求；②义务人同意履行义务；③权利人提起诉讼或者申请仲裁；④与提起诉讼或者申请仲裁具有同等效力的其他情形。发生诉讼时效中止的事由是由于当事人主观意志以外的情况，而发生诉讼时效中断的事由则取决于当事人的主观意志即当事人行使权利或履行义务的意思表示或行为。诉讼时效中止和中断的主要区别：诉讼时效中止只能发生在诉讼时效期间的最后 6 个月内，而诉讼时效中断则可发生在时效进行的整个期间。诉讼时效中止是时效完成的暂时障碍，中止前已进行的时效期间仍然有效，待中止事由消除后时效继续进行；而诉讼时效中断则是时效完成的根本性障碍，中断以前已进行的时效期间归于无效，中断以后重新起算。

# 第二节　合　同

## 一、合同概述

### （一）合同的含义

合同是民事主体之间设立、变更、终止民事法律关系的协议。订立合同是一种民事法律行为，是由当事人在平等基础上意思表示一致而成立。合同是引起债权债务关系发生的最主要、最普遍的根据。债权和物权一样，同属于民法上重要的财产权利，但和物权不同的是，债权是一种典型的相对权，只在债权人和债务人间发生效力。《民法典》合同编规定，依法成立的合同，仅对当事人具有法律约束力，但是法律另有规定的除外。物权关系反映财产的归属利用关系，其目的是保护财产的静态安全；而债权关系反映的是财产利益从一个主体转移给另一主体的财产流转关系，其目的是保护财产的动态安全。

### （二）合同的种类

#### 1. 有名合同与无名合同

根据法律是否规定了合同的名称和相应的适用范围，可以分为有名合同和无名合同。有名合同是指法律上或者经济生活习惯上按其类型已确定了一定名称的合同，又称典型合同。《民法典》合同编规定了 19 种有名合同，如买卖合同、租赁合同、借款合同、保证合同、委托合同和中介合同等，《土地管理法》《城市房地产管理法》等也对有关合同作出了规范，这些都是有名合同。无名合同是指法律尚未规定其名称和相应的适用范围的合同，也称非典型合同。无名合同适用《民法典》合同编通则分编的规定，并可以参照《民法典》合同编或者其他法律最相类似合同的规定。

#### 2. 双务合同与单务合同

双务合同即缔约双方相互负担义务，双方的义务与权利相互关联、互为因果的合同。如买卖合同、承揽合同、委托合同、有偿保管合同。房地产经纪服务合同为双务合同，经纪机构与委托人相互享有权利承担义务。单务合同指仅由当事人一方负担义务，而另一方只享有权利的合同，如赠与合同。

3. 有偿合同与无偿合同

有偿合同为合同当事人一方因取得权利需向对方偿付一定代价的合同，如买卖、互易合同等。无偿合同即当事人一方只取得权利而不偿付代价的合同，如赠与、借用合同等。有些合同既可以是有偿的也可以是无偿的，由当事人协商确定，如委托、保管等合同。双务合同都是有偿合同，单务合同原则上为无偿合同，但有的单务合同也可为有偿合同，如民间借贷合同。

4. 诺成合同与实践合同

当事人双方意思表示一致，合同即告成立的，为诺成合同，亦称不要物合同。除双方当事人意思表示一致外，尚需交付标的物或完成其他现实给付，合同始能成立，为实践合同，亦称要物合同。房地产经纪服务合同为诺成合同，是合同当事人的意思表达一致即告成立的合同。

5. 要式合同与不要式合同

凡合同成立须依特定形式始为有效的，为要式合同；反之，为不要式合同。二者的区分主要体现于合同生效要件的不同。不要式合同满足合同的一般生效要件即可生效，而要式合同还需要满足法律、行政法规规定的某种条件才能生效，如《城市房地产管理法》规定，房地产转让，应当签订书面转让合同。如果当事人之间口头约定某房屋的买卖，则该合同不具备生效的条件，不能进行过户登记。

6. 主合同与从合同

凡不以其他合同的存在为前提而能独立成立的合同，称为主合同。凡必须以其他合同的存在为前提始能成立的合同，称为从合同。例如债权合同为主合同，保证该合同债务之履行的保证合同为从合同。从合同以主合同的存在为前提，故主合同消灭时，从合同原则上亦随之消灭。反之，从合同的消灭并不影响主合同的效力。例如，以住房抵押贷款的，借款合同是主合同，抵押合同是从合同。

## 二、合同的订立

### (一) 合同的形式和内容

当事人订立合同，可以采用书面形式、口头形式或者其他形式。书面形式是合同书、信件、电报、电传、传真等可以有形地表现所载内容的形式。以电子数据交换、电子邮件等方式能够有形地表现所载内容，并可以随时调取查用的数据电文，视为书面形式。《民法典》合同编规定，合同的内容由当事人约定，一般包括下列条款：①当事人的姓名或者名称和住所；②标的；③数量；④质量；⑤价款或者报酬；⑥履行期限、地点和方式；⑦违约责任；⑧解决争议的方法。

（二）合同的订立方式

《民法典》合同编规定，当事人订立合同，可以采取要约、承诺方式或者其他方式。一般来说，订立合同要经过要约和承诺两个阶段。要约是一方当事人向对方提出订立合同的建议和要求，即希望和他人订立合同的意思表示。发出要约的一方称要约人，对方称受要约人。要约的内容应具体确定，表明经受要约人承诺，要约人即受该意思表示约束。要约必须是特定人所作的意思表示。要约一般应向特定的相对人做出。要约于到达受要约人时生效。要约经受要约人承诺，合同即告成立。要约可以撤回，撤回要约的通知应当在要约到达受要约人之前或者与要约同时到达受要约人。要约可以撤销，撤销要约的通知应当在受要约人发出承诺通知之前到达受要约人。承诺是受要约人同意要约全部内容的意思表示。承诺生效时合同成立。承诺必须由受要约人或其代理人做出，承诺的内容必须与要约的内容一致，承诺必须在要约规定的期限内到达要约人。承诺一般应当以通知的方式做出并送达要约人。承诺可以撤回，撤回承诺的通知应当在承诺通知到达要约人之前或者与承诺通知同时到达要约人。希望他人向自己发出要约的表示是要约邀请，比如寄送的价目表、商业广告和拍卖公告等。商品房的销售广告和宣传资料为要约邀请，一般不具有法律上的约束力，但是出卖人就商品房开发规划范围内的房屋及相关设施所作的说明和允诺具体确定，并对商品房买卖合同的订立以及房屋价格的确定有重大影响的，构成要约。因此，即使该说明和允诺未载入商品房买卖合同，亦应当为合同内容，当事人违反的，应当承担违约责任。

（三）格式条款合同

格式条款是当事人为了重复使用而预先拟定，并在订立合同时未与对方协商的条款。房地产经纪服务合同的格式条款一般由经纪机构事先拟定，或采用主管部门、行业组织制定的合同示范文本，在拟定之时并未征求对方当事人的意见。

《民法典》合同编规定，采用格式条款订立合同的，提供格式条款的一方应当遵循公平原则确定当事人之间的权利和义务，并采取合理的方式提示对方注意免除或者减轻其责任等与对方有重大利害关系的条款，按照对方的要求，对该条款予以说明。提供格式条款的一方未履行提示或者说明义务，致使对方没有注意或者理解与其有重大利害关系的条款的，对方可以主张该条款不成为合同的内容。

有下列情形之一的格式条款无效：①具有《民法典》第一编第六章第三节和

《民法典》第五百零六条规定的无效情形；②提供格式条款一方不合理地免除或者减轻其责任、加重对方责任、限制对方主要权利；③提供格式条款一方排除对方主要权利。

对格式条款的理解发生争议的，应当按照通常理解予以解释。对格式条款有两种以上解释的，应当作出不利于提供格式条款一方的解释。格式条款和非格式条款不一致的，应当采用非格式条款。

（四）预约合同

《民法典》第四百九十五条规定，当事人约定在将来一定期限内订立合同的认购书、订购书、预订书等，构成预约合同。当事人一方不履行预约合同约定的订立合同义务的，对方可以请求其承担预约合同的违约责任。

预约合同与本约合同具有不同的性质和法律效力。预约合同是当事人约定将来订立一定合同的合同，本约合同是为了履行预约合同而订立的合同。预约合同当事人的义务是订立本合同，当事人双方只负有签订正式合同的义务，商品房认购书、订购书、预订书等是预约合同。但如果认购、订购、预订协议具备《商品房销售管理办法》第十六条规定的商品房买卖合同主要内容，且出卖人已按照约定收取购房款的，应当认定为本约合同。商品房预售合同在成立之时房屋尚未建成，所以带有"预售"的字样，但商品房预售合同不是预约合同，而是本约合同。因为在商品房预售合同中，预售方与预购方关于房屋的坐落与面积、价款的交付方式与期限、房屋的交付期限、房屋的质量、违约责任等都有明确的规定，双方无须将来另行订立一个房屋买卖合同，即可以按照商品房预售合同的规定直接履行，并办理房屋产权过户登记手续，达到双方的交易目的。

### 三、合同的效力

依法成立的合同，自成立时生效，但是法律另有规定或者当事人另有约定的除外。依照法律、行政法规的规定，合同应当办理批准等手续的，依照其规定。未办理批准等手续影响合同生效的，不影响合同中履行报批等义务条款以及相关条款的效力。应当办理申请批准等手续的当事人未履行义务的，对方可以请求其承担违反该义务的责任。

依法成立的合同，自成立时生效，但是法律另有规定或者当事人另有约定的除外。依照法律、行政法规的规定，合同应当办理批准等手续的，依照其规定。未办理批准等手续影响合同生效的，不影响合同中履行报批等义务条款以及相关条款的效力。应当办理申请批准等手续的当事人未履行义务的，对方可以请求其承担违反该义务的责任。

（一）合同效力的判断

根据《民法典》总则编关于民事法律行为有效的条件，合同有效必须同时具备以下三个条件：①合同主体合格。合同主体合格是指合同主体具有相应的法定身份证明，如法人有营业执照，自然人有身份证等。②意思表示真实，当事人以虚假的意思表示签订的合同无效。实践中，合同双方有时为了追求经济利益，采用虚假意思表示签订合同。例如在纳税环节，为规避高税费，买卖双方以低于实际成交价的价格另行签订的"阴阳合同"。③合同不违反法律、行政法规和公序良俗。如《民法典》规定，无民事行为能力人实施的民事法律行为无效。

《民法典》第五百零六条规定，合同中的下列免责条款无效：①造成对方人身损害的；②因故意或者重大过失造成对方财产损失的。

合同不生效、无效、被撤销或者终止的，不影响合同中有关解决争议方法的条款的效力。《民法典》合同编对合同的效力没有规定的，适用《民法典》总则编关于民事法律行为效力的规定。

合同无效、可撤销、效力待定的情形，参见本章第一节中"民事法律行为的效力"的内容。

（二）无权处分的合同

根据《民法典》，因出卖人未取得处分权致使标的物所有权不能转移的，买受人可以解除合同并要求出卖人承担违约责任。无权代理人以被代理人的名义订立合同，被代理人已经开始履行合同义务或者接受相对人履行的，视为对合同的追认。法人的法定代表人或者非法人组织的负责人超越权限订立的合同，除相对人知道或者应当知道其超越权限外，该代表行为有效，订立的合同对法人或者非法人组织发生效力。当事人超越经营范围订立的合同的效力，应当依照《民法典》总则编和合同编的有关规定确定，不得仅以超越经营范围确认合同无效。

### 四、合同的履行

（一）合同履行的一般规则

合同当事人要遵循全面履行和诚实信用的原则，严格按照合同约定的内容切实全面履行合同义务。合同生效后，当事人就质量、价款或者报酬、履行地点等内容没有约定或者约定不明确的，可以协议补充；不能达成补充协议的，按照合同相关条款或者交易习惯确定。如果依据以上规定仍不能确定有关合同内容的，适用下列规定：①质量要求不明确的，按照强制性国家标准履行；没有强制性国家标准的，按照推荐性国家标准履行；没有推荐性国家标准的，按照行业标准履行；没有国家标准、行业标准的，按照通常标准或者符合合同目的的特定标准履行。②价款或者报酬不明确的，按照订立合同时履行地的市场价格履行；依法应当执行政府定价或者政府指导价的，依照规定履行。③履行地点不明确，给付货币的，在接受货币一方所在地履行；交付不动产的，在不动产所在地履行；其他标的，在履行义务一方所在地履行。④履行期限不明确的，债务人可以随时履行，债权人也可以随时请求履行，但是应当给对方必要的准备时间。⑤履行方式不明确的，按照有利于实现合同目的的方式履行。⑥履行费用的负担不明确的，由履行义务一方负担；因债权人原因增加的履行费用，由债权人负担。

《民法典》第五百三十三条规定了合同履行的情势变更原则：合同成立后，合同的基础条件发生了当事人在订立合同时无法预见的、不属于商业风险的重大变化，继续履行合同对于当事人一方明显不公平的，受不利影响的当事人可以与对方重新协商；在合理期限内协商不成的，当事人可以请求人民法院或者仲裁机构变更或者解除合同。人民法院或者仲裁机构应当结合案件的实际情况，根据公平原则变更或者解除合同。据此，适用情势变更原则应符合以下几个条件：①发生了情势变更的客观事实，即作为合同成立基础或环境的客观情形发生异常变动。②情势变更的事实发生在合同生效之后，履行完毕之前，若合同无效，则可直接适用无效处理原则，即无效的合同自始没有法律约束力，当事人可以不履行双方签订的合同，当然也就不存在变更或解除合同之必要。若合同尚未生效便发生情势变更，那么当事人对合同条款可以重新协商，立足于新的情势订立合同；若合同已经履行完毕，当事人的权利义务关系已告终结，不管情势如何变更，也不会导致不公平的后果。③情势变更是当事人所不能预见，不能避免，不能克服的。如果客观情势的变化是当事人订立合同时能够预见的，或者在履行合同中可以避免或加以克服的，那么也不构成适用该项原则的条件。如果当事人对情势变更事实上没有预见但根据诚实信用原则判定当事人应当可以预见，则当事人仍然不能主张情势变更。如果有一方预见而另一方没有预见，则应区分善意和恶意的情况，对善意方应允许主张情势变更。④情势变更致使合同履行显失公平。因客观情势的变动，造成了当事人之间的利益失衡，如果继续履行合同规定的义务，将出现明显后果的严重不公平。

（二）合同的保全

合同的保全，是指法律为防止因债务人的财产不当减少或不增加而给债权人的债权带来损害，允许债权人行使撤销权或代位权，以保护其债权的法律制度。

1. 代位权

代位权是指因债务人怠于行使其债权或者与该债权有关的从权利，影响债权人的到期债权实现的，债权人可以向人民法院请求以自己的名义代位行使债务人对相对人的权利，以保全自己的利益实现。代位权的行使应符合的条件：①债权人对债务人的债权合法、确定；②债务人怠于行使债权或者与该债权有关的从权利，对债权人造成损害；③债务人的该权利不是专属于债务人自身的权利。债权人行使代位权的必要费用，由债务人负担。

债权人提前行使代位权的情形：债权人的债权到期前，债务人的债权或者与该债权有关的从权利存在诉讼时效期间即将届满或者未及时申报破产债权等情形，影响债权人的债权实现的，债权人可以代位向债务人的相对人请求其向债务人履行、向破产管理人申报或者作出其他必要的行为。

2. 撤销权

撤销权是指因债务人处分财产的行为影响债权人的债权实现的，债权人可以请求人民法院撤销债务人的行为，以保全自己利益实现的权力。撤销权的行使范围以债权人的债权为限。债权人行使撤销权的必要费用，由债务人负担。以上所指债务人处分财产的行为包括：①无偿处分财产权益，主要有债务人以放弃其债权、放弃债权担保、无偿转让财产等方式无偿处分财产权益；②恶意延长其到期债权的履行期限；③不合理价格交易，即债务人以明显不合理的低价转让财产、以明显不合理的高价受让他人财产或者为他人的债务提供担保，债务人的相对人知道或者应当知道该情形的，债权人可以请求人民法院撤销债务人的行为。

（三）合同的担保

合同的担保是当事人在订立合同时，为确保合同切实履行而采取的具有法律效力的担保措施。担保合同是主债权债务合同的从合同。主债权债务合同无效，担保合同无效，但法律另有规定的除外。

1. 保证

保证是指为保障债权的实现，当债务人不履行到期债务或者发生当事人约定的情形时，保证人履行债务或者承担责任的行为。保证人与债权人订立的保证合同是《民法典》合同编规定的典型合同。保证合同可以是单独订立的书面合同，也可以是主债权债务合同中的保证条款。机关法人不得为保证人，以公益为目的的非营利法人、非法人组织不得为保证人。保证的方式包括一般保证和连带责任保证。当事人在保证合同中对保证方式没有约定或者约定不明确的，按照一般保证承担保证责任。一般保证的保证人在主合同纠纷未经审判或者仲裁，并就债务人财产依法强制执行仍不能履行债务前，有权拒绝向债权人承担保证责任。连带责任保证的债务人不履行到期债务或者发生当事人约定的情形时，债权人可以请求债务人履行债务，也可以请求保证人在其保证范围内承担保证责任。

### 2. 抵押

抵押是指债务人或者第三人不转移特定财产的占有，将该财产作为债权担保的行为。债务人不履行债务时，抵押权人可以与抵押人协议以抵押财产折价或者以拍卖、变卖该抵押财产所得的价款优先受偿。抵押物的范围包括：抵押人有权处分的房屋和其他地上定着物；建设用地使用权；海域使用权；生产设备、原材料、半成品、产品；正在建造的建筑物、船舶、航空器；交通运输工具；法律、行政法规未禁止抵押的其他财产。

### 3. 质押

质押分为动产质押和权利质押。动产质押是指债务人或第三人将其动产出质给债权人占有，作为债权担保的行为。质押应当订立书面质押合同。质押合同自质物移交于质权人占有时生效。权利质押是指债务人或第三人将其有权处分的财产权利凭证交给债权人占有，作为债权担保的行为。下列权利可进行质押：汇票、本票、支票、债券、存款单、仓单、提单；依法可以转让的基金份额、股权；可以转让的注册商标专用权、专利权、著作权等知识产权中的财产权；现有的以及将有的应收账款；法律、行政法规规定可以出质的其他财产权利。

### 4. 定金

定金是合同当事人一方为了保证合同的履行，在合同订立时预先给付对方当事人的一定数额的金钱。定金合同自实际交付定金时成立。定金的数额由当事人约定，但不能超过主合同标的额的 20%；超过主合同标的额的 20% 的，超过部分不产生定金的效力。实际交付的定金数额多于或者少于约定数额的，视为变更约定的定金数额。定金罚则：债务人履行债务的，定金应当抵作价款或者收回。给付定金的一方不履行债务或者履行债务不符合约定，致使不能实现合同目的的，无权请求返还定金；收受定金的一方不履行债务或者履行债务不符合约定，致使不能实现合同目的的，应当双倍返还定金。"订金"与"定金"仅一字之差，但意义完全不同。"订金"是订购、预订之意，属预付款性质，不具有担保功能。如果房屋买卖双方签订的是"订金"协议，如果买方不想买了，卖方应将订金无条件退还给买方。房地产经纪服务中，房地产经纪机构要注意提醒购房人在购房过程中一定要头脑清醒，区分清楚"定金"和"订金"，以免蒙受经济损失。

### 5. 留置

留置是指债权人按照合同的约定占有债务人的动产，债务人不按照合同约定的期限履行债务的，债权人有权依法留置该财产，以该财产折价或者以拍卖、变卖该财产的价款优先受偿。留置权为法定担保物权，它不能由当事人自行约定，而只能依据法律规定的条件直接发生。

【例题 3-1】王某将住房出售给李某，双方在房屋买卖合同中对定金进行了约定，该定金收回、赔付的规则有（　　）。

A. 不论谁违约，定金均可收回，并依法承担违约责任

B. 李某违约，需再支付与定金相同数额的款项给王某

C. 李某违约，定金不可收回

D. 王某违约，应双倍返还定金

E. 王某违约，应退还一半定金

（四）合同的变更、转让及终止

合同的变更是指合同成立后，尚未履行完毕以前，合同当事人协商一致，就合同的内容进行修改和补充的行为。合同的转让是指合同当事人一方依法将其合同全部或部分权利和义务转让给第三人的行为。合同的终止是指合同双方当事人之间的权利义务关系因一定法律事实的出现而归于消灭的行为。合同因债务已经按照约定履行、合同解除、债务互相抵消等情形而终止。

### 五、违约责任与合同纠纷解决

（一）违约责任解决

违约责任是指合同当事人一方不履行合同义务或者履行合同义务不符合约定的，应当承担的继续履行、采取补救措施或者赔偿损失等民事责任。违约责任的构成要件，一是要有违约事实存在；二是违约方当事人必须不具备法定或约定的免责条件。确立违约责任的原则，是无过错责任原则，即只要违约方没有法定或约定的免责条件，无论其主观上是否有过错均要承担违约责任。违约责任因不可抗力而免责，因合同约定的免责条件出现而免责。

当事人一方明确表示或者以自己的行为表明不履行合同义务的，对方可以在履行期限届满前请求其承担违约责任，即预期违约责任。《民法典》合同编还规定了债权人违约的情形：债务人按照约定履行债务，债权人无正当理由拒绝受领的，债务人可以请求债权人赔偿增加的费用。在债权人受领迟延期间，债务人无须支付利息。

（二）合同纠纷解决

合同纠纷是指合同的当事人双方在签订、履行和终止合同的过程中，对所订立的合同是否成立、生效、合同成立的时间、合同内容的解释、合同的履行、违约责任的承担以及合同的变更、解除、转让等有关事项产生的纠纷。尽管合同是在双方当事人意思表示一致的基础上订立的，但由于当事人所处地位的不同，从不同的立场出发，对某些问题的认识往往会得出相互冲突的结论，因此，发生合

同争议在所难免。《民法典》第十条规定：处理民事纠纷，应当依照法律；法律没有规定的，可以适用习惯，但是不得违背公序良俗。

合同纠纷解决方式一般分为四类：①自行协商解决。争议发生后当事人双方自行协商解决。②申请调解。当事人选择通过调解解决争议时，可以选择向政府有关部门申请调解，也可以向人民调解委员会申请调解。按照《人民调解法》，人民调解委员会调解民间纠纷，不收取任何费用。经人民调解委员会调解达成调解协议后，具有法律约束力，当事人应当按照约定履行。经人民调解委员会调解达成调解协议后，双方当事人认为有必要的，可以自调解协议生效之日起三十日内共同向人民法院申请司法确认，人民法院应当及时对调解协议进行审查，依法确认调解协议的效力。人民法院依法确认调解协议有效，一方当事人拒绝履行或者未全部履行的，对方当事人可以向人民法院申请强制执行。当事人之间就调解协议的履行或者调解协议的内容发生争议的，一方当事人可以向人民法院提起诉讼。③提交仲裁机构仲裁。需要注意的是，提交仲裁机构仲裁的前提是合同双方当事人必须达成仲裁协议。④向人民法院提起诉讼。合同行为是一种民事行为，当事人产生纠纷后，可以根据民事诉讼法向有管辖权的人民法院提起民事诉讼。

# 第三节　物　权

## 一、物权概述

### （一）物权的含义

物权是指权利人依法对特定的物享有直接支配和排他的权利，包括所有权、用益物权、担保物权。物权是民事财产权的一种，在这一点上物权与债权相同。物权受到侵害以后可以通过损害赔偿实现完全救济。物权是支配权、绝对权，物权的客体是特定的物。

### （二）物权的效力

物权的优先效力。物权的优先效力体现在如下两个方面：一是物权对于债权的优先效力。在同一标的物上物权与债权并存时，物权有优先于债权的效力。这一原则也有例外，即：买卖不破租赁。二是物权相互间的优先效力。同一个标的物上存在两个以上物权的，先成立的物权优先于后成立的物权。这一原则有两个例外：其一，法定物权优先于意定物权，例如留置权无论成立在先还是在后都优先于标的物上的抵押权和质权；其二，他物权成立在后，但是优先于所有权。

物权的追及效力。所谓物权的追及效力是指不论标的物辗转于何人之手，物权人均可追及至物之所在行使其权利。物权的追及效力也有一个例外，根据《民法典》关于善意取得制度的规定，无处分权人将房屋转让给受让人的，如果受让人受让时是善意的，转让价格合理，且依照法律规定应当登记的已经登记，则受让人取得该房屋的所有权，但原所有权人有权向无处分权人请求赔偿损失。

物权的妨害排除效力。物权作为绝对权、对世权，具有对抗任何第三人的效力，因此任何人不得干涉权利人行使其物权。物权的权利人在其权利的实现上遇有某种妨害时，物权人有权对于造成妨害其权利事由发生的人请求排除此等妨害，称为物上请求权。

（三）物权法定原则

《民法典》第一百一十六条规定："物权的种类和内容，由法律规定。"这就是物权法定原则，即物权的种类和内容应当由法律规定，任何人不能创设物权。由于物权是支配权具有排他效力、优先效力和追及效力，为了维护交易安全，故适用法定原则。一是种类法定，指哪些权利属于物权，只能由《民法典》或其他法律作出规定。违反物权法定创设的所谓"物权"，不具有物权的效力。比如当事人约定创设的法律没有规定的"物权"，不具有物权的效力，最多具有合同效力。二是内容法定，物权的内容由法律确定，当事人不得约定与物权的法定内容不相符合的权能内容。当事人不得约定某一所有权不具有处分效力，当事人也不得通过约定违反《民法典》物权编关于物权内容的强制性规定。不动产物权包括所有权、用益物权和担保物权。不动产物权种类见图 3-1。

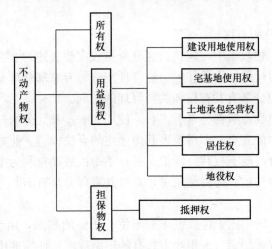

图 3-1 不动产物权种类

### 二、不动产物权的种类和内容

（一）不动产所有权

1. 不动产所有权的含义

不动产所有权是不动产权利人对其所拥有的不动产依法享有的支配、占有、使用和收益的权利。例如：张某拥有一套住宅的所有权，就可以出售该住宅、占有该住宅、使用该住宅，也可以将该住宅出租，获得租金收益。《民法典》第二百四十一条规定，所有权人有权在自己的不动产或者动产上设立用益物权和担保物权。用益物权人、担保物权人行使权利，不得损害所有权人的权益。所有权人在自己的不动产或动产上设立用益物权和担保物权，是其行使权利的具体体现。我国的土地所有权分为全民所有（即国有）和劳动群众集体所有（简称集体所有）。土地使用权是有期限的，而房屋所有权的期限是永久的。房屋所有权有单独所有、共有和建筑物区分所有权等形态。

2. 房屋的单独所有和共有

单独所有房屋所有权：单独所有房屋所有权是指房屋由一个单位或一个自然人独立享有所有权。

共有的房屋所有权：共有的房屋所有权是指房屋由两个以上单位、自然人共同拥有所有权。共有分为按份共有和共同共有。除有约定外，按份共有人对共有的房屋按照各自的份额享有权利和承担义务；共同共有人对共有的房屋共同享有权利和承担义务。

3. 建筑物区分所有权

在《民法典》物权编中，建筑物区分所有权完整表述为业主的建筑物区分所有权，是指业主对建筑物内的住宅、经营性用房等专有部分享有所有权，对专有部分以外的共有部分享有共有权和共同管理的权利。

业主对其建筑物专有部分享有占有、使用、收益和处分的权利。业主行使权利不得危及建筑物的安全，不得损害其他业主的合法权益。业主对建筑物专有部分以外的共有部分，享有权利，承担义务；不得以放弃权利为由不履行义务。业主转让建筑物内的住宅、经营性用房，其对共有部分享有的共有和共同管理的权利一并转让。

建筑区划内，规划用于停放汽车的车位、车库的归属，由当事人通过出售、附赠或者出租等方式约定。占用业主共有的道路或者其他场地用于停放汽车的车位，属于业主共有。建筑区划内，规划用于停放汽车的车位、车库应当首先满足业主的需要。

业主可以设立业主大会，选举业主委员会。下列事项由业主共同决定：①制定和修改业主大会议事规则；②制定和修改管理规约；③选举业主委员会或者更换业主委员会成员；④选聘和解聘物业服务企业或者其他管理人；⑤使用建筑物及其附属设施的维修资金；⑥筹集建筑物及其附属设施的维修资金；⑦改建、重建建筑物及其附属设施；⑧改变共有部分的用途或者利用共有部分从事经营活动；⑨有关共有和共同管理权利的其他重大事项。业主共同决定事项，应当由专有部分面积占比三分之二以上的业主且人数占比三分之二以上的业主参与表决。决定前款第六项至第八项规定的事项，应当经参与表决专有部分面积四分之三以上的业主且参与表决人数四分之三以上的业主同意。决定前款其他事项，应当经参与表决专有部分面积过半数的业主且参与表决人数过半数的业主同意。

业主不得违反法律、法规以及管理规约，将住宅改变为经营性用房。业主将住宅改变为经营性用房的，除遵守法律、法规以及管理规约外，应当经有利害关系的业主一致同意。业主大会或者业主委员会的决定，对业主具有法律约束力。

建设单位、物业服务企业或者其他管理人等利用业主的共有部分产生的收入，在扣除合理成本之后，属于业主共有。建筑物及其附属设施的费用分摊、收益分配等事项，有约定的，按照约定；没有约定或者约定不明确的，按照业主专有部分面积所占比例确定。

### （二）不动产用益物权

不动产用益物权是不动产用益物权人对他人所有的不动产依法享有的占有、使用和收益的权利。例如：某房地产开发企业取得一宗建设用地使用权，就可以占有该宗土地、使用该宗土地建造房屋或将该宗地出租获得收益。不动产用益物权主要包括：建设用地使用权、宅基地使用权、土地承包经营权、居住权和地役权。下面介绍房地产交易活动中，经常涉及的三种不动产用益物权。

#### 1. 建设用地使用权

在国家所有的土地上设立的建设用地使用权，它的产生方式包括划拨和出让两种方式。建设用地使用权法定出让最高年限：居住用地70年；工业用地50年；教育、科技、文化卫生、体育用地50年；商业、旅游、娱乐用地40年；综合或其他用地50年。住宅建设用地使用权期限届满的，自动续期。续期费用的缴纳或者减免，依照法律、行政法规的规定办理。非住宅建设用地使用权期限届满后的续期，依照法律规定办理。该土地上的房屋以及其他不动产的归属，有约定的，按照约定；没有约定或者约定不明确的，依照法律、行政法规的规定办理。工业、商业、旅游、娱乐和商品住宅等经营性用地应当采取招标、拍卖和挂牌等公开竞价的方式出让。

### 2. 居住权

居住权是指对他人所有的住房及其附属设施占有、使用的权利。设立居住权，可以根据遗嘱或者遗赠，也可以按照合同约定。例如，某人在遗嘱中写明，其住宅由他的儿子继承，但应当让服务多年的保姆居住，直到保姆去世。设立居住权，应当向不动产登记机构办理居住权登记，经登记后居住权才成立。

### 3. 地役权

地役权是指按照合同约定，利用他人的不动产，以提高自己不动产的效益的权利。他人的不动产为供役地，自己的不动产为需役地。《民法典》物权编规定，设立地役权，当事人应当采取书面形式订立地役权合同。当事人要求登记的，可以向登记机构申请地役权登记；未经登记，不得对抗善意第三人。供役地权利人应当按照合同约定，允许地役权人利用其土地，不得妨害地役权人行使权利。

### （三）不动产担保物权

不动产担保物权是指为保证特定债权实现，债务人或者第三人以自己的不动产为担保物，当债务人不履行到期债务或者发生当事人约定的实现担保物权的情形时，债权人享有就担保物优先受偿的权利。例如：王某向银行借款并用自己的房屋作担保，在约定时间届满，王某不能向银行偿还借款，银行就有权从变卖房屋的房款中优先获得债务偿付。不动产担保物权一般是指抵押权。需要注意的是，房屋租赁权不是物权，而是一种债权。因此，房屋租赁不需要到不动产登记机构登记。按照《城市房地产管理法》的规定，房屋租赁合同仅需要到房屋所在地房产管理部门办理房屋租赁合同登记备案。

抵押权是指为担保债务的履行，债务人或者第三人不转移财产的占有，将该财产抵押给债权人，债务人不履行到期债务或者发生当事人约定的实现抵押权的情形，债权人有权就该财产优先受偿。其中，债务人或者第三人为抵押人，债权人为抵押权人，提供担保的财产为抵押财产。值得注意的是，建筑物和建筑物占用范围内的建设用地使用权在抵押时，不能分开，应一并抵押。以建筑物、建设用地使用权等不动产抵押的，应办理不动产抵押登记，抵押权自登记时设立。当事人之间订立的抵押合同，除法律另有规定或者合同约定外，自合同成立时生效；未办理抵押登记的，不影响抵押合同的效力。

抵押权设立前，抵押房屋已经出租并转移占有的，原租赁关系不受该抵押权的影响。抵押期间，抵押人可以转让抵押的房屋。当事人另有约定的，按照其约定。抵押房屋转让的，抵押权不受影响。抵押人转让抵押房屋的，应当及时通知抵押权人。抵押权人能够证明抵押房屋转让可能损害抵押权的，可以请求抵押人将转让所得的价款向抵押权人提前清偿债务或者提存。转让的价款超过债权数额的部分归抵押人所有，不足部分由债务人清偿。

### 三、不动产物权的变动

（一）不动产物权变动的概念

物权的变动是物权的产生、变更、转让和消灭的总称，从权利主体方面观察，即物权的取得、变更和丧失。物权的产生即物权人取得了物权，它在特定的权利主体与不特定的义务主体之间形成了物权法律关系，并使特定的物与物权人相结合。物权取得分原始取得和继受取得。原始取得是不以他人的权利及意思为依据，而是依据法律直接取得物权。继受取得是以他人的权利及意思为依据取得物权，包括创设的继受取得和移转的继受取得两种情形。创设的继受取得是指所有人在自己的所有物上为他人设定他物权，而由他人取得一定的他物权。移转的继受取得是指物权人将自己享有的物权以一定法律行为移转给他人，由他人取得该物权。物权的变更是指物权的主体、客体或内容的变更。物权的转让，即物权的相对丧失，如权利人通过买卖、赠与等方式将物权转移给他人，一方当事人的物权丧失，另一方当事人取得物权。物权消灭指因某种法律事实或法律行为，致使物权与其主体分离，即权利人的物权丧失。物权的消灭分绝对消灭和相对消灭，绝对消灭即物权本身不存在，如物的毁灭，相对消灭如物的买卖、赠与。

（二）不动产物权变动的原则

物权是对于物进行直接支配的权利，具有优先权和物上请求权的效力。如果不以一定的可以从外部查知的方式表现物权的产生、变更、消灭，必然纠纷不已，难以确保交易安全。

1. 公示原则

公示原则要求物权的产生、变更、消灭，必须以一定的可以从外部察知的方式表现出来。这是因为物权有排他的性质，其变动常有排他的后果，如果没有一定的可以从外部察知的方式将其变动表现出来，就会给第三人带来不测的损害，影响交易的安全。不动产以登记为不动产物权的公示方法；动产以交付为动产物权的公示方法。

2. 公信原则

物权的变动以登记和交付为公示方法，当事人如果信赖这种公示而为一定的行为，即使登记或交付所表现的物权状态与真实的物权状态不符，也不能影响物权变动的效力，这是公信原则的基本要求。

物权的变动之所以要有公信原则，是因为仅贯彻公示原则，在进行物权交易时，固然不必顾虑他人主张未有公示的物权，免受不测的损害，但公示所表现的物权状态与真实的物权状态不相符合的情况在现实生活中也是存在的，如果在物权交易中都得先一一调查，必然十分不便。在物权变动中以公信原则为救济，使行为人信赖登记，根据物权的登记状态进行交易，不必担心其实际权利的状况。一般说来，物权的变动本来应当是在事实和形式上都是真实的才会产生变动，但由于这两个原则被采用的结果，就会发生即使事实上已经变动，但形式上没有采取公示方法，仍然不发生物权变动的效力；如果形式上已经履行变动手续，但事实上并未变动，仍然发生物权变动的效力。

（三）不动产物权变动的原因

1. 物权取得的原因

物权可基于民事法律行为而取得，如买卖、互易、遗赠、赠与等；也可基于民事法律行为以外的原因而取得，主要有：因征收或没收取得物权，因法律的规定取得物权（留置权），因附合、混合、加工取得所有权，因继承取得所有权，因拾得遗失物、发现埋藏物取得所有权，因合法建造取得所有权，因人民法院、仲裁委员会的法律文书取得物权，取得孳息的所有权等。天然孳息由所有权人取得；既有所有权人又有用益物权人的，由用益物权人取得。当事人另有约定的，按照约定。法定孳息当事人有约定的，按照约定取得；没有约定或者约定不明的，按照交易习惯取得。

2. 物权消灭的原因

物权消灭的原因，可分为以下两种情形：

（1）物权因民事法律行为的原因而消灭：①抛弃。权利人一方作出意思表示即生效力，是单方法律行为；他物权的抛弃，须向因抛弃而受利益的人作出抛弃的意思表示。抛弃的意思表示不一定向特定人为之，只要权利人抛弃其占有、表示其抛弃的意思，即产生抛弃的效力。不动产物权的抛弃，还需办理注销登记才发生效力。原则上物权一经权利人抛弃即归消灭，但如果因为物权的抛弃会妨害他人的权利时，则物权人不得任意抛弃其权利。②合同。这是指当事人之间关于约定物权存续的期间，或约定物权消灭的意思表示一致的民事行为。在合同约定的期间届满或约定物权消灭的合同生效时，物权即归于消灭。例如，债务人将其土地使用权抵押后，经与抵押权人协商，另以价值相当的房产作抵押，消灭原来的土地使用权抵押。③撤销权的行使。法律或合同规定有撤销权的，因撤销权的行使会导致物权消灭。例如，承包经营权人没有按承包合同的规定向集体组织交付承包收益时，集体组织可以撤销其承包经营权。

（2）物权因民事法律行为以外的原因而消灭：①标的物灭失。如地震、大火导致房屋倒塌、烧毁。在这些情况下，由于标的物不存在了，因而该物的物权也就不存在了。应注意的是，标的物虽然毁损，但是对于其残余物，原物的所有人仍然享有所有权。如房屋毁坏，房屋所有权虽然消灭，但所有人基于所有权的效力，取得砖土瓦木等动产所有权。另外，由于担保物权的物上代位性，担保期间，担保财产毁损、灭失或者被征收等，担保物权人可以就获得的保险金、赔偿金或者补偿金等优先受偿。被担保债权的履行期限未届满的，也可以提存该保险金、赔偿金或者补偿金等。②法定期限的届满。在法律对他物权的存续规定了期限时，该期限届满，则物权消灭。③混同。这是指法律上的两个主体资格归属于一人，无并存的必要，一方为另一方所吸收的关系。混同有债权与债务的混同和物权的混同，这里专指物权的混同。物权的混同，是指同一物的所有权与他物权归属于一人时，其他物权因混同而消灭。例如王某在其房屋上为李某设定抵押权，后来李某购买了该栋房屋取得其所有权，则所有权与抵押权同归于一人，抵押权消灭。另外，物权的混同还指所有权以外的他物权与以该他物权为标的物之权利归属于一人时，其权利因混同而消灭。例如，陈某对刘某的土地享有使用权，陈某在其土地使用权上为杨某设定了抵押权，后来杨某因某种原因取得了陈某的土地使用权，这时土地使用权与以该土地使用权为标的的抵押权归属于一人，抵押权消灭。

（四）不动产物权的生效

不动产登记是不动产物权公示的方式。但并不是所有的不动产物权都必须经过登记后才生效。根据《民法典》物权编，不动产物权生效的情形主要有以下几种。

1. 登记生效

登记是物权公示最主要的方法。除另有规定外，因当事人之间的法律行为导致不动产物权的设立、变更、转让和消灭，均应当依法申请登记，自记载于不动产登记簿时发生效力；未经登记，不发生效力。不动产物权登记生效的情形主要有：买卖、交换、赠与、分割房地产登记；基于合同约定抵押房地产登记；已登记房地产权利的变更、更正、注销登记等。

2. 基于事实行为等情形生效

为及时明确物权的归属，《民法典》物权编规定了基于事实行为等情形，物权未经登记也生效：依据人民法院、仲裁机构的法律文书或者人民政府的征收决定设立、变更、转让或者消灭物权；因继承取得房地产；合法建造取得房屋所有权、拆除房屋消灭所有权。但需要注意的是，根据《民法典》第二百三十一条规定，上述事实行为成就时取得物权后，权利人处分上述物权时，依照法律规定需要办理登记的，应先办理登记，再进行处分，才能发生物权效力，未经登记，不发生物权效力。

3. 基于合同生效

即合同生效时物权设立，《民法典》中确定的基于合同生效时物权设立的，包括土地承包经营权、地役权。《民法典》第三百三十三条规定，土地承包经营权自土地承包经营权合同生效时设立。土地承包经营权互换、转让的，当事人可以向登记机构申请登记；未经登记，不得对抗善意第三人。第三百七十四条规定：地役权自地役权合同生效时设立。当事人要求登记的，可以向登记机构申请地役权登记；未经登记，不得对抗善意第三人。地役权属于用益物权，物权具有绝对权，具有排他性。因此，地役权一经设立虽未登记，作为物权，仍可对抗侵权行为，如果他人非法侵害当事人的地役权，未经登记的地役权人，可以请求赔偿妨碍、排除损失。此外，未经登记的地役权，仅仅是不得对抗善意第三人。对恶意的第三人，如以不公正手段获取地役权登记的人、明知该地役权已经存在的第三人，仍具有对抗效力。

4. 法定生效

根据法律规定物权生效。《民法典》第二百四十九条规定，城市的土地属于国家所有。因此，属于国家所有的土地所有权就不需要通过登记的方式来公示所有权的归属。

**【例题3-2】**王某将其一套房屋出售给李某，李某在付清房款后就入住了该房屋，但一直未办理房屋所有权转移登记。此时，李某对该房屋拥有的权利有（　　）。

A. 请求王某配合过户登记的债权

B. 对该房屋的所有权

C. 设立在该房屋上的用益物权

D. 对该房屋的承租权

# 第四节　婚姻家庭与继承

## 一、婚姻家庭财产关系

### （一）夫妻财产关系

1. 夫妻财产制度

《民法典》婚姻家庭编规定夫妻财产制度，以法定财产制为主、约定财产制为辅，没有约定或者约定无效时即适用法定财产制。婚姻关系存续期间，夫妻双方一般不得请求分割共同共有的房产。只有在两种法定情形下，夫妻一方才可以向人民法院请求分割。一种情形是一方有隐藏、转移、变卖、毁损、挥霍夫妻共同财产或者伪造夫妻共同债务等严重损害夫妻共同财产利益的行为。另一种情形是一方负有法定扶养义务的人患重大疾病需要医治，另一方不同意支付相关医疗费用。

2. 夫妻房屋所有权界定

房屋是家庭财产的重要组成部分。夫妻财产关系是家庭财产关系的核心问题。财产中，有的可能属于夫妻共同财产，也有可能属于夫妻某一方的个人财产。夫妻之间房屋所有权的界定主要区分房屋是婚前所得，还是婚后所得；是夫妻共有财产，还是单独属于夫妻某一方的财产。实践中，一般看购房合同签订的时间是在婚前还是在婚后来界定婚前房产和婚后房产。根据《民法典》第一千零六十三条的规定，夫妻一方的婚前财产、遗嘱或者赠与合同中确定只归一方的财产等属于夫妻一方的个人财产。根据《民法典》第一千零六十二条的规定，继承或者受赠的财产，只要不是遗嘱或者赠与合同中确定只归一方的，都为夫妻的共同财产。因此，婚后由一方或双方父母出资购房的，如果赠与合同中确定只归一方，则为夫妻一方的个人财产，否则为夫妻的共同财产。房地产经纪专业人员了解现行法律法规的规定，可以帮助相关当事人及时维护自己在家庭财产中的合法权利，有效预防房屋产权纠纷。

3. 夫妻共有房屋登记

不动产登记机构办理房屋等不动产登记一般依当事人申请才能启动。共有房屋，应当由共有人共同申请登记。而现实生活中，夫妻购房通常以一方名义签订购房合同，并仅以一方名义申请登记，实际上共有的房屋产权就登记为一方所有，致使隐形共有现象普遍存在。因潜在的共有人未进行房屋产权登记，不动产登记机构或第三人也难以判断其实际共有情况，如果这种状况下的房屋进入市场交易，可能产生纠纷。因此，如确属夫妻共有的房屋，应当依法共同申请房屋登记，在不动产登记簿记载为夫妻共有，不宜再按照以往实践中形成的固有认识来认定所谓的夫妻共有房屋。此外，根据善意取得制度，以夫妻一方名义登记的共有房屋被其擅自出售给第三人，第三人并不知道该房屋实际的共有情况，而基于信赖登记簿记载事项购买了该房屋，支付了合理价款，并进行了登记，善意第三人取得该房屋产权。事后，夫妻另一方以对卖房一事并不知情也不同意为由，要求解除合同，并诉讼到法院，法院可能不会支持其请求，而是最大限度地保护善意第三人的利益。属于夫妻共有的房屋，如登记为一方所有的，可以依法通过登记增加另一方为共有人，使共有房屋的事实权利人与不动产登记簿记载的权利人一致，避免另一方擅自处分共有财产。从法律上来说，"加名"实质上是增加房屋的共有人。对于婚姻存续期间，实际为夫妻共有的房屋而仅登记在一方名下的婚后财产，双方可持身份证、结婚证、房屋权属证书去不动产登记机构申请办理更正登记；若是夫妻一方在婚前购买的房产，并已办理房屋登记的，在婚姻存续期间，添加夫妻另一方为房屋共有人的，夫妻双方可持身份证、结婚证、房屋权属证书向不动产登记机构申请转移登记。目前夫妻间转让房屋所有权的，免征契税。在房地产经纪实践中，房地产经纪人员应当注意提醒购房者在签订购房合同时应慎重考虑房屋所有权的归属，共有房屋的当事人在申请房屋登记时，就应共有人一并登记。夫妻以外的其他人，如父母、子女、兄弟姐妹或其他亲友要增加为房屋的共有人，一般只能通过买卖或赠与的方式办理，这两种方式均须缴纳相关税收，当事人可持申请资料到不动产登记机构办理。

4. 夫妻共同债务

《民法典》第一千零六十四条对夫妻共同债务作出了规定：夫妻双方共同签名或者夫妻一方事后追认等共同意思表示所负的债务，以及夫妻一方在婚姻关系存续期间以个人名义为家庭日常生活需要所负的债务，属于夫妻共同债务。夫妻一方在婚姻关系存续期间以个人名义超出家庭日常生活需要所负的债务，不属于夫妻共同债务；但是，债权人能够证明该债务用于夫妻共同生活、共同生产经营或者基于夫妻双方共同意思表示的除外。

《民法典》在婚姻家庭编中规定了以下三类比较重要的夫妻共同债务，属于夫妻共同债务的，方可用夫妻共有的房产予以清偿：①基于共同意思表示所负的夫妻共同债务。这就是俗称的"共债共签"或"共签共债"。这种制度安排，一方面有利于保障夫妻另一方的知情权和同意权，可以从债务形成源头上尽可能杜绝夫妻一方"被负债"现象发生；另一方面，也可以有效避免债权人因事后无法举证证明债务属于夫妻共同债务而遭受不必要的损失。实践中，很多商业银行在办理贷款业务时，对已婚者一般都要求夫妻双方共同到场签名，这种操作方式最大限度地降低了债务不能清偿的风险，保障了债权人的合法权益，也不会造成对夫妻一方权益的损害。②为家庭日常生活需要所负的夫妻共同债务。夫妻任何一方行使夫妻日常家事的民事法律行为，对夫妻双方都发生效力，即该民事法律行为所产的法律效果归属于夫妻双方，取得的权利由夫妻双方共同享有，产生的义务包括债务也由夫妻双方共同承担。一方在行使夫妻日常家事代理权的同时，与相对人就该民事行为的法律效力另有约定的，则法律效力依照该约定。③债权人能够证明的夫妻共同债务。债权人能够证明该债务用于夫妻共同生活、共同生产经营或者基于夫妻双方共同意思表示的，就是夫妻共同债务。这里强调债权人的举证证明责任。随着我国经济社会的发展，城乡居民家庭财产结构发生了很大变化，人们的生活水平不断提高，生活消费日趋多元化，很多夫妻的共同生活支出不再局限于以前传统的家庭日常生活消费开支，还包括大量超出家庭日常生活范围的支出，或用于形成夫妻共同财产，或基于夫妻共同利益管理共同财产产生的支出，性质上均属于夫妻共同生活的范围。夫妻共同生产经营，主要是指由夫妻双方共同决定生产经营事项，或者虽由一方决定但另一方进行了授权的情形。夫妻共同生产经营所负的债务一般包括双方共同从事工商业、共同投资以及购买生产资料等所负的债务。此外，在实践中还存在依据法律规定产生的其他种类的夫妻共同债务，如夫妻因共同侵权所负的债务，以及因被监护人侵权所负的债务，都属于夫妻共同债务。

（二）婚姻家庭财产纠纷案件审理的司法解释

人民法院审理婚姻家庭房屋财产纠纷案件，适用《最高人民法院关于适用〈中华人民共和国民法典〉婚姻家庭编的解释（一）》（法释〔2020〕22号）的以下规定：

（1）夫妻一方个人财产在婚后产生的收益，除孳息和自然增值外，应认定为夫妻共同财产。

（2）由一方婚前承租、婚后用共同财产购买的房屋，登记在一方名下的，应当认定为夫妻共同财产。

（3）一方未经另一方同意出售夫妻共同所有的房屋，第三人善意购买、支付合理对价并已办理不动产登记，另一方主张追回该房屋的，人民法院不予支持。夫妻一方擅自处分共同所有的房屋造成另一方损失，离婚时另一方请求赔偿损失的，人民法院应予支持。

（4）当事人结婚前，父母为双方购置房屋出资的，该出资应当认定为对自己子女个人的赠与，但父母明确表示赠与双方的除外。当事人结婚后，父母为双方购置房屋出资的，依照约定处理；没有约定或者约定不明确的，按照《民法典》第一千零六十二条第一款第四项规定的原则处理。

（5）民法典第一千零六十三条规定为夫妻一方的个人财产，不因婚姻关系的延续而转化为夫妻共同财产。但当事人另有约定的除外。

（6）婚前或者婚姻关系存续期间，当事人约定将一方所有的房产赠与另一方或者共有，赠与方在赠与房产变更登记之前撤销赠与，另一方请求判令继续履行的，人民法院可以按照民法典第六百五十八条的规定处理。

（7）双方对夫妻共同财产中的房屋价值及归属无法达成协议时，人民法院按以下情形分别处理：①双方均主张房屋所有权并且同意竞价取得的，应当准许；②一方主张房屋所有权的，由评估机构按市场价格对房屋作出评估，取得房屋所有权的一方应当给予另一方相应的补偿；③双方均不主张房屋所有权的，根据当事人的申请拍卖、变卖房屋，就所得价款进行分割。

（8）离婚时双方对尚未取得所有权或者尚未取得完全所有权的房屋有争议且协商不成的，人民法院不宜判决房屋所有权的归属，应当根据实际情况判决由当事人使用。当事人就前款规定的房屋取得完全所有权后，有争议的，可以另行向人民法院提起诉讼。

（9）夫妻一方婚前签订不动产买卖合同，以个人财产支付首付款并在银行贷款，婚后用夫妻共同财产还贷，不动产登记于首付款支付方名下的，离婚时该不动产由双方协议处理。依前款规定不能达成协议的，人民法院可以判决该不动产归登记一方，尚未归还的贷款为不动产登记一方的个人债务。双方婚后共同还贷支付的款项及其相对应财产增值部分，离婚时应根据《民法典》第一千零八十七条第一款规定的原则，由不动产登记一方对另一方进行补偿。第一千零八十七条第一款规定，离婚时，夫妻的共同财产由双方协议处理；协议不成的，由人民法院根据财产的具体情况，按照照顾子女、女方和无过错方权益的原则判决。

（10）婚姻关系存续期间，双方用夫妻共同财产出资购买以一方父母名义参加房改的房屋，登记在一方父母名下，离婚时另一方主张按照夫妻共同财产对该房屋进行分割的，人民法院不予支持。购买该房屋时的出资，可以作为债权处理。

## 二、继承房屋的物权取得

### （一）继承的概念

遗产是一种财产，是公民死亡时遗留的个人合法财产。继承是指将死者生前所有的于死亡时遗留的财产依法转移给他人所有的制度。其中，生前享有财产因死亡而转移给他人的死者为被继承人，被继承人死亡时遗留的财产为遗产。依法或依遗嘱而继承被继承人财产的人为继承人。继承人依法或依遗嘱享有的继承被继承人遗产的权利为继承权。继承分为遗嘱继承和法定继承。

### （二）遗嘱继承

所谓遗嘱继承是指，继承开始后，按照被继承人所立的合法有效的遗嘱继承被继承人的遗产。简单地说，遗嘱继承就是根据被继承人的遗嘱，继承房屋等遗产。遗嘱是一种民事法律行为，遗嘱继承体现了被继承人处分自己财产的意思。例如：王某有3个子女，其依法拥有一套住宅。王某可以依法订立遗嘱，指定将该住宅由某一个子女继承。在此情况下，其他2个子女就无权继承。王某也可以立遗嘱将个人财产赠给国家、集体或者法定继承人以外的人。这种情况即为通常所称的遗赠。

（三）法定继承

1. 法定继承的概念

法定继承是指依据法律规定的继承人的范围、继承的顺序、继承遗产的份额以及遗产的分配原则继承被继承人的遗产。简单地说，法定继承就是按照法律法规规定的继承人和继承顺序，继承房屋等遗产。

2. 法定继承的情形

法定继承的适用以下情形：①遗嘱继承人放弃继承或者受遗赠人放弃受遗赠；②遗嘱继承人丧失继承权；③遗嘱继承人、受遗赠人先于遗嘱人死亡的；④遗嘱无效部分涉及的遗产；⑤遗嘱未处分的遗产。

3. 法定继承的顺序

《民法典》继承编第一千一百二十七条规定："遗产按照下列顺序继承：（一）第一顺序：配偶、子女、父母。（二）第二顺序：兄弟姐妹、祖父母、外祖父母。继承开始后，由第一顺序继承人继承，第二顺序继承人不继承。没有第一顺序继承人继承的，由第二顺序继承人继承。本编所称子女，包括婚生子女、非婚生子女、养子女和有扶养关系的继子女。本编所称父母，包括生父母、养父母和有扶养关系的继父母。本编所称兄弟姐妹，包括同父母的兄弟姐妹、同父异母或者同母异父的兄弟姐妹、养兄弟姐妹、有扶养关系的继兄弟姐妹。"第一千一百二十九条规定："丧偶儿媳对公婆，丧偶女婿对岳父母，尽了主要赡养义务的，作为第一顺序继承人。"

《民法典》继承编新增被继承人的兄弟姐妹的子女适用代位继承制度，扩大了法定继承人的范围，第一千一百二十八条规定："被继承人的子女先于被继承人死亡的，由被继承人的子女的直系晚辈血亲代位继承。被继承人的兄弟姐妹先于被继承人死亡的，由被继承人的兄弟姐妹的子女代位继承。代位继承人一般只能继承被代位继承人有权继承的遗产份额。"

4. 法定继承中遗产的分配

《民法典》继承编第一千一百三十条规定："同一顺序继承人继承遗产的份额，一般应当均等。对生活有特殊困难又缺乏劳动能力的继承人，分配遗产时，应当予以照顾。对被继承人尽了主要扶养义务或者与被继承人共同生活的继承人，分配遗产时，可以多分。有扶养能力和有扶养条件的继承人，不尽扶养义务的，分配遗产时，应当不分或者少分。继承人协商同意的，也可以不均等。"第一千一百三十一条规定:"对继承人以外的依靠被继承人扶养的缺乏劳动能力又没有生活来源的人,或者继承人以外的对被继承人扶养较多的人,可以分给适当的遗产。"

### (四)继承房屋的物权取得

除去因国家公权力的行使而导致的物权变动外,因继承取得物权的情形也不依一般的登记公示原则,直接发生物权变动的效力。《民法典》继承编规定,继承从被继承人死亡时开始,所谓"死亡"既包括事实死亡,如老死、病死、意外事故致死等,也包括宣告死亡。无论是遗嘱继承还是法定继承,取得物权的生效时间始于继承开始。如果遗产是房屋等不动产,按照《民法典》物权编的规定,继承事实发生时,继承人就因继承而取得了房屋等不动产的物权,而不是需要继承人依法申请不动产登记后,才能取得房屋等不动产的物权。

**【例题 3-3】**李某父亲于 2017 年 8 月 5 日死亡;8 月 20 日登记机构受理李某的继承房屋登记申请,8 月 22 日将申请登记事项记载于登记簿;8 月 23 日李某领取该房屋的不动产权证。李某取得该房屋所有权的时间是 2017 年( )。

A.8 月 5 日　　　　　　　　　　B.8 月 20 日

C.8 月 22 日　　　　　　　　　　D.8 月 23 日

# 第五节　个人信息保护

## 一、个人信息保护概述

### (一)个人信息保护的基本法律规范

我国房地产行业正处于向数字化、智能化转型时期,随着大数据、人工智能等信息技术越来越广泛的应用,也带来了客户信息保护问题。《民法典》人格权编在第六章中对个人信息保护作出了规定。自然人的个人信息受法律保护。个人信息是以电子或者其他方式记录的能够单独或者与其他信息结合识别特定自然人的各种信息,包括自然人的姓名、出生日期、身份证件号码、生物识别信息、住址、电话号码、电子邮箱、健康信息、行踪信息等。个人信息中的私密信息,适用有关隐私权的规定;没有规定的,适用有关个人信息保护的规定。为了保护个人信息权益,规范个人信息处理活动,促进个人信息合理利用,《个人信息保护法》规定任何组织、个人不得侵害自然人的个人信息权益。该法自 2021 年 11 月 1 日起施行。《住房和城乡建设部 市场监管总局关于规范房地产经纪服务的意见》(建房规〔2023〕2 号)要求房地产经纪机构及从业人员不得非法收集、使用、加工、传输他人个人信息，不得非法买卖、提供或者公开他人个人信息。房地产经纪机构要建立健全客户个人信息保护的内部管理制度，严格依法收集、使用、处理客户个人信息，采取有效措施防范泄露或非法使用客户个人信息。未经当事人同意，房地产经纪机构及从业人员不得收集个人信息和房屋状况信息，不得发送商业性短信息或拨打商业性电话。

（二）个人信息保护的原则和要求

个人信息的处理包括个人信息的收集、存储、使用、加工、传输、提供、公开、删除等。处理个人信息应当遵循合法、正当、必要和诚信原则，不得通过误导、欺诈、胁迫等方式处理个人信息。处理个人信息应当具有明确、合理的目的，并应当与处理目的直接相关，采取对个人权益影响最小的方式。收集个人信息，应当限于实现处理目的的最小范围，不得过度收集个人信息。处理个人信息应当遵循公开、透明原则，公开个人信息处理规则，明示处理的目的、方式和范围。处理个人信息应当保证个人信息的质量，避免因个人信息不准确、不完整对个人权益造成不利影响。个人信息处理者应当对其个人信息处理活动负责，并采取必要措施保障所处理的个人信息的安全。

任何组织、个人不得非法收集、使用、加工、传输他人个人信息，不得非法买卖、提供或者公开他人个人信息；不得从事危害国家安全、公共利益的个人信息处理活动。个人信息处理活动涉及面广、情况复杂、主体多样、隐蔽性强，一旦发生侵害个人信息权益的行为，往往会对社会造成较严重后果。《个人信息保护法》对违法处理个人信息的行为设置了不同梯次的行政处罚。违反《个人信息保护法》规定处理个人信息，或者处理个人信息未履行《个人信息保护法》规定的个人信息保护义务的，由履行个人信息保护职责的部门责令改正，给予警告，没收违法所得，对违法处理个人信息的应用程序，责令暂停或者终止提供服务；拒不改正的，并处一百万元以下罚款；对直接负责的主管人员和其他直接责任人员处一万元以上十万元以下罚款。有以上规定的违法行为，情节严重的，由省级以上履行个人信息保护职责的部门责令改正，没收违法所得，并处五千万元以下或者上一年度营业额百分之五以下罚款，并可以责令暂停相关业务或者停业整顿、通报有关主管部门吊销相关业务许可或者吊销营业执照；对直接负责的主管人员和其他直接责任人员处十万元以上一百万元以下罚款，并可以决定禁止其在一定期限内担任相关企业的董事、监事、高级管理人员和个人信息保护负责人。

处理个人信息侵害个人信息权益造成损害，个人信息处理者不能证明自己没有过错的，应当承担损害赔偿等侵权责任。个人信息处理者违法处理个人信息，侵害众多个人的权益的，人民检察院、法律规定的消费者组织和由国家网信部门确定的组织可以依法向人民法院提起诉讼。有违反《个人信息保护法》规定，构成违反治安管理行为的，依法给予治安管理处罚；构成犯罪的，依法追究刑事责任。有违反《个人信息保护法》行为的，依照有关法律、行政法规的规定记入信用档案，并予以公示。

**【例题 3-4】**根据《个人信息保护法》，处理个人信息应当遵循的原则有( )。

A. 公开          B. 合法

C. 正当          D. 必要

E. 诚信

## 二、个人信息处理规则

### (一)个人信息处理的一般规定

符合下列情形之一的，个人信息处理者方可处理个人信息：①取得个人的同意；②为订立、履行个人作为一方当事人的合同所必需，或者按照依法制定的劳动规章制度和依法签订的集体合同实施人力资源管理所必需；③为履行法定职责或者法定义务所必需；④为应对突发公共卫生事件，或者紧急情况下为保护自然人的生命健康和财产安全所必需；⑤为公共利益实施新闻报道、舆论监督等行为，在合理的范围内处理个人信息；⑥依照《个人信息保护法》规定在合理的范围内处理个人自行公开或者其他已经合法公开的个人信息；⑦法律、行政法规规定的其他情形。有以上第二项至第七项规定情形的，不需取得个人同意。

基于个人同意处理个人信息的，该同意应当由个人在充分知情的前提下自愿、明确作出。法律、行政法规规定处理个人信息应当取得个人单独同意或者书面同意的，从其规定。个人信息的处理目的、处理方式和处理的个人信息种类发生变更的，应当重新取得个人同意。基于个人同意处理个人信息的，个人有权撤回其同意。个人信息处理者应当提供便捷的撤回同意的方式。个人撤回同意，不影响撤回前基于个人同意已进行的个人信息处理活动的效力。个人信息处理者不得以个人不同意处理其个人信息或者撤回同意为由，拒绝提供产品或者服务；处理个人信息属于提供产品或者服务所必需的除外。

个人信息处理者在处理个人信息前，应当以显著方式、清晰易懂的语言真实、准确、完整地向个人告知下列事项：①个人信息处理者的名称或者姓名和联系方式；②个人信息的处理目的、处理方式，处理的个人信息种类、保存期限；③个人行使《个人信息保护法》规定权利的方式和程序；④法律、行政法规规定应当告知的其他事项。以上规定事项发生变更的，应当将变更部分告知个人。个人信息处理者通过制定个人信息处理规则的方式告知以上规定事项的，处理规则应当公开，并且便于查阅和保存。除法律、行政法规另有规定外，个人信息的保存期限应当为实现处理目的所必要的最短时间。实践中，不少房地产经纪人员在服务结束后没有删除客户信息的习惯，甚至存在经纪人离职时带走客户信息，作为跳槽时与雇主谈判的"筹码"，或者自己独立开店时的"商机"，甚至卖给提供融资服务的企业谋利。

两个以上的个人信息处理者共同决定个人信息的处理目的和处理方式的，应当约定各自的权利和义务。但是，该约定不影响个人向其中任何一个个人信息处理者要求行使《个人信息保护法》规定的权利。个人信息处理者共同处理个人信息，侵害个人信息权益造成损害的，应当依法承担连带责任。个人信息处理者委托处理个人信息的，应当与受托人约定委托处理的目的、期限、处理方式、个人信息的种类、保护措施以及双方的权利和义务等，并对受托人的个人信息处理活动进行监督。受托人应当按照约定处理个人信息，不得超出约定的处理目的、处理方式等处理个人信息；委托合同不生效、无效、被撤销或者终止的，受托人应当将个人信息返还个人信息处理者或者予以删除，不得保留。未经个人信息处理者同意，受托人不得转委托他人处理个人信息。个人信息处理者因合并、分立、解散、被宣告破产等原因需要转移个人信息的，应当向个人告知接收方的名称或者姓名和联系方式。接收方应当继续履行个人信息处理者的义务。接收方变更原先的处理目的、处理方式的，应当依法重新取得个人同意。个人信息处理者向其他个人信息处理者提供其处理的个人信息的，应当向个人告知接收方的名称或者姓名、联系方式、处理目的、处理方式和个人信息的种类，并取得个人的单独同意。接收方应当在上述处理目的、处理方式和个人信息的种类等范围内处理个人信息。接收方变更原先的处理目的、处理方式的，应当依照《个人信息保护法》规定重新取得个人同意。

个人信息处理者利用个人信息进行自动化决策，应当保证决策的透明度和结果公平、公正，不得对个人在交易价格等交易条件上实行不合理的差别待遇。通过自动化决策方式向个人进行信息推送、商业营销，应当同时提供不针对其个人特征的选项，或者向个人提供便捷的拒绝方式。通过自动化决策方式作出对个人权益有重大影响的决定，个人有权要求个人信息处理者予以说明，并有权拒绝个人信息处理者仅通过自动化决策的方式作出决定。个人信息处理者不得公开其处理的个人信息，取得个人单独同意的除外。

在公共场所安装图像采集、个人身份识别设备，应当为维护公共安全所必需，遵守国家有关规定，并设置显著的提示标识。所收集的个人图像、身份识别信息只能用于维护公共安全的目的，不得用于其他目的；取得个人单独同意的除外。个人信息处理者可以在合理的范围内处理个人自行公开或者其他已经合法公开的个人信息；个人明确拒绝的除外。个人信息处理者处理已公开的个人信息，对个人权益有重大影响的，应当依照《个人信息保护法》规定取得个人同意。

（二）敏感个人信息的处理规则

敏感个人信息是一旦泄露或者非法使用，容易导致自然人的人格尊严受到侵害或者人身、财产安全受到危害的个人信息，包括生物识别、宗教信仰、特定身份、医疗健康、金融账户、行踪轨迹等信息，以及不满十四周岁未成年人的个人信息。只有在具有特定的目的和充分的必要性，并采取严格保护措施的情形下，个人信息处理者方可处理敏感个人信息。处理敏感个人信息应当取得个人的单独同意；法律、行政法规规定处理敏感个人信息应当取得书面同意的，从其规定。个人信息处理者处理敏感个人信息的，除《个人信息保护法》第十七条第一款规定的事项外，还应当向个人告知处理敏感个人信息的必要性以及对个人权益的影响；依照《个人信息保护法》规定可以不向个人告知的除外。个人信息处理者处理不满十四周岁未成年人个人信息的，应当取得未成年人的父母或者其他监护人的同意。个人信息处理者处理不满十四周岁未成年人个人信息的，应当制定专门的个人信息处理规则。

### 三、个人信息保护中的相关权利义务

（一）个人在个人信息处理活动中的权利

除法律、行政法规另有规定外，个人对其个人信息的处理享有知情权、决定权，有权限制或者拒绝他人对其个人信息进行处理；个人有权向个人信息处理者查阅、复制其个人信息。个人请求查阅、复制其个人信息的，个人信息处理者应当及时提供。个人请求将个人信息转移至其指定的个人信息处理者，符合国家网信部门规定条件的，个人信息处理者应当提供转移的途径。个人发现其个人信息不准确或者不完整的，有权请求个人信息处理者更正、补充。个人请求更正、补充其个人信息的，个人信息处理者应当对其个人信息予以核实，并及时更正、补充。

有下列情形之一的，个人信息处理者应当主动删除个人信息；个人信息处理者未删除的，个人有权请求删除：①处理目的已实现、无法实现或者为实现处理目的不再必要；②个人信息处理者停止提供产品或者服务，或者保存期限已届满；③个人撤回同意；④个人信息处理者违反法律、行政法规或者违反约定处理个人信息；⑤法律、行政法规规定的其他情形。法律、行政法规规定的保存期限

未届满，或者删除个人信息从技术上难以实现的，个人信息处理者应当停止除存储和采取必要的安全保护措施之外的处理。

个人有权要求个人信息处理者对其个人信息处理规则进行解释说明。自然人死亡的，其近亲属为了自身的合法、正当利益，可以对死者的相关个人信息行使法律规定的查阅、复制、更正、删除等权利；死者生前另有安排的除外。个人信息处理者应当建立便捷的个人行使权利的申请受理和处理机制。拒绝个人行使权利的请求的，应当说明理由。个人信息处理者拒绝个人行使权利的请求的，个人可以依法向人民法院提起诉讼。

（二）个人信息处理者的义务

个人信息处理者应当根据个人信息的处理目的、处理方式、个人信息的种类以及对个人权益的影响、可能存在的安全风险等，采取下列措施确保个人信息处理活动符合法律、行政法规的规定，并防止未经授权的访问以及个人信息泄露、篡改、丢失：①制定内部管理制度和操作规程；②对个人信息实行分类管理；③采取相应的加密、去标识化等安全技术措施；④合理确定个人信息处理的操作权限，并定期对从业人员进行安全教育和培训；⑤制定并组织实施个人信息安全事件应急预案；⑥法律、行政法规规定的其他措施。实践中，部分房地产信息服务平台自身信息的传输、储存等安全保障措施和机制不完善，导致客户信息泄露，或被经纪人、第三方机构等使用软件技术进行非法盗取。根据公开报道，曾有经纪人使用木马病毒批量爬取其他中介机构的客户信息，每分钟可盗取1 000～2 000个。这些信息往往会被贩卖给经纪人、中小房地产经纪机构、房地产开发商、家居家装公司、贷款金融机构等；此类人员或机构出于拓展业务的需要，利用被贩卖的客户信息，对客户进行电话骚扰。

处理个人信息达到国家网信部门规定数量的个人信息处理者应当指定个人信息保护负责人，负责对个人信息处理活动以及采取的保护措施等进行监督。个人信息处理者应当公开个人信息保护负责人的联系方式，并将个人信息保护负责人的姓名、联系方式等报送履行个人信息保护职责的部门。

个人信息处理者应当定期对其处理个人信息遵守法律、行政法规的情况进行合规审计。有下列情形之一的，个人信息处理者应当事前进行个人信息保护影响评估，并对处理情况进行记录：①处理敏感个人信息；②利用个人信息进行自动化决策；③委托处理个人信息、向其他个人信息处理者提供个人信息、公开个人信息；④向境外提供个人信息；⑤其他对个人权益有重大影响的个人信息处理活动。

个人信息保护影响评估应当包括下列内容：①个人信息的处理目的、处理方式等是否合法、正当、必要；②对个人权益的影响及安全风险；③所采取的保护措施是否合法、有效并与风险程度相适应。个人信息保护影响评估报告和处理情况记录应当至少保存三年。发生或者可能发生个人信息泄露、篡改、丢失的，个人信息处理者应当立即采取补救措施，并通知履行个人信息保护职责的部门和个人。

提供重要互联网平台服务、用户数量巨大、业务类型复杂的个人信息处理者，应当履行下列义务：①按照国家规定建立健全个人信息保护合规制度体系，成立主要由外部成员组成的独立机构对个人信息保护情况进行监督；②遵循公开、公平、公正的原则，制定平台规则，明确平台内产品或者服务提供者处理个人信息的规范和保护个人信息的义务；③对严重违反法律、行政法规处理个人信息的平台内的产品或者服务提供者，停止提供服务；④定期发布个人信息保护社会责任报告，接受社会监督。

## 复 习 思 考 题

1. 民法的基本原则有哪些？
2. 什么是民事法律关系？
3. 民事法律行为成立的条件是什么？
4. 什么是民事责任？承担民事责任的方式有哪些？
5. 什么是诉讼时效？诉讼时效期间是如何规定的？
6. 合同的种类有哪些？
7. 合同一般包括哪些内容？
8. 哪些情形之下的合同是无效的？
9. 不动产物权有哪些种类？
10. 不动产物权生效的情形有哪些？
11. 如何理解婚姻家庭中的物权法律关系？
12. 继承房屋的物权是如何取得的？
13. 个人在个人信息处理活动中有哪些权利？

# 第四章 房屋租赁

房屋租赁是一种重要的房地产交易方式，随着居民住房消费观念的转变，租购并举住房制度的建立，住房租赁市场逐步发展和繁荣，一个全新的住房租赁时代正在加速到来。房地产经纪服务在房屋租赁，尤其是住房租赁中起到不可或缺的作用。房屋租赁过程中，房地产经纪机构可提供中介或代理服务，如进行广告宣传、实地查看、权属调查，协助议价、撮合交易、订立房屋租赁合同、发布租赁信息、市场行情，提供相关政策咨询，还可代办房屋租赁合同网签备案手续、协助缴纳税费、协助交验房屋等。要做好房屋租赁经纪服务，房地产经纪专业人员应当了解房屋租赁市场形成机制、运行规律和发展趋势，熟悉管理规定。本章介绍房屋租赁市场的类型、特点，商品房屋租赁管理规定，公共租赁住房和保障性租赁住房管理规定以及房屋租赁环节的税费等。

## 第一节 房屋租赁市场概述

### 一、房屋租赁市场的类型

（一）按房屋用途划分

1. 住宅租赁市场

房屋可划分为住宅和非住宅两类。住宅用途十分明确是个人及家庭生活性消费资料，不管户型设计如何千变万化，成套住宅都是由卧室、起居室、厨房、卫生间等基本功能空间构成。城市住宅租赁市场拥有较大发展空间，但与住房买卖市场相比，当前住房租赁市场仍处于发展阶段。随着租购并举住房制度的建立，城镇居民住房消费观念的改变，住房租赁市场逐步发展和繁荣，租赁住房将成为解决城镇居民居住问题的一个重要渠道。

2. 非住宅房屋租赁市场

非住宅房屋是指房屋中除住宅之外的房屋。非住宅房屋租赁市场主要是生产经营性房屋租赁所形成的市场。根据房屋用途不同，可分为用于商业、办公、工业等非住宅用房租赁。

（二）按租赁目的划分

1. 自用租赁市场

自用租赁是指承租人在租赁期间自己使用所承租房屋的行为。

2. 转租租赁市场

转租是指承租人在租赁期间将其承租房屋的部分或者全部再出租给第三人的行为。承租人将租赁房转租给第三人，应经原出租人同意，且原租赁合同继续有效。这时原租赁关系中的承租人就成了新租赁关系中的转租人，也俗称"二房东"。近年来，出现爆发式增长的"长租公寓"，其主要经营模式之一就是通过转租房屋获得经营收益。"长租公寓"和"二房东"的获利方式有差异。"二房东"一般从房屋产权人中承租房屋后，不做改造直接加价转租。而"长租公寓"是与房屋产权人签订房屋租赁合同后，对所承租房屋进行专业装修并配置家具家电，有的还提供出租房屋的内部保洁等服务。因此，"长租公寓"获取的租金差价收益主要是通过提升住房品质、提供服务而获取的。

（三）按租赁期长短划分

1. 短租租赁市场

短租租赁是承租人短期承租房屋的行为。目前，对租期期限多长时间是"短租"没有严格规范的界定。但以商旅居住为目的租赁一般视为"短租"。近年来兴起"日租公寓"及"自助公寓""家庭旅馆""民宿"等，这种提供从一日起到几个月、不以长期居住需要为目的，通常都被视为"短租"。"短租"时间灵活、租住方便、市场需求旺盛，国内很多城市也出现了形形色色的短租。尤其在一些旅游城市，短租的经营者能够为商务出差、旅游休闲人群提供不亚于酒店的专业服务。因此，"短租"提供是类似酒店的住宿服务。

2. 长租租赁市场

长租租赁是承租人长期承租房屋的行为。目前，对租赁期限多长时间是"长租"没有严格规范的界定。从租赁期限上看，通常将租赁期限六个月以上视为长租。从租赁的目的看，一般将稳定生活居住目的的租赁视为长租。传统的房屋租赁市场通常是指长租租赁市场。

此外，按照房屋租赁方式和租金给付方式的不同，还可将个人房屋出租业务划分为直接出租、委托代为出租等类型。直接出租的租赁双方签订房屋租赁合同，且大多数情况下是先交租金后用房。委托代为出租的租赁双方也都签订房屋租赁合同，房屋租金可委托机构代收。

（四）根据租赁房屋提供者划分

1. 个人房屋租赁

个人房屋租赁是指出租人是个人的出租房屋行为。需要注意的是，个人委托房地产经纪机构寻找承租人，由个人与承租人签订房屋租赁合同的，仍属于个人房屋出租。

2. 机构房屋租赁

机构房屋租赁是指出租人是企业等非自然人的出租房屋行为，包括房地产开发企业新建房屋租赁、房屋租赁经营企业自持房屋租赁、房屋租赁经营企业长期租赁后转租、其他企业或单位持有房屋租赁等。住房租赁企业对所出租的房屋拥有所有权的，通常称其为重资产住房租赁企业。住房租赁企业对所出租的房屋不拥有所有权，是通过转租等合法方式获取他人房屋出租的，通常称其为轻资产住房租赁企业。

## 二、房屋租赁市场的特点

### （一）租赁价格相对稳定

房地产市场中，房屋买卖价格起伏有时相对较大，而房屋租金相对比较稳定。房屋租赁与买卖两个市场相互关联，房屋租赁市场对于房屋买卖市场而言，起到了一个"蓄水池"的作用，闲置的房屋能够通过房屋租赁市场获得利用。当房屋买卖市场需求增加时，租赁市场中的房屋可以比新建房屋更快速地进入市场。

### （二）季节性变化明显

承租房屋用于自住，通常具有短期性的特点。如在住房租赁市场中，承租方多数为进城务工人员或新毕业大学生等新市民群体，这部分人往往流动性大，主要通过租赁住房解决在当地的居住问题。住房租赁市场常随城市春节后务工人员返城、大学生毕业、学校开学等因素呈现季节性变化。

### （三）交易更为频繁

随着社会的发展，人口流动更加频繁、迁移更加便捷，由于工作地点变化、子女入学、照顾父母等原因，相当一部分人通过租赁房屋解决居住问题。此外，一部分人随着收入的增加，通过调换租赁住房，来不断改善自己的居住状况。因此，住房租赁交易较以往更为频繁。

### （四）属地区性市场

房屋租赁市场规模、价格水平、供求状况、价格走势等因房屋所处不同地区而存在较大差异，是地区性市场。例如人口流动量大的城市，特别是人口净流入城市，房屋租赁市场就相对活跃。

### 三、房屋租金

（一）房屋租金的内涵

房屋租金即房屋租赁价格，是指承租人因使用房屋，按照房屋租赁合同约定向出租人支付的价款，是租赁合同中最主要的内容之一。房屋租金的基本构成因素包括以下几个方面：房屋折旧费、维修费、管理费、利息、土地使用费、房产税、利润、税金、保险费等。当事人可以根据房屋的成新度、楼层、朝向、装修情况、设备情况、施工质量、建造工艺、房屋坐落地址、周边环境等直接影响房屋价值和使用价值的因素来确定租金。需要注意的是，有些当事人约定，房屋租金还包含出租房屋的家具和家用电器使用费、供暖费、物业服务费、水费、电费、燃气费、电话费等。房屋租金具体包括哪些内容，房屋租赁当事人应当在合同中明确约定。房地产经纪专业人员在代理房屋租赁业务时，应当注意提示房屋租赁当事人，约定房屋租金具体包括的内容，以避免因房屋租金包含具体内容不明产生纠纷。

现实房屋租赁过程中，房屋的出租人通常会要求承租人缴纳一定的房屋租赁押金，用于保证承租人的行为不会对出租人利益造成损害，如果造成损害的可以以此费用据实支付或另行赔偿。房屋租赁押金根据房屋装修程度和设施设备的情况，按房屋租金的一定比例或约定的标准计算，普通房屋一般以一个月的租金作为房屋租赁押金。需要注意的是，房屋租赁押金不能代替房屋租金，在租赁关系解除后，未发生房屋租赁合同中约定不退押金的情形的，出租人应当退回押金。

（二）影响房屋租金的主要因素

1. 房地产市场因素

（1）房屋租赁市场供求关系。房源充足，客源稀少，租金相对低；房源少，客源多，租金相对高。房屋租赁市场供给和需求之间相互联系、相互制约，共同形成房屋租赁的市场价格。求租多于出租，这时候市场就成了出租方市场，出租方处于有利的地位，房屋租金上升；相反则承租方处于主动地位，房屋租金下降。如果房屋租赁市场供求平衡，房屋租金就相对稳定。

（2）房价因素。一个完整的城市房地产市场是由两个相关的子市场共同组成，一个是房屋租赁市场，另一个是房屋买卖市场。房租与房价是衡量城市房地产市场运行质量的两个重要指标，房价对房租的影响一般表现为正相关，房价高则租金高，房价低则租金低。

2. 房屋基本状况

（1）区位状况

出租房屋的区位状况包括房屋的位置、交通、外部配套设施、周围环境等，单套住宅的区位状况还应包括所处楼幢、楼层和朝向。人们的各种生产、生活活动都需要房地产，并对其区位有所要求。房地产区位的优劣，直接关系到房屋承租人的经济收益、生活便捷度。因此，房地产的区位不同，例如坐落在城市还是乡村，是位于城市中心区还是边缘地带，是临街还是不临街，房屋租金会有很大的差异。一般情况下，凡是位于或接近经济活动的中心、交通要道、行人较多、交通流量较大、环境较好、基础设施和公共服务设施较完备的房地产，租金一般较高；反之，处于闭塞街巷、郊区僻野的房地产，租金一般较低。较具体地说，居住房地产的区位优劣，主要是看其交通、周围环境和景观、公共服务设施完备程度。其中，别墅通常要求接近大自然，周围环境和景观良好（如有青山、碧水、蓝天），居于其内又可保证一定的生活私密性。商业房地产的区位优劣，主要是看其繁华程度、临街状况、交通等。办公房地产的区位优劣，主要是看其商务氛围、交通等。工业房地产的区位优劣，通常需要视产业的性质而定，一般地说，凡是有利于原料和产品的运输，便于动力取得和废料处理的区位，价格必有趋高的倾向。

出租房屋的楼层：当出租房屋为某幢建筑物中的某层、某套时，所在楼层是重要的位置因素，因楼层影响到采光、视野（或景观）、空气洁净、噪声、室内温度、便捷度、自来水洁净度（是否有通过水箱、水池等供水引起的二次污染）、安全性，以及顶层是否可独享屋面使用权，地上一层是否可独享室外一定面积空地的使用权等。住宅楼层的优劣通常是按照总楼层数和有无电梯来区分。一般地说，没有电梯的传统多层住宅的中间楼层最优，顶层较劣。有电梯的中高层住宅，城市一年四季空气悬浮层之上的楼层最优，三层以下较劣。对于某一层商业用房而言，楼层是极其重要的位置因素。例如，商业用房的地下一层、地上一层、二层、三层等之间的租金水平差异很大。一般地说，地上一层的租金最高，其他层的租金较低。

出租房屋的朝向：对于住宅而言，朝向是很重要的位置因素。住宅的朝向主要影响到采光；中国处在北半球，南向是阳光最充足的方位，一般认为"南方为上，东方次之，西又次之，北不良"，因此，住宅最好是坐北朝南。住宅的朝向对房租的影响，可细化后予以分析，例如分为南北向、南向、东南向、西南向、东西向、东向、西向、东北向、西北向、北向等。

（2）实物状况

出租房屋的实物状况包括土地实物状况和建筑物实物状况。土地实物状况包括土地的面积、形状、地形、地势、地质、土壤、开发程度等；建筑物实物状况包括建筑规模、建筑结构、设施设备、装饰装修、空间布局、建筑功能、外观、新旧程度等。

出租房屋的成新度以及面积、体积、开间等规模因素，对房屋租金都会有所影响。同等条件下，房屋越新，租金越高。而规模过小或过大，都会降低其价值。但要注意不同用途、不同地区，对建筑规模的要求是不同的。建筑式样、风格、色调、可视性等，也会影响租金。建筑物外观新颖、优美，给人以舒适的感觉；反之，单调、呆板，很难引起人们强烈的享受欲望，甚至会令人压抑、厌恶。随着经济发展和生活水平提高，房屋内设施设备是否完善对租金影响也越来越大。例如是否有电梯、中央空调、集中供热以及智能科技系统，家具家电配套是否齐全等，对其租金有很大影响。房屋按照装饰装修的程度，可分为精装修、普通装修和毛坯房三大类。一般地说，同类房地产，精装修的租金要高于普通装修，普通装修的租金要高于毛坯房的租金。当然，装饰装修是否适合人们的需要，其品位、质量等如何，是非常重要的因素，有些装饰装修不仅不能提高房地产的价值，甚至还会降低房地产的价值。

（3）权益状况

出租房屋的权益状况包括规划设计条件、土地使用期限、共有情况、用益物权设立情况、担保物权设立情况、租赁或占用情况、拖欠税费情况、查封等形式限制权利情况、权属清晰情况等。出租房屋的所有权是单独所有还是共有，共有是共同共有还是按份共有，是否设有抵押权、地役权等，产权有无纠纷等，都会影响租金。例如，共有的房地产，如果共有人较多，对于出租房屋的维护、修缮、处分等达成共识较难，会影响承租人使用房屋，进而影响租金。

3. 房屋出租的具体情况

房屋租金可能因租金包含具体内容不同而不同。此外，房屋租金的支付方式也会影响租金。通常一次性支付租金要低些，且支付周期越长租金可能越低；而分期支付租金相对要高些，且支付的周期越短租金可能越高。租期的长短对租金的影响，则表现为租期长租金低，租期短租金高。租金因节假日、气候、学期等因素出现季节性波动，旺季出租租金高，淡季出租租金低。同时，房屋租金还与租赁双方个人的收入、职业、性格等个体因素密切相关。分租还是整租、是否可以圈养宠物等因素也会对房屋租金产生影响。

【例题 4-1】下列影响房屋租金的因素中，属于权益状况的是（    ）。

A. 房屋位置好坏                    B. 房屋得房率高低

C. 房屋是否为精装修                D. 房屋是否抵押

### （三）房屋租金的确定

房屋租金是受多方面影响因素共同作用的结果，不同因素对租金变动时间、方向、程度影响不同；同一因素会因不同类型的房屋引起租金不同方向的变动；同一因素在不同地区对租金影响不同；各种因素对租金影响方向和程度不是一成不变的。除地段和环境、供求关系、经济因素外，具体而言，住宅本身影响租金的具体因素主要有房屋结构、户型与面积、设备与装修、楼层和朝向等。房地产经纪专业人员综合房屋租金的影响因素及市场行情，给出租人、承租人提供合理性意见或者建议，促成房屋租金标准达成一致。如业主和客户因房屋租金产生分歧，房地产经纪专业人员应充分了解产生分歧的原因，并采取将双方分开进行调解的方法，注意避免发生正面冲突。

### 四、租赁住房建设要求

#### （一）一般要求

租赁住房也属于住房，用于居住目的。租赁住房建设也应满足居住需要，符合住房建设要求。但是租赁住房建设与商品住房也有不同，例如，保障租赁住房建设用地可以采取划拨、租赁或者出让方式供应，在户型上有建筑面积限制要求。

#### （二）集中式租赁住房建设要求

1. 集中式租赁住房的概念。集中式租赁住房是指具备一定规模、实行整体运营并集中管理、用于出租的居住性用房。按照使用对象和使用功能，可分为宿舍型和住宅型两类。

与集中式租赁住房相对应的是分散式租赁住房。分散式租赁住房分布零散，主要是由自然人持有自己出租或者委托、转给住房租赁企业出租。与集中式相比，分散式住房租赁管理难度较大、维护成本也相对较高。

2. 集中式租赁住房建设总体要求。根据《住房和城乡建设部关于集中式租赁住房建设适用标准的通知》（建办标〔2021〕19号）规定，集中式租赁住房可根据市场需求和建筑周边商业服务网点配置等实际情况，增加相应服务功能。严格把握非居住类建筑改建为集中式租赁住房的条件。非居住类建筑改建前应对房屋安全性能进行鉴定，保证满足安全使用的要求；土地性质为三类工业用地和三类物流仓储用地的非居住建筑，不得改建为集中式租赁住房。集中式租赁住房的运营主体应确保租赁住房符合运营维护管理相关要求，建立完善各项突发事件应急预警及处置制度；落实消防安全责任制，配备符合规定的消防设施、器材，保持疏散通道、安全出口、消防车通道畅通，定期开展消防安全检查。

3. 住宅型集中式租赁住房建设要求。新建或改建住宅型租赁住房应执行《住宅建筑规范》GB 50368—2005 及相关标准。住宅型租赁住房按《城市居住区规划设计标准》GB 50180—2018 和《完整居住社区建设标准（试行）》（建科规〔2020〕7 号）建设配套设施。当项目规模未达到标准规定应配建配套设施的最小规模时，宜与相邻居住区共享教育、社区卫生服务站等公共服务设施。

4. 宿舍型集中式租赁住房建设要求。新建宿舍型租赁住房应执行《宿舍建筑设计规范》JGJ 36—2016 及相关标准；改建宿舍型租赁住房应执行《宿舍建筑设计规范》或《旅馆建筑设计规范》JGJ 62—2014 及相关标准。新建宿舍型租赁住房应设置机动车停车位，并预留电动汽车、电动自行车充电设施空间。宿舍型租赁住房建筑内公共区域可增加公用厨房、文体活动、商务、网络宽带、日用品零售、快递收取等服务空间。房间内应加大储物空间，增加用餐、会客、晾衣空间，应设置信息网络接入点；可设置卫生间、洗浴间和起居室。按《旅馆建筑设计规范》及相关标准进行改建的宿舍型租赁住房，采光、通风应满足《宿舍建筑设计规范》的相关要求。

**【例题 4-2】** 下列建设标准中，不属于住宅型集中式租赁住房建设应遵守的是（    ）。

A. 《住宅建筑规范》　　　　　　　　B. 《城市居住区规划设计标准》

C. 《完整居住社区建设标准（试行）》　D. 《宿舍建筑设计规范》

### 五、房屋租赁市场的主要参与者

#### （一）出租人

出租人是指将自有房屋或者通过合法方式取得的他人房屋，按照约定提供给承租人使用并向承租人收取租金的单位或者个人。

出租人不仅是指出租房屋的房屋所有权人，通过合法方式取得他人房屋出租的，也是出租人。如承租房屋后再转租的，在转租的法律关系中，原承租人就成为转租的出租人。

现阶段，我国大多数住房租赁企业主要是通过承租房屋后，再转租房屋。由于不拥有所出租房屋的所有权，相对于拥有出租房屋所有权的出租人而言，资产负担相对较轻，所以这类住房租赁企业也被称为轻资产住房租赁企业。

在住房租赁市场发展初期，房地产开发、房地产中介、酒店和互联网等方面的企业也纷纷加入到住房租赁市场中来，不同背景的住房租赁企业具有不同的运营特点。有房地产开发背景的住房租赁企业凭借母公司影响力，在融资、房源获取、装修改造方面具有较大优势。有中介背景的住房租赁企业借助母公司长期积累的线下门店与经纪人资源，在房源客源获取方面具备较大优势。有酒店背景的住房租赁企业可以借助集团资源获得存量物业改造出租的机会，并有丰富的物业管理经验。有互联网背景的住房租赁企业优势是可以把流量优势转化为租赁需求，但与开发企业和中介机构相比，对房源的核验及管理能力有所欠缺。经过发展，住房租赁企业专业化程度不断提高，具备较大的管理规模，形成了一定的品牌效应。

为促进住房租赁市场健康发展，2021 年 4 月 15 日，经国务院同意，住房和城乡建设部、国家发展改革委、公安部、国家市场监管总局、国家网信办、中国银保监会等 6 部门联合印发《关于加强轻资产住房租赁企业监管的意见》（建房规〔2021〕2 号）。该意见从加强从业管理、规范住房租赁经营行为、开展住房租赁资金监管、禁止套取使用住房租赁消费贷款、合理调控住房租金和水平、妥善化解住房租赁矛盾纠纷、落实城市政府主体责任等方面进行了规定。一是从事住房租赁经营的企业，以及转租住房 10 套（间）以上的自然人，应当依法办理市场主体登记，取得营业执照，其名称和经营范围均应当包含"住房租赁"相关字样；二是住房租赁企业单次收取租金的周期原则上不超过 3 个月；三是住房租赁企业应当在商业银行设立 1 个住房租赁资金监管账户，向所在城市住房和城乡建设部门备案，并通过住房租赁管理服务平台向社会公示；四是住房租赁企业不得变相开展金融业务，不得将住房租赁消费贷款相关内容嵌入住房租赁合同，不得利用承租人信用套取住房租赁消费贷款，不得以租金分期、租金优惠等名义诱导承租人使用住房租赁消费贷款。该意见还要求，发挥住房租赁相关行业协会作用，完善住房租赁行业执业规则，配合相关部门处理住房租赁矛盾纠纷，净化住房租赁市场环境。2021 年 7 月 13 日，住房和城乡建设部等八部门联合印发的《住房和城乡建设部等 8 部门关于持续整治规范房地产市场秩序的通知》（建房〔2021〕55 号）提出，在房地产租赁领域重点整治违法违规行为，包括：未提交开业报告即开展经营、未按规定如实完整报送相关租赁信息、网络信息平台未履行信息发布主体资格核验责任、克扣租金押金；采取暴力、威胁等手段强制驱赶租户、违规开展住房租赁消费贷款业务、存在"高进低出""长收短付"等高风险经营行为、未按规定办理租金监管。

（二）承租人

承租人是指按照约定使用他人房屋并向出租人支付租金的单位或者个人。承租人在租赁期限内可以依法占有、使用所承租的房屋，也可通过所承租的房屋获得收益。经出租人同意，也可转租房屋。转租后，在转租法律关系中成为出租人。

（三）房地产经纪机构

房地产经纪机构在房屋租赁活动中发挥着桥梁纽带作用，为出租人、承租人提供租赁信息、解答租赁政策、匹配客源房源、协助签约备案、协助收房交房，以及接受业主委托代收房租、管理出租房屋等服务，在房屋租赁市场中发挥着重要作用。

（四）房屋租赁市场管理者

房屋租赁市场管理者主要是政府主管部门和行业自律组织。房屋租赁市场管理涉及房屋安全、市场秩序、社会治安等多个部门，需要依法共同监管管理。住房和城乡建设主管部门负责房屋租赁活动的监督管理工作。公安、市场监督管理、金融监管、网信等主管部门依照有关法律、法规的规定，在各自的职责范围内负责房屋租赁活动相关监督管理工作。在国家层面，根据住房和城乡建设部要求，经民政部依法核准，中国房地产估价师与房地产经纪人学会为房屋租赁全国性、行业性、非营利性社会组织，承担房屋租赁行业自律管理工作。在地方层级，有的地方成立了独立的房屋租赁或住房租赁行业组织，也有些地方由房地产经纪等行业组织行使房屋租赁或住房租赁行业自律职能。虽然房屋租赁或住房租赁行业组织设立形式不同，但都在发挥着行业组织的积极作用。

## 六、房屋租赁经纪业务

房屋租赁业务是房地产经纪人员的主要业务之一。承租方租赁房屋，往往是为了居住或经营需要。对房地产经纪人员而言，客户群具有很大的流动性。如果该客户是长期客户，有可能因经常更换居住地而需要房地产经纪人员为其代理住房承租。有些出租方是为了以出租房屋获得经常性收益，为他们代理房屋出租，要为他们寻找长期稳定的租赁客户。在寻找房源和实际看房过程中，房地产经纪人员不仅要注意房屋自身状况，也要注意考察房屋周边环境。就住宅而言，要查看影响居住的生活条件，如周边购物、娱乐、交通是否便利；屋内设施是否齐全、状况是否良好及有无安全隐患。

（一）存量房租赁经纪业务

存量房租赁经纪业务流程主要包括客户接待洽谈、出租房屋实地查看、房源客源信息传播、合同洽谈与签订、佣金结算等。第一，在客户接待环节，房地产经纪人员的服务对象不仅包括承租方，也包括出租方，其职责是促成租赁双方交易意愿顺利达成。第二，在房屋租赁价格谈判及租赁合同签订环节，房地产经纪人员不是站在出租或承租单方的立场上，而是同时代表了出租方与承租方的利益，积极撮合租赁双方达成交易。房屋租赁及其经纪业务服务中，由房地产经纪机构分别与出租人、承租人签订《房屋出租经纪服务合同》和《房屋承租经纪服务合同》，由租赁双方签订房屋租赁合同。

（二）存量房出租、承租代理业务

存量房租赁代理业务流程主要包括客户接待、房屋租赁代理业务洽谈、房屋查验、信息收集与传播、陪同看房、房屋租赁价格谈判及租赁合同签订备案、佣金结算等步骤。存量房出租和承租代理业务的流程大体一致。在出租代理业务中，房地产经纪人员更应注意出租房产权、质量、安全和环境方面的查验。在存量房承租代理业务中，房地产经纪人员要注意对与承租者需求匹配的房屋信息的搜集，考察承租人的支付能力。

## 第二节　商品房屋租赁管理

### 一、商品房屋租赁概述

（一）商品房屋租赁的内涵

商品房屋租赁是指非保障性的房屋租赁，即除公共租赁住房、保障性租赁住房外的房屋租赁。通常所说的房屋租赁、在本书中没有特别说明的房屋租赁均指商品房屋租赁。

商品房屋租赁管理的主要依据是《民法典》《城市房地产管理法》《商品房屋租赁管理办法》等法律、法规及部门规章。各地在商品房屋租赁管理实践中也形成了具有地方特色的地方性法规或地方政府规章。

（二）房屋出租的条件

原则上，除法律法规明确不得出租的房屋外，自然人、法人或非法人组织对享有所有权的房屋和国家授权管理、经营的房屋均可以依法出租。《商品房屋租赁管理办法》规定，下列房屋不得出租：

（1）属于违法建筑的房屋。违法建筑是指未经规划自然资源主管部门批准，未领取建设工程规划许可证或临时建设工程规划许可证，或未按照规划许可证许可内容进行建设，擅自建设的建筑物和构筑物。违法建筑一般包括：①占用已规划为公共场所、公共设施用地或公共绿化用地的建筑；②不按批准的设计图纸施工的建筑；③擅自改建、扩建的建筑；④农村经济组织的非农建设用地或村民自用宅基地非法转让兴建的建筑；⑤农村经济组织的非农业用地或村民自用宅基地违反城乡规划的或超过规定标准的建筑；⑥擅自改变工业厂房、住宅和其他建筑物使用功能的建筑；⑦逾期未拆除的临时建筑；⑧违反法律、法规有关规定的其他建筑。城市中最为常见的违法建筑就是平房或者楼房的一层或楼房屋顶私搭乱建的各种建筑。

（2）不符合安全、防灾等工程建设强制性标准的房屋。国家对房屋的安全、防灾都有强制性规定，要求出租房屋的建筑结构和设备设施应当符合建筑、消防、治安、卫生等方面的安全条件，不得危及人身安全。

（3）违反规定改变房屋使用性质的。房屋使用性质就是规划用途，除经特别允许，一般住宅不能作为商业用房出租，非住宅也不得擅自改为住宅出租。

（4）法律、法规规定禁止出租的其他情形的。除了上述情形的房屋不得出租外，还有一些特殊性质或特殊情况的房屋也属于法律、法规规定禁止出租的。例如：建设经济适用住房、提供公共租赁住房是国家解决中、低收入人群的住房困难而采取的保障性措施。《经济适用住房管理办法》规定：个人购买的经济适用住房在取得完全产权以前不得用于出租经营。《公共租赁住房管理办法》规定：承租人转借、转租或者擅自调换所承租公共租赁住房的，应当退回公共租赁住房。《商品房屋租赁管理办法》规定：出租住房的，应当以原设计的房间为最小出租单位，人均租住建筑面积不得低于当地人民政府规定的最低标准。厨房、卫生间、阳台和地下储藏室不得出租供人员居住。

**二、房屋租赁合同及其网签备案**

房屋租赁合同由出租人与承租人签订，用来明确租赁双方权利义务关系。《民法典》合同编规定，租赁合同是出租人将租赁物交付承租人使用、收益，承租人支付租金的合同。房屋租赁合同确立出租人与承租人之间的租赁关系，明确出租人与承租人的权利和义务。由于有了租赁关系，租赁双方的行为就受到《民法典》《商品房屋租赁管理办法》等法律法规及部门规章的约束。签订房屋租赁合同，使得双方可以依照合同的规定处理纠纷和争议，避免产生更大的矛盾。房地产经纪机构和房地产经纪人员的主要工作就是促成房地产交易，促成租赁双方签订房屋租赁合同。

（一）房屋租赁合同的特征

房屋租赁合同属于财产租赁合同的一种重要形式，与一般财产租赁合同相比具有如下特征：

（1）房屋租赁合同以房屋为标的物，移转的是房屋的使用权。承租人仅能依合同约定对租赁房屋进行使用收益，而不得处分，因此在承租人破产时，租赁房屋不得列入破产财产。

（2）房屋租赁合同属于债权关系，不同于具有永久性的物权，房屋租赁期限不宜过长，法律规定不得超过二十年。

（3）合同的相对性会受到法律的一定限制。具体表现为：①"买卖不破租赁"原则对房屋受让人的限制。在租赁期限内，租赁房屋的所有权发生变动的，原租赁合同对承租人和房屋受让人继续有效。②承租人的优先购买权。出租人出卖租赁房屋的，承租人享有以同等条件优先购买的权利。

（二）房屋租赁合同的主要内容

房屋租赁合同的主要内容包括以下十个方面：

（1）房屋租赁当事人的姓名（名称）和身份证件类型和号码。当事人是指房屋租赁的出租人和承租人。房屋租赁合同中不仅要写明当事人的姓名或者名称，为保障交易安全，还要求写明当事人的身份证件的类型和号码。

（2）标的物。房屋租赁的标的物是特定物，故在租赁合同中一般应当写明租赁房屋的以下具体要素：①房屋的坐落。房屋的坐落应当具体到房屋的地址、门牌号码等，按间出租的，还要标明具体的房间号码。②房屋的面积。房屋的面积有多种表现方式，通常有建筑面积和套内建筑面积，因此在租赁合同中要约定面积的类型。③房屋的结构和附属设施。房屋的结构有钢结构、钢筋混凝土结构、砖木结构等。附属设施有电、网络、安防设备、照明设备、消防设备、监控设备等。④家具和家电等室内设施状况。

（3）租金和押金数额、支付方式。"押×付×"是租赁市场中对租金和押金支付方式的俗称，比如押一付三，即指押金数额为一个月的租金，租金按三个月为一个周期支付。具体一个周期为多长时间的租金，则由双方当事人协商决定。支付租金是承租人的主要义务，在合同中必须明确约定每期租金的支付时间、方式、金额以及逾期未支付的违约责任。此种违约责任常见的承担方式有：每逾期一日加收一定比例违约金，且如果超过一定的合理期限（比如 30 天），出租人可以单方面解除租赁合同。这样既有利于保护出租人的租金收益，又能给承租人合理的宽限期。押金通常认为是"租赁保证金"，主要用于保证承租人履约、抵冲承租人应当承担但未缴付的费用。押金应支付多少，通常考虑租期长短、装修程度、家具家电数量和价值等因素由租赁双方协商确定。对于出租人而言，押金数额越高，保障性能越强。但许多人会把押金误解成定金，严格来讲，两者属于完全不同的概念，只有在合同中有特别约定时，即将"押金"约定为"定金"，押金才具有定金的担保作用。

（4）租赁用途和房屋使用要求。房屋用途主要分为住宅、办公、商业、厂房、仓库等，这些用途是由规划自然资源主管部门依法确定的。承租人应当按照房屋的法定用途使用出租房屋。如果在合同中直接约定房屋的具体用途，出租方有义务保证承租方能按具体用途使用。因出租人的原因，造成承租人无法按照合同约定用途使用房屋的，出租人应当承担责任。承租人未按照约定用途使用或者违规使用房屋致使房屋受损的，出租人可以单方解除房屋租赁合同。

（5）房屋和室内设施的安全性能。房屋使用和室内设施运行的安全性，是承租人最为关心的问题之一。因此在租赁合同中应约定房屋和室内设施的安全性能及使用注意事项，必要时附加有关设施的使用说明等。

（6）租赁期限。《民法典》合同编规定：租赁期限不得超过二十年。超过二十年的，超过部分无效。租赁期限届满，当事人可以续订租赁合同；但是，约定的租赁期限自续订之日起不得超过二十年。租赁期限超过二十年的，并不是关于租赁期限约定全部时限无效，而是超过部分无效。出租人有权在签订租赁合同时明确租赁期限，并在租赁期满后，收回房屋。承租人有义务在房屋租赁期满后返还所承租的房屋。租赁期限届满，承租人应当返还租赁物。返还的租赁物应当符合按照约定或者根据租赁物的性质使用后的状态。

【例题 4-3】房屋所有权人张某与承租人王某签订了房屋租赁合同，合同约定房屋的租赁期为 25 年。该房屋租赁合同约定的租赁期的效力为（    ）。

A. 有效

B. 无效

C. 效力待定

D. 20 年内有效，超过 20 年的部分无效

（7）房屋维修责任。《民法典》合同编规定：出租人应当履行租赁物的维修义务，但当事人另有约定的除外。但现实中往往不是简单地适用该条规定就能解决维修争议的，因为维修责任往往隐藏在其他事项中，造成责任划分不清晰问题。因此在租赁合同中，租赁双方应约定维修责任，约定越详细，越有利于防范和解决可能产生的纠纷。

（8）物业服务、水、电、燃气等相关费用的缴纳。这些费用在物业服务企业等相关单位登记的交纳人是房屋所有权人。但是在租赁期限内，享受物业服务的是承租人，消耗水、电、燃气的也是承租人。因此，在租赁合同中应当明确规定这些费用由谁来承担。

（9）违约责任。违约是指当事人一方不履行合同义务或者履行合同义务不符合约定条件的行为。违约行为的主体是合同当事人，合同具有相对性。如果由于第三人的行为导致当事人一方违反合同，对于合同来说只能是违反合同的当事人实施了违约行为，第三人的行为不构成违约。违约行为是一种客观的违反合同的行为。违约行为的认定以当事人的行为是否在客观上与合同约定或者合同义务相

符合为标准，而不管行为人的主观状态如何。违约行为侵害的客体是合同对方的债权，因违约行为的发生，使债权人的债权无法实现，从而侵害了债权。

（10）争议解决办法。房屋租赁合同争议，又称房屋租赁合同纠纷，是指合同当事人之间对合同履行的情况和不履行或不完全履行合同的后果产生的各种纠纷。发生合同争议时当事人可以通过协商或者调解解决；当事人不愿协商、调解或者协商、调解不成的，可以根据仲裁协议向仲裁机构申请仲裁；当事人没有订立仲裁协议或者仲裁协议无效的，可以向人民法院起诉。房屋租赁双方当事人可以在房屋租赁合同中将选择仲裁作为合同的条款之一，也可以在争议发生后签订相应的仲裁协议。如果房屋租赁双方当事人没有达成仲裁协议，在房屋租赁合同中也没有约定产生纠纷可以选择仲裁方式解决，一方当事人申请仲裁的，仲裁机构不予受理。

（三）签订房屋租赁合同的注意事项

1. 房屋租赁合同的主体合格

订立房屋租赁合同属于民事法律行为，当事人应当具有相应的民事行为能力。无民事行为能力人订立的房屋租赁合同无效。限制民事行为能力人订立的房屋租赁合同，未经其法定代理人同意或者追认无效。

2. 房屋租赁合同应为书面合同

合同从形式上看有书面形式、口头形式和其他形式。根据《城市房地产管理法》第五十四条规定，房屋租赁，出租人和承租人应当签订书面租赁合同。如不签订书面形式的房屋租赁合同，除在合同形式上不符合法律的规定外，还可能导致房屋租赁当事人随时终止租赁关系，租赁关系不稳定，相关权益得不到有效保证。

3. 房屋租赁合同标的物依法能够出租

《商品房屋租赁管理办法》规定了房屋不得出租的情形，房地产经纪专业人员应当清楚，如租赁的标的物为法律法规禁止出租的房屋，会导致所签订租赁合同无效。

4. 不得违反规定出租

出租住房的，应当以原设计的房间为最小出租单位，人均租住建筑面积不得低于当地人民政府规定的最低标准。厨房、卫生间、阳台和地下储藏室不得出租供人员居住。

（四）房屋租赁网签备案

房屋租赁合同是出租人与承租人就房屋租赁问题协商一致、共同遵守的准则。《城市房地产管理法》第五十四条规定："房屋租赁，出租人和承租人应当签订书面租赁合同，约定租赁期限、租赁用途、租赁价格、修缮责任等条款，以及双方的其他权利和义务，并向房产管理部门登记备案。"《商品房屋租赁管理办法》规定："房屋租赁合同订立后三十日内，房屋租赁当事人应当到租赁房屋所在地直辖市、市、县人民政府房地产主管部门办理房屋租赁登记备案。"随着"放管服"改革，电子政务的推广，房屋租赁登记备案，逐步发展为房屋租赁网签备案。

1. 房屋租赁登记备案材料

房屋租赁当事人办理房屋租赁登记备案，应当提交下列材料：

（1）房屋租赁合同；

（2）房屋租赁当事人身份证明；

（3）合法拥有房屋所有权的证明；

（4）直辖市、市、县人民政府建设（房地产）主管部门规定的其他材料。

房屋租赁当事人提交的材料应当真实、合法、有效，不得隐瞒真实情况或者提供虚假材料。房屋租赁当事人可以书面委托他人代为办理房屋租赁登记备案。

2. 房屋租赁登记备案办理

对房屋租赁当事人提交的材料齐全并且符合法定形式、出租人与房屋所有权证书或者其他合法权属证明记载的主体一致、不属于《商品房屋租赁管理办法》规定不得出租的房屋的，直辖市、市、县人民政府建设（房地产）主管部门应当在 3 个工作日内办理房屋租赁登记备案，向租赁当事人开具房屋租赁登记备案证明。申请人提交的申请材料不齐全或者不符合法定形式的，直辖市、市、县人民政府建设（房地产）主管部门应当告知房屋租赁当事人需要补正的内容。

3. 房屋租赁登记备案证明

房屋租赁登记备案证明载明内容包括：出租人姓名（名称），承租人姓名（名称），有效身份证件类型和号码，出租房屋的坐落、租赁用途、租金数额、租赁期限等。房屋租赁登记备案证明遗失的，应当向原登记备案的部门补领。目前，在一些城市中房屋租赁登记备案已作为享受相关公共服务的证明材料之一。如办理积分落户、子女就近入学，办理居住证等，都需要提供经登记备案的住房租赁合同。

房屋租赁登记备案内容发生变化、续租或者租赁终止的，当事人应当在三十日内，到原租赁登记备案的部门办理房屋租赁登记备案的变更、延续或者注销手续。

4. 房屋租赁登记网签备案信息系统

按照《商品房屋租赁管理办法》要求，直辖市、市、县建设（房地产）主管部门应当建立房屋租赁登记备案信息系统，逐步实行房屋租赁合同网上登记备案，并纳入房地产市场信息系统。房屋租赁合同网上备案即网签备案，是指建设（房地产）主管部门利用互联网平台，将现实场景中的房屋租赁合同登记备案，以信息化手段在网上实现签约备案。房屋租赁登记网签备案记载的信息内容应当包括：

（1）出租人的姓名（名称）、住所；

（2）承租人的姓名（名称）、身份证件种类和号码；

（3）出租房屋的坐落、租赁用途、租金数额、租赁期限；

（4）其他需要记载的内容。

5. 房屋租赁登记备案的效力

《民法典》第七百零六条规定：当事人未依照法律、行政法规规定办理租赁合同登记备案手续的，不影响合同的效力。房屋租赁合同为诺成性合同，只要双方当事人就主要内容达成一致，合同即告成立。只要不属于法律规定的民事法律行为无效情形，合同即生效。尽管房屋租赁合同不以登记备案为生效条件，但根据《最高人民法院关于审理城镇房屋租赁合同纠纷案件具体应用法律若干问题的解释》第五条的规定，出租人就同一房屋订立数份租赁合同，在合同均有效的情况下，承租人均主张履行合同的，除承租人已经合法占有租赁房屋的情形外，已经办理登记备案手续的房屋租赁合同优先于成立在先的房屋租赁合同。例如，王某先后与张某、李某签订了同一套住宅的房屋租赁合同。其中，与李某签订的房屋租赁合同办理了登记备案手续。张某与李某均主张租赁该房屋，虽然王某与张某签订的房屋租赁合同在先，但是，由于王某与李某签订的房屋租赁合同已在建设（房地产）主管部门登记备案，所以李某拥有优先权。通过办理房屋租赁合同登记备案，可以更好地维护房屋租赁当事人的合法权益，尤其是有利于保护承租人的"优先购买权""优先承租权"等权益，也有利于落实"买卖不破租赁"的原则。

### 三、房屋转租

（一）转租条件

房屋转租一般是指商品房屋转租。商品房屋转租，是指房屋承租人将承租的商品房屋再出租的行为。转租的房屋必须合法。禁止出租房屋的情形也适用于转租的房屋。房屋转租也须签订转租协议，并办理登记备案手续。

转租房屋须经出租人书面同意。承租人转租房屋的，应当经出租人书面同意。转租行为有合法与非法之分，其主要区别是：合法转租须经出租人同意，非法转租则是承租人擅自转手出租房屋。承租人未经出租人书面同意转租的，出租人可以解除房屋租赁合同，收回房屋并要求承租人赔偿损失。出租人知道或者应当知道承租人转租，但是在六个月内未提出异议的，视为出租人同意转租。

有的承租人租房的目的并不是自住，而是想通过转租取得租金收入，转租行为直接影响出租人的利益，房屋租赁合同有必要对转租加以约定。对于转租的约定，可以作为租赁合同的一部分，也可以在租赁合同订立之后另行约定。转租条款一般应当注明：①转租期限；②转租用途；③转租房屋损坏时的赔偿与责任承担；④转租收益的分成；⑤转租期满后，原房屋租赁关系的处理原则；⑥违约责任。

（二）转租效力

承租人依法转租的，承租人与出租人之间的房屋租赁合同继续有效，第三人对租赁物造成损失的，承租人应当赔偿损失。属转租后的承租人，即次承租人造成的损失，承租人应承担赔偿责任并可向次承租人追偿。

承租人拖欠租金的，次承租人可以代承租人支付其欠付的租金和违约金，但是转租合同对出租人不具有法律约束力的除外。次承租人代为支付的租金和违约金，可以充抵次承租人应当向承租人支付的租金；超出其应付的租金数额的，可以向承租人追偿。

承租人经出租人同意将承租房屋转租给第三人，转租期限超过承租人剩余租赁期限的，超过部分的约定对出租人不具有法律约束力，但是出租人与承租人另有约定的除外。

**【例题 4-4】** 王某承租李某的住房，房屋租赁合同约定的租期为 3 年。租期届满前 1 年，经李某同意，王某将该住房转租给张某。王某可将住房转租给张某（　　）年。

A. 1　　　　　　B. 2　　　　　　C. 3　　　　　　D. 4

### 四、房屋租赁纠纷处理与合同解除

（一）房屋租赁纠纷处理

房屋租赁是一种民事法律行为，出租人与承租人均可依法享受一定的权利，同时也承担相应的义务。房屋租赁合同双方当事人的权利、义务发生争执，由此产生房屋租赁纠纷。房屋租赁纠纷当事人有权依据《民法典》等有关法律法规、规章，保护自己人的合法权益。人民法院审理城市、镇规划区内的房屋（公有住房、公共租赁住房、经济适用住房除外）租赁合同纠纷案件，适用《最高人民法院关于审理城镇房屋租赁合同纠纷案件具体应用法律若干问题的解释》，乡、村庄规划区内的房屋租赁合同纠纷案件参照处理。

1. 房屋租赁合同效力的认定

出租人就未取得建设工程规划许可证或者未按照建设工程规划许可证的规定建设的房屋，与承租人订立的租赁合同无效。但在一审法庭辩论终结前取得建设工程规划许可证或者经主管部门批准建设的，人民法院应当认定有效。出租人就未经批准或者未按照批准内容建设的临时建筑，与承租人订立的租赁合同无效。但在一审法庭辩论终结前经主管部门批准建设的，人民法院应当认定有效。租赁期限超过临时建筑的使用期限，超过部分无效。但在一审法庭辩论终结前经主管部门批准延长使用期限的，人民法院应当认定延长使用期限内的租赁期间有效。

出租人就同一房屋订立数份租赁合同，在合同均有效的情况下，承租人均主张履行合同的，人民法院按照下列顺序确定履行合同的承租人：①已经合法占有租赁房屋的；②已经办理登记备案手续的；③合同成立在先的。不能取得租赁房屋的承租人请求解除合同、赔偿损失的，依照《民法典》的有关规定处理。

2. 房屋租赁关系的维护

租赁房屋在承租人按照租赁合同占有期限内发生所有权变动的，不影响租赁合同的效力。租赁房屋在承租人按照租赁合同占有期限内发生所有权变动，承租人请求房屋受让人继续履行原租赁合同的，人民法院应予支持。但租赁房屋具有下列情形或者当事人另有约定的除外：①房屋在出租前已设立抵押权，因抵押权人实现抵押权发生所有权变动的；②房屋在出租前已被人民法院依法查封的。例如，刘某将其房屋抵押给甲银行贷款 40 万元，半年后又将该房屋抵押给乙银行贷款 15 万元。在抵押期间，未经甲、乙银行同意，刘某便将该房屋出租给陈某，但将抵押事实书面告知了陈某。债务履行期限届满，刘某无力归还贷款，与陈某约定的房屋租赁期限也尚未届满。刘某与陈某签订的该房屋租赁合同不因未征得甲、乙银行同意而无效。但在抵押权实现后，因刘某已将抵押事实书面告知了陈某，该房屋租赁合同对受让人无约束力。陈某如有损失，刘某可不予赔偿。

承租人在房屋租赁期限内死亡的，与其生前共同居住的人或者共同经营人可以按照原租赁合同租赁该房屋。

3. 租赁房屋装饰装修纠纷处理

承租人经出租人同意装饰装修，租赁合同无效时，未形成附合的装饰装修物，出租人同意利用的，可折价归出租人所有；不同意利用的，可由承租人拆除。因拆除造成房屋毁损的，承租人应当恢复原状。已形成附合的装饰装修物，出租人同意利用的，可折价归出租人所有；不同意利用的，由双方各自按照导致合同无效的过错分担现值损失。承租人经出租人同意装饰装修，租赁期间届满或者合同解除时，除当事人另有约定外，未形成附合的装饰装修物，可由承租人拆除。因拆除造成房屋毁损的，承租人应当恢复原状。承租人经出租人同意装饰装修，合同解除时，双方对已形成附合的装饰装修物的处理没有约定的，人民法院按照下列情形分别处理：①因出租人违约导致合同解除，承租人请求出租人赔偿剩余租赁期内装饰装修残值损失的，应予支持；②因承租人违约导致合同解除，承租人请求出租人赔偿剩余租赁期内装饰装修残值损失的，不予支持。但出租人同意利用的，应在利用价值范围内予以适当补偿；③因双方违约导致合同解除，剩余租赁期内的装饰装修残值损失，由双方根据各自的过错承担相应的责任；④因不可归责于双方的事由导致合同解除的，剩余租赁期内的装饰装修残值损失，由双方按照公平原则分担。法律另有规定的，适用其规定。承租人经出租人同意装饰装修，租赁期间届满时，承租人请求出租人补偿附合装饰装修费用的，不予支持。但当事人另有约定的除外。

承租人未经出租人同意装饰装修或者扩建发生的费用，由承租人负担。出租人请求承租人恢复原状或者赔偿损失的，人民法院应予支持。

承租人经出租人同意扩建，但双方对扩建费用的处理没有约定的，人民法院按照下列情形分别处理：①办理合法建设手续的，扩建造价费用由出租人负担；②未办理合法建设手续的，扩建造价费用由双方按照过错责任分担。

4. 承租人优先购买和承租的权利

出租人出卖租赁房屋的，应当在出卖之前的合理期限内通知承租人，承租人享有以同等条件优先购买的权利；但是，房屋按份共有人行使优先购买权或者出租人将房屋出卖给近亲属的除外。出租人履行通知义务后，承租人在十五日内未明确表示购买的，视为承租人放弃优先购买权。出租人委托拍卖人拍卖租赁房屋的，应当在拍卖五日前通知承租人。承租人未参加拍卖的，视为放弃优先购买权。出租人未通知承租人或者有其他妨害承租人行使优先购买权情形的，承租人可以请求出租人承担赔偿责任。但是，出租人与第三人订立的房屋买卖合同的效力不受影响。

租赁期限届满，承租人继续使用租赁物，出租人没有提出异议的，原租赁合同继续有效，但是租赁期限为不定期。租赁期限届满，房屋承租人享有以同等条件优先承租的权利。

（二）房屋租赁合同解除

1. 合同解除的情形

合同解除可分为约定解除和法定解除。约定解除是指当事人以合同形式，约定为一方或双方保留解除权的解除。当事人协商一致,可以解除合同。当事人可以约定一方解除合同的事由。解除合同的事由发生时,解除权人可以解除合同。法定解除是指合同解除的条件由法律直接加以规定。依据《民法典》的相关规定,房屋租赁合同法定解除的情形主要有以下几种:

(1) 承租人未按照约定的方法或者未根据租赁房屋的性质使用租赁物,致使租赁房屋受到损失的,出租人可以解除房屋租赁合同并请求赔偿损失。

(2) 承租人未经出租人同意转租的,出租人可以解除房屋租赁合同。

(3) 承租人无正当理由未支付或者迟延支付租金的,出租人可以请求承租人在合理期限内支付;承租人逾期不支付的,出租人可以解除房屋租赁合同。

(4) 有下列情形之一,非因承租人原因致使租赁物无法使用的,承租人可以解除房屋租赁合同:①租赁房屋被司法机关或者行政机关依法查封;②租赁房屋权属有争议;③租赁房屋具有违反法律、行政法规关于使用条件的强制性规定情形。

(5) 因不可归责于承租人的事由,致使租赁房屋部分或者全部毁损、灭失的,承租人可以请求减少租金或者不支付租金;因租赁房屋部分或者全部毁损、灭失,致使不能实现合同目的的,承租人可以解除房屋租赁合同。

(6) 当事人对租赁期限没有约定或者约定不明确,依据《民法典》第五百一十条的规定仍不能确定的,视为不定期租赁;当事人可以随时解除房屋租赁合同,但是应当在合理期限之前通知对方。

(7) 租赁房屋危及承租人的安全或者健康的,即使承租人订立合同时明知该租赁房屋质量不合格,承租人仍然可以随时解除房屋租赁合同。

2. 合同解除的程序

当事人一方依法主张解除合同的,应当通知对方。合同自通知到达对方时解除;通知载明债务人在一定期限内不履行债务则合同自动解除,债务人在该期限内未履行债务的,合同自通知载明的期限届满时解除。对方对解除合同有异议的,任何一方当事人均可以请求人民法院或者仲裁机构确认解除行为的效力。

当事人一方未通知对方,直接以提起诉讼或者申请仲裁的方式依法主张解除合同,人民法院或者仲裁机构确认该主张的,合同自起诉状副本或者仲裁申请书副本送达对方时解除。

合同解除后,尚未履行的,终止履行;已经履行的,根据履行情况和合同性质,当事人可以请求恢复原状或者采取其他补救措施,并有权请求赔偿损失。

合同因违约解除的,解除权人可以请求违约方承担违约责任,但是当事人另有约定的除外。主合同解除后，担保人对债务人应当承担的民事责任仍应当承担担保责任，但是担保合同另有约定的除外。

法律没有规定或者当事人没有约定解除权行使期限，自解除权人知道或者应当知道解除事由之日起一年内不行使，或者经对方催告后在合理期限内不行使的，该权利消灭。

### 五、房屋租赁相关税费

（一）房屋租赁相关税

房屋出租人应主动到房屋所在地税务机关办理纳税申报。出租房屋行为应缴纳的税主要有：增值税、城市维护建设税、教育费附加、房产税、城镇土地使用税、印花税、个人所得税等。

1. 增值税

增值税是以商品和劳务在流转过程中产生的增值额作为征税对象而征收的一种流转税。有增值才征税，没增值不征税。我国现行增值税的基本规范主要有《增值税暂行条例》《增值税暂行条例实施细则》以及《关于全面推开营业税改征增值税试点的通知》等。

从事房屋租赁的单位和个人为增值税纳税人。增值税纳税人分为一般纳税人和小规模纳税人。会计核算健全、能够提供准确税务资料、年应税销售额超过了小规模纳税人标准的，纳税人应办理一般纳税人登记，但按照政策规定，选择按照小规模纳税人纳税的，以及年应税销售额超过规定标准的其他个人除外。

（1）计税方法。《关于深化增值税改革有关政策的公告》（财政部、税务总局、海关总署公告 2019 年第 39 号）规定，纳税人提供不动产租赁服务，增值税税率为 9％。

应纳税额的计算：增值税的计税方法，包括一般计税方法和简易计税方法。一般纳税人发生应税行为适用一般计税方法计税。一般纳税人发生财政部和国家税务总局规定的特定应税行为，可以选择适用简易计税方法计税，但一经选择，36 个月内不得变更。

① 一般计税方法：

$$应纳税额＝当期销项税额－当期进项税额$$

$$销项税额＝销售额×税率$$

进项税额是指纳税人购进货物、加工修理修配劳务、服务、无形资产或者不动产，支付或者负担的增值税额。当期销项税额小于当期进项税额不足抵扣时，其不足部分可以结转下期继续抵扣。

②简易计税方法：

$$应纳税额＝销售额×征收率$$

小规模纳税人发生应税销售行为适用简易计税方法计税，并不得抵扣进项税额。小规模纳税人增值税征收率为5%，国务院另有规定的除外。

（2）税收减免的处理。个人发生应税行为的销售额未达到增值税起征点的，免征增值税；达到起征点的，全额计算缴纳增值税。增值税起征点不适用于登记为一般纳税人的个体工商户。根据《国家发展改革委等部门关于做好2023年降成本重点工作的通知》（发改运行〔2023〕645号），2023年底前，对月销售额10万元以下的小规模纳税人，免征增值税。

根据《财政部　国家税务总局　住房城乡建设部关于完善住房租赁有关税收政策的公告》（2021年第24号），向个人出租住房的，由按照5%的征收率减按1.5%计算缴纳增值税。该公告对住房租赁企业缴纳增值税作出了规定，住房租赁企业是指按规定向住房和城乡建设部门进行开业报告或者备案的从事住房租赁经营业务的企业。专业化规模化住房租赁企业的标准为：企业在开业报告或者备案城市内持有或者经营租赁住房1000套（间）及以上或者建筑面积3万平方米及以上。各省、自治区、直辖市住房和城乡建设部门会同同级财政、税务部门，可根据租赁市场发展情况，对本地区全部或者部分城市在50%的幅度内下调标准。住房租赁企业中的增值税一般纳税人向个人出租住房取得的全部出租收入，可以选择适用简易计税方法，按照5%的征收率减按1.5%计算缴纳增值税，或适用一般计税方法计算缴纳增值税。住房租赁企业中的增值税小规模纳税人向个人出租住房，按照5%的征收率减按1.5%计算缴纳增值税。住房租赁企业向个人出租住房适用简易计税方法并进行预缴的，减按1.5%预征率预缴增值税。根据《国务院办公厅关于加快培育和发展住房租赁市场的若干意见》（国办发〔2016〕39号），对房地产中介机构提供住房租赁经纪代理服务，适用6%的增值税税率；对一般纳税人出租在实施营改增试点前取得的不动产，允许选择适用简易计税办法，按照5%的征收率计算缴纳增值税。

2. 城市维护建设税

城市维护建设税是对缴纳增值税、消费税的单位和个人征收的一种税。它本身无特定的征税对象，而以纳税人依法实际缴纳的增值税、消费税税额为计税依据，随"两税"附征，属一种附加税。

城市维护建设税实行地区差别比例税率，其纳税税率视纳税人所在地点不同而异。在城市市区的按税率 7% 征税；在县城、镇的按税率 5% 征税；其他按税率 1% 征税。

3. 教育费附加和地方教育附加

教育费附加是为发展教育事业、筹集教育经费而征收的一种附加费，为增值税和消费税之和的 3%。此外，各地按照地方政府规定还征收地方教育附加，征收率为 2%。

4. 房产税

房产税是以房产为征税对象，以房产的价值或租金收入为计税依据，向房产的所有人或经营管理人征收的一种财产税。根据《房产税暂行条例》规定，房产出租的，纳税人为房屋出租人，计税依据为房产租金收入，税率为 12%。房产税征收范围包括城市、县城、建制镇和工矿区。根据《财政部 税务总局关于房产税若干具体问题的解释和暂行规定》（财税地字〔1986〕8 号），城市是指经国务院批准设立的市。县城是指未设立建制镇的县人民政府所在地。建制镇是指经省、自治区、直辖市人民政府批准设立的建制镇。工矿区是指工商业比较发达，人口比较集中，符合国务院规定的建制镇标准，但尚未设立镇建制的大中型工矿企业所在地。开征房产税的工矿区须经省、自治区、直辖市人民政府批准。城市的征税范围为市区、郊区和市辖县县城，不包括农村。建制镇的征税范围为镇人民政府所在地，不包括所辖的行政村。

根据《财政部 国家税务总局关于调整住房租赁市场税收政策的通知》（财税〔2000〕125 号），对企业和自收自支事业单位向职工出租的单位自有住房，房管部门向居民出租的公有住房，落实私房政策中带户发还产权并以政府规定租金标准向居民出租的私有住房等，暂免征收房产税。根据《财政部 税务总局 住房城乡建设部关于完善住房租赁有关税收政策的公告》，自 2021 年 10 月 1 日起，对企事业单位、社会团体以及其他组织向个人、专业化规模化住房租赁企业出租住房的，减按 4% 的税率征收房产税。

【例题 4-5】李某于 2022 年 2 月 1 日将自有的一套住房出租，月租金为 1 200 元，该年度应缴纳房产税（　　）元。

A. 528　　　　　　B. 576　　　　　　C. 1 584　　　　　　D. 1 728

5. 城镇土地使用税

城镇土地使用税是以国有土地为征税对象，对拥有土地使用权的单位和个人征收的一种税。在城市、县城、建制镇、工矿区范围内使用土地的单位和个人，为城镇土地使用税的纳税人。拥有房屋产权的个人，出租的房屋位于城镇土地使用税开征范围内，应按纳税人实际占用的土地面积，依土地的等级及适用的土地等级税额标准，计算缴纳城镇土地使用税。出租、出借房产的，自交付出租、出借房产之次月起计征城镇土地使用税。

土地使用税每平方米年税额如下：大城市 1.5～30 元；中等城市 1.2～24元；小城市 0.9～18 元；县城、建制镇、工矿区 0.6～12 元。各省、自治区、直辖市人民政府根据市政建设状况、经济繁荣程度等条件，在国家规定的税额幅度内确定所辖地区的适用税额幅度。经省、自治区、直辖市人民政府批准，经济落后地区土地使用税的适用税额标准可以适当降低，但降低额不得超过国家规定最低税额的 30％。经济发达地区土地使用税的适用税额标准可以适当提高，但须报经财政部批准。按照《财政部 国家税务总局关于廉租住房经济适用住房和住房租赁有关税收政策的通知》（财税〔2008〕24 号），对个人出租住房，不区分用途，免征城镇土地使用税。

6. 个人所得税

个人所得税是国家对本国公民、居住在本国境内的个人的所得和境外个人来源于本国的所得征收的一种所得税。个人所得税的纳税义务人，既包括居民纳税义务人，也包括非居民纳税义务人。居民纳税义务人是在中国境内有住所，或者无住所而一个纳税年度内在中国境内居住累计满一百八十三天的个人，负有完全纳税的义务，必须就其来源于中国境内、境外的全部所得缴纳个人所得税；而非居民纳税义务人是在中国境内无住所又不居住，或者无住所而一个纳税年度内在中国境内居住累计不满一百八十三天的个人，仅就其来源于中国境内的所得，缴纳个人所得税。根据《个人所得税法》和《个人所得税法实施条例》规定，个人出租房屋取得的租金收入应当按照"财产租赁所得"缴纳个人所得税，纳税人为出租房屋的个人，计税依据为应纳税所得额，适用税率为 20％。《财政部 国家税务总局关于廉租住房经济适用住房和住房租赁有关税收政策的通知》（财税〔2008〕24 号）规定，对个人出租住房所得，减按 10％的税率征收个人所得税。

7. 印花税

印花税是对经济活动和经济交往中书立具有法律效力的凭证的行为所征收的一种税。凡在我国境内书立有关合同、产权转移书据等应税凭证的单位和个人，都是印花税纳税义务人。印花税可采用粘贴印花税票或者由税务机关依法开具其他完税凭证的方式缴纳。房地产租赁合同，按合同所载租金的 1‰由合同订立人缴纳印花税。

根据《财政部国家税务总局关于廉租住房经济适用住房和住房租赁有关税收政策的通知》《财政部 税务总局 住房城乡建设部关于完善住房租赁有关税收政策的公告》，对经济适用住房经营管理单位与经济适用住房相关的印花税以及经济适用住房购买人涉及的印花税予以免征。对个人出租、承租住房签订的租赁合同，免征印花税。

此外，一些地方为减轻群众负担、发展租赁市场、便于征收管理，对个人出租房屋取得的收入应缴纳的各项税收合并后采取确定一个综合征收率的方式征收，简称为综合征收，税率为综合税率。

（二）房屋租赁相关费用

1. 经纪服务费用

通过房地产经纪机构促成的房屋租赁合同的当事人需向房地产中介机构支付报酬。房地产经纪机构从事房屋租赁经纪活动，服务收费标准由委托和受托双方，依据服务内容、服务成本、服务质量和市场供求状况协商确定。房地产经纪机构应按照《价格法》《房地产经纪管理办法》等法律法规要求，公平竞争、合法经营、诚实守信，为委托人提供价格合理、优质高效服务；严格执行明码标价制度，在其经营场所的醒目位置公示价目表，价目表应包括服务项目、服务内容与完成标准、收费标准、收费对象及支付方式等基本标价要素；一项服务包含多个项目和标准的，应当明确标示每一个项目名称和收费标准，不得混合标价、捆绑标价；代收代付的税、费也应予以标明。

《民法典》合同编在中介合同中对经纪收费作出了规定：中介人促成合同成立的，委托人应当按照约定支付报酬。对中介人的报酬没有约定或者约定不明确，依据《民法典》第五百一十条的规定仍不能确定的，根据中介人的劳务合理确定。因中介人提供订立合同的媒介服务而促成合同成立的，由该合同的当事人平均负担中介人的报酬。中介人促成合同成立的，中介活动的费用，由中介人负担。中介人未促成合同成立的，不得请求支付报酬；但是，可以按照约定请求委托人支付从事中介活动支出的必要费用。委托人在接受中介人的服务后，利用中介人提供的交易机会或者媒介服务，绕开中介人直接订立合同的，应当向中介人支付报酬。例如，王某委托甲房地产经纪机构租房，甲房地产经纪机构为其找到了拥有合适住房的房主张某，王某为了不支付佣金，假借该住房不合适终止了中介合同，之后自行找到张某租下该住房。王某仍应向甲房地产经纪机构支付报酬。

2. 物业服务费用

物业服务费用简称物业费，缴纳人在物业服务企业等相关单位登记的是房屋所有权人，即房屋租赁关系中的出租人，而在租赁期限内享受物业服务的又是承租人。如果房屋租赁合同中出租人与承租人未就物业费缴纳达成协议的情况下，出租人应该根据物业服务合同的约定缴纳物业费。如果房屋租赁合同约定由承租人向物业公司缴纳物业费，且经过物业服务企业的确认，则承租人应履行物业费缴纳义务。如果承租人没有按时缴纳，出租人应及时补交物业费，并对物业服务企业承担违约责任。

3. 水、电、暖、煤气（天然气）等相关费用

房屋租赁合同应约定水、电、暖、煤气（天然气）等相关费用由谁来承担，实践中，房屋租赁合同约定由承租人承担的情形较为多见。当事人也可约定由出租人承担，但这种情形往往房屋租金比较高。因房屋租赁合同没有约定，以及承租人故意拖欠，出现水、电、暖、煤气（天然气）等相关费用欠缴的情形，出租人应承担缴付义务，但可就实际发生的费用向承租人追偿。

# 第三节　公共租赁住房和保障性租赁住房管理

## 一、保障性住房的种类

目前，我国保障性住房包括公共租赁住房、保障性租赁住房和共有产权住房。《国务院办公厅关于加快发展保障性租赁住房的意见》（国办发〔2021〕22号）明确，我国建立以公共租赁住房、保障性租赁住房和共有产权住房为主体的住房保障体系。

（一）公共租赁住房

根据《公共租赁住房管理办法》，公共租赁住房简称公租房，是指限定建设标准和租金水平，面向符合规定条件的城镇中等偏下收入住房困难家庭、新就业无房职工和在城镇稳定就业的外来务工人员出租的保障性住房。公共租赁住房通过新建、改建、收购、长期租赁等多种方式筹集，可以由政府投资，也可以由政府提供政策支持、社会力量投资。从供给方式来看，根据《公共租赁住房管理办法》，公共租赁住房可以是成套住房，也可以是宿舍型住房。根据《住房城乡建设部财政部国家发展改革委关于公共租赁住房和廉租住房并轨运行的通知》（建保〔2013〕178号）要求，从2014年起，各地公共租赁住房和廉租住房并轨运行，并轨后统称为公共租赁住房。

（二）保障性租赁住房

《国务院办公厅关于加快发展保障性租赁住房的意见》（国办发〔2021〕22号）明确，保障性租赁住房是指主要解决符合条件的新市民、青年人等群体的住房困难问题，以建筑面积不超过 $70m^2$ 的小户型为主，租金低于同地段同品质市场租赁住房租金的租赁住房。保障性租赁住房的准入和退出的具体条件、小户型

的具体面积由城市人民政府按照保基本的原则合理确定。

（三）共有产权住房

共有产权房是指政府提供政策支持，由建设单位开发建设，销售价格低于同地段、同品质商品住房价格水平，并限定使用和处分权利，实行政府与购房人按份共有产权的政策性商品住房。简单来说，共有产权房低于市场价，政府和购房人各持一定比例的产权，房屋使用权归购房人，在落户、入学上和购买其他普通商品住房政策一致。共有产权房出租、出售均有一定限制。如北京市规定，共有产权住房购房人取得不动产权证未满 5 年的，不允许转让房屋产权份额，因特殊原因确需转让的，可向原分配的区住房和城乡建设主管部门提交申请，由代持机构回购。

**二、公共租赁住房管理**

（一）公共租赁住房的范围

从 2014 年起，各地公共租赁住房和廉租住房并轨运行，廉租住房全部纳入公共租赁住房，实现统一规划建设、统一资金使用、统一申请受理、统一运营管理后，各地公共租赁住房和廉租住房并轨运行，并轨后统称为公共租赁住房。廉租住房由政府通过新建、改建、购置、租赁等方式筹集。廉租住房单套建筑面积控制在 50m² 以内，保证基本居住功能。

（二）公共租赁住房的管理

1. 相关法律法规

2010 年，《国务院关于坚决遏制部分城市房价上涨过快的通知》（国发〔2010〕10 号）要求，加快发展公共租赁住房，地方各级人民政府要加大投入，中央以适当方式给予资金支持。2012 年，住房和城乡建设部发布《公共租赁住房管理办法》，从规章层面明确了公共租赁住房的分配、运营、使用、退出和管理规则。2016 年，《国务院办公厅关于加快培育和发展住房租赁市场的若干意见》（国办发〔2016〕39 号）要求，推进公共租赁住房货币化。转变公共租赁住房保障方式，实物保障与租赁补贴并举。支持公共租赁住房保障对象通过市场租房，政府对符合条件的家庭给予租赁补贴。完善租赁补贴制度，结合市场租金水平和保障对象实际情况，合理确定租赁补贴标准；提高公共租赁住房运营保障能力。鼓励地方政府采取购买服务或政府和社会资本合作（PPP）模式，将现有政府投资和管理的公共租赁住房交由专业化、社会化企业运营管理，不断提高管理和服务水平。在城镇稳定就业的外来务工人员、新就业大学生和青年医生、青年教师等专业技术人员，凡符合当地城镇居民公共租赁住房准入条件的，应纳入公共租赁住房保障范围。

2. 申请与审核

申请公共租赁住房，应当符合以下条件：①在本地无住房或者住房面积低于规定标准；②收入、财产低于规定标准；③申请人为外来务工人员的，在本地稳定就业达到规定年限。具体条件由直辖市和市、县级人民政府住房保障主管部门根据本地区实际情况确定，报本级人民政府批准后实施并向社会公布。

市、县级人民政府住房保障主管部门应当会同有关部门，对申请人提交的申请材料进行审核。经审核，对符合申请条件的申请人，应当予以公示，经公示无异议或者异议不成立的，登记为公共租赁住房轮候对象，并向社会公开；对不符合申请条件的申请人，应当书面通知并说明理由。申请人对审核结果有异议，可以向市、县级人民政府住房保障主管部门申请复核。市、县级人民政府住房保障主管部门应当会同有关部门进行复核，并在 15 个工作日内将复核结果书面告知申请人。

3. 轮候与配租

对登记为轮候对象的申请人，应当在轮候期内安排公共租赁住房。直辖市和市、县级人民政府住房保障主管部门应当根据本地区经济发展水平和公共租赁住房需求，合理确定公共租赁住房轮候期，报本级人民政府批准后实施并向社会公布。轮候期一般不超过 5 年。公共租赁住房房源确定后，市、县级人民政府住房保障主管部门应当制定配租方案并向社会公布。配租方案应当包括房源的位置、数量、户型、面积，租金标准，供应对象范围，意向登记时限等内容。企事业单位投资的公共租赁住房的供应对象范围，可以规定为本单位职工。配租方案公布后，轮候对象可以按照配租方案，到市、县级人民政府住房保障主管部门进行意向登记。市、县级人民政府住房保障主管部门应当会同有关部门，在 15 个工作日内对意向登记的轮候对象进行复审。对不符合条件的，应当书面通知并说明理由。对复审通过的轮候对象，市、县级人民政府住房保障主管部门可以采取综合评分、随机摇号等方式，确定配租对象与配租排序。综合评分办法、摇号方式及评分、摇号的过程和结果应当向社会公开。

配租对象与配租排序确定后应当予以公示。公示无异议或者异议不成立的，配租对象按照配租排序选择公共租赁住房。配租结果应当向社会公开。复审通过的轮候对象中享受国家定期抚恤补助的优抚对象、孤老病残人员等，可以优先安排公共租赁住房。优先对象的范围和优先安排的办法由直辖市和市、县级人民政府住房保障主管部门根据本地区实际情况确定，报本级人民政府批准后实施并向社会公布。社会力量投资和用人单位代表本单位职工申请的公共租赁住房，只能向经审核登记为轮候对象的申请人配租。

　　配租对象选择公共租赁住房后，公共租赁住房所有权人或者其委托的运营单位与配租对象应当签订书面租赁合同。公共租赁住房租赁期限一般不超过 5 年。市、县级人民政府住房保障主管部门应当会同有关部门，按照略低于同地段住房市场租金水平的原则，确定本地区的公共租赁住房租金标准，报本级人民政府批准后实施。公共租赁住房租金标准应当向社会公布，并定期调整。租赁合同签订前，所有权人或者其委托的运营单位应当将租赁合同中涉及承租人责任的条款内容和应当退回公共租赁住房的情形向承租人明确说明。省、自治区、直辖市人民政府住房和城乡建设（住房保障）主管部门应当制定公共租赁住房租赁合同示范文本。公共租赁住房租赁合同一般应当包括以下内容：①合同当事人的名称或姓名；②房屋的位置、用途、面积、结构、室内设施和设备，以及使用要求；③租赁期限、租金数额和支付方式；④房屋维修责任；⑤物业服务、水、电、燃气、供热等相关费用的缴纳责任；⑥退回公共租赁住房的情形；⑦违约责任及争议解决办法；⑧其他应当约定的事项。合同签订后，公共租赁住房所有权人或者其委托的运营单位应当在 30 日内将合同报市、县级人民政府住房保障主管部门备案。

　　政府投资公共租赁住房的租金收入按照政府非税收入管理的有关规定缴入同级国库，实行收支两条线管理，专项用于偿还公共租赁住房贷款本息及公共租赁住房的维护、管理等。承租人收入低于当地规定标准的，可以依照有关规定申请租赁补贴或者减免。因就业、子女就学等原因需要调换公共租赁住房的，经公共租赁住房所有权人或者其委托的运营单位同意，承租人之间可以互换所承租的公共租赁住房。

　　4. 使用与退出

　　公共租赁住房的所有权人及其委托的运营单位应当负责公共租赁住房及其配套设施的维修养护，确保公共租赁住房的正常使用。政府投资的公共租赁住房维修养护费用主要通过公共租赁住房租金收入以及配套商业服务设施租金收入解决，不足部分由财政预算安排解决；社会力量投资建设的公共租赁住房维修养护费用由所有权人及其委托的运营单位承担。公共租赁住房的所有权人及其委托的运营单位不得改变公共租赁住房的保障性住房性质、用途及其配套设施的规划用途。承租人不得擅自装修所承租公共租赁住房。确需装修的，应当取得公共租赁住房的所有权人或其委托的运营单位同意。

　　承租人有下列行为之一的，应当退回公共租赁住房：①转借、转租或者擅自调换所承租公共租赁住房的；②改变所承租公共租赁住房用途的；③破坏或者擅自装修所承租公共租赁住房，拒不恢复原状的；④在公共租赁住房内从事违法活动的；⑤无正当理由连续 6 个月以上闲置公共租赁住房的。承租人拒不退回公共租赁住房的，市、县级人民政府住房保障主管部门应当责令其限期退回；逾期不退回的，市、县级人民政府住房保障主管部门可以依法申请人民法院强制执行。

承租人累计 6 个月以上拖欠租金的，应当腾退所承租的公共租赁住房；拒不腾退的，公共租赁住房的所有权人或者其委托的运营单位可以向人民法院提起诉讼，要求承租人腾退公共租赁住房。租赁期届满需要续租的，承租人应当在租赁期满 3 个月前向市、县级人民政府住房保障主管部门提出申请。市、县级人民政府住房保障主管部门应当会同有关部门对申请人是否符合条件进行审核。经审核符合条件的，准予续租，并签订续租合同。未按规定提出续租申请的承租人，租赁期满应当腾退公共租赁住房；拒不腾退的，公共租赁住房的所有权人或者其委托的运营单位可以向人民法院提起诉讼，要求承租人腾退公共租赁住房。

承租人有下列情形之一的，应当腾退公共租赁住房：①提出续租申请但经审核不符合续租条件的；②租赁期内，通过购买、受赠、继承等方式获得其他住房并不再符合公共租赁住房配租条件的；③租赁期内，承租或者承购其他保障性住房的。承租人有以上规定情形之一的，公共租赁住房的所有权人或者其委托的运营单位应当为其安排合理的搬迁期，搬迁期内租金按照合同约定的租金数额缴纳。搬迁期满不腾退公共租赁住房，承租人确无其他住房的，应当按照市场价格缴纳租金；承租人有其他住房的，公共租赁住房的所有权人或者其委托的运营单位可以向人民法院提起诉讼，要求承租人腾退公共租赁住房。

5. 相关法律责任

住房和城乡建设（住房保障）主管部门及其工作人员在公共租赁住房管理工作中不履行本办法规定的职责，或者滥用职权、玩忽职守、徇私舞弊的，对直接负责的主管人员和其他直接责任人员依法给予处分；构成犯罪的，依法追究刑事责任。

公共租赁住房的所有权人及其委托的运营单位违反《公共租赁住房管理办法》，有下列行为之一的，由市、县级人民政府住房保障主管部门责令限期改正，并处以 3 万元以下罚款：①向不符合条件的对象出租公共租赁住房的；②未履行公共租赁住房及其配套设施维修养护义务的；③改变公共租赁住房的保障性住房性质、用途，以及配套设施的规划用途的。公共租赁住房的所有权人为行政机关的，对直接负责的主管人员和其他直接责任人员依法给予处分；构成犯罪的，依法追究刑事责任。

申请人隐瞒有关情况或者提供虚假材料申请公共租赁住房的，市、县级人民政府住房保障主管部门不予受理，给予警告，并记入公共租赁住房管理档案。以欺骗等不正手段，登记为轮候对象或者承租公共租赁住房的，由市、县级人民政府住房保障主管部门处以 1 000 元以下罚款，记入公共租赁住房管理档案；登记为轮候对象的，取消其登记；已承租公共租赁住房的，责令限期退回所承租公共租赁住房，并按市场价格补缴租金，逾期不退回的，可以依法申请人民法院强制执行，承租人自退回公共租赁住房之日起五年内不得再次申请公共租赁住房。

承租人有下列行为之一的，由市、县级人民政府住房保障主管部门责令按市场价格补缴从违法行为发生之日起的租金，记入公共租赁住房管理档案，处以 1 000 元以下罚款；有违法所得的，处以违法所得 3 倍以下但不超过 3 万元的罚款：①转借、转租或者擅自调换所承租公共租赁住房的；②改变所承租公共租赁住房用途的；③破坏或者擅自装修所承租公共租赁住房，拒不恢复原状的；④在公共租赁住房内从事违法活动的；⑤无正当理由连续 6 个月以上闲置公共租赁住房的。有以上行为，承租人自退回公共租赁住房之日起五年内不得再次申请公共租赁住房；造成损失的，依法承担赔偿责任。

房地产经纪机构及其经纪人员不得提供公共租赁住房出租、转租、出售等经纪业务。对违反者，依照《房地产经纪管理办法》第三十七条，由县级以上地方人民政府住房和城乡建设（房地产）主管部门责令限期改正，记入房地产经纪信用档案；对房地产经纪人员，处以 1 万元以下罚款；对房地产经纪机构，取消网上签约资格，处以 3 万元以下罚款。

### 三、保障性租赁住房管理

#### （一）基础制度

1. 对象标准

保障性租赁住房主要解决符合条件的新市民、青年人等群体的住房困难问题，以建筑面积不超过 70m² 的小户型为主，租金低于同地段同品质市场租赁住房租金，准入和退出的具体条件、小户型的具体面积由城市人民政府按照保基本的原则合理确定。保障性租赁住房租金可以按月或按季度收取，不得预收超过一个季度以上的租金；租赁保证金（押金）不得超过一个月租金。

2. 引导多方参与

保障性租赁住房由政府给予土地、财税、金融等政策支持，充分发挥市场机制作用，引导多主体投资、多渠道供给，坚持"谁投资、谁所有"，主要利用集体经营性建设用地、企事业单位自有闲置土地、产业园区配套用地和存量闲置房屋建设，适当利用新供应国有建设用地建设，并合理配套商业服务设施。支持专业化规模化住房租赁企业建设和运营管理保障性租赁住房。

3. 坚持供需匹配

城市人民政府要摸清保障性租赁住房需求和存量土地、房屋资源情况，结合现有租赁住房供求和品质状况，从实际出发，因城施策，采取新建、改建、改造、租赁补贴和将政府的闲置住房用作保障性租赁住房等多种方式，切实增加供给，科学确定"十四五"保障性租赁住房建设目标和政策措施，制定年度建设计划，并向社会公布。

4. 严格监督管理

城市人民政府要建立健全住房租赁管理服务平台，加强对保障性租赁住房建设、出租和运营管理的全过程监督，强化工程质量安全监管。保障性租赁住房不得上市销售或变相销售，严禁以保障性租赁住房为名违规经营或骗取优惠政策。

5. 落实地方责任

城市人民政府对本地区发展保障性租赁住房，促进解决新市民、青年人等群体住房困难问题负主体责任。省级人民政府对本地区发展保障性租赁住房工作负总责，要加强组织领导和监督检查，对城市发展保障性租赁住房情况实施监测评价。

（二）支持政策

1. 土地政策

土地支持政策主要涵盖了集体建设用地、企业事业单位自有土地、城市内低效利用物业，以及单列租赁住房用地等方面。

首先，在利用集体租赁用地建设保障性租赁住房方面，在人口净流入的大城市和省级人民政府确定的城市：一是在尊重农民集体意愿的基础上，经城市人民政府同意，可探索利用集体经营性建设用地建设保障性租赁住房；二是支持利用城区、靠近产业园区或交通便利区域的集体经营性建设用地建设保障性租赁住房；三是农村集体经济组织可通过自建或联营、入股等方式建设运营保障性租赁住房。同时，为保证租赁住房建设运营能够有效筹集贷款，建设保障性租赁住房的集体经营性建设用地使用权可以办理抵押贷款。

其次，在企业事业单位自有土地方面，在人口净流入的大城市和省级人民政府确定的城市，对企事业单位依法取得使用权的土地，经城市人民政府同意，在符合规划、权属不变、满足安全要求、尊重群众意愿的前提下，允许用于建设保障性租赁住房，并变更土地用途，不补缴土地价款，原划拨的土地可继续保留划拨方式；允许土地使用权人自建或与其他市场主体合作建设运营保障性租赁住房。同时，上述城市，经城市人民政府同意，在确保安全的前提下，可将产业园区中工业项目配套建设行政办公及生活服务设施的用地面积占项目总用地面积的比例上限由 7%提高到 15%，建筑面积占比上限相应提高，提高部分主要用于建设宿舍型保障性租赁住房，严禁建设成套商品住宅；鼓励将产业园区中各工业项目的配套比例对应的用地面积或建筑面积集中起来，统一建设宿舍型保障性租赁住房。

再次，对于低效利用物业，对闲置和低效利用的商业办公、旅馆、厂房、仓储、科研教育等非居住存量房屋，经城市人民政府同意，在符合规划原则、权属不变、满足安全要求、尊重群众意愿的前提下，允许改建为保障性租赁住房；用作保障性租赁住房期间，不变更土地使用性质，不补缴土地价款。

最后，为确保保障性租赁住房的建设规模，在人口净流入的大城市和省级人民政府确定的城市，应按照职住平衡原则，提高住宅用地中保障性租赁住房用地供应比例，在编制年度住宅用地供应计划时，单列租赁住房用地计划、优先安排、应保尽保，主要安排在产业园区及周边、轨道交通站点附近和城市建设重点片区等区域，引导产城人融合、人地房联动；保障性租赁住房用地可采取出让、租赁或划拨等方式供应，其中以出让或租赁方式供应的，可将保障性租赁住房租赁价格及调整方式作为出让或租赁的前置条件，允许出让价款分期收取。新建普通商品住房项目，可配建一定比例的保障性租赁住房，具体配建比例和管理方式由市县人民政府确定。鼓励在地铁上盖物业中建设一定比例的保障性租赁住房。

2. 财税政策

财税支持政策包括中央和地方两级财税政策支持。

中央层面的支持政策主要包括政府的资金补助以及税收减免。在中央财政补贴方面，中央通过现有经费渠道，对符合规定的保障性租赁住房建设任务予以补助。2021 年，国家发展改革委《保障性租赁住房中央预算内投资专项管理暂行办法》明确将保障性租赁住房建设纳入中央预算内投资管理。2022 年，财政部、住房和城乡建设部印发《中央财政城镇保障性安居工程补助资金管理办法》，明确补助资金是指中央财政安排用于支持符合条件的城镇居民保障基本居住需求、改善居住条件的共同财政事权转移支付资金。补助资金实施期限至 2025 年。补助资金支持范围包括：一是租赁住房保障。主要用于支持公共租赁住房、保障性租赁住房等租赁住房的筹集，向符合条件的在市场租赁住房的城镇住房保障对象发放租赁补贴等相关支出。其中，中央财政支持住房租赁市场发展试点资金主要用于支持试点城市多渠道筹集租赁住房房源、建设住房租赁管理服务平台等与住房租赁市场发展相关的支出。在税收层面，加大对发展保障性租赁住房的支持力度。利用非居住存量土地和非居住存量房屋建设保障性租赁住房，取得保障性租赁住房项目认定书后，比照适用住房租赁增值税、房产税等税收优惠政策。对保障性租赁住房项目免收城市基础设施配套费。

地方层面的政策主要包括保障性租赁住房建设的补贴。各地方政府主要以政策落实为主，一方面各地为协助企业申请保障租赁住房中央预算内投资，分别出台了具有针对性的地方管理办法，办法明确了申请流程、审核标准、督导以及奖惩措施。同时，部分城市，已经开始面向全域广泛征集保租房意向实施项目，探索建立保租房储备项目库，并已明确纳入保租房建设筹集计划并取得保租房项目认定书的项目，可享受土地、税费、金融等相关支持政策。

3. 水电气价格等政策

非居住用地上新建、改建的保障性租赁住房，取得保障性租赁住房项目认定书后，用水、用电、用气价格按照居民标准执行，项目名单由市住房和城乡建设管理、房屋管理部门汇总提供给用水、用电、用气价格主管部门。部分城市，已经将配套公共服务支持纳入到了保障性租赁住房政策支持体系。

（三）资金筹措

目前保障性租赁住房建设的资金筹措主要包括信贷融资、债券融资、保障性住房租赁 REITs 等。

1. 信贷融资

支持银行业金融机构按照规定向保障性租赁住房自持主体提供长期贷款，向改建存量房屋形成非自有产权保障性租赁住房的住房租赁企业提供贷款，鼓励商业银行创新对相关住房租赁企业的综合金融服务。落实建设保障性租赁住房的集体经营性建设用地使用权可以办理抵押贷款的政策。为进一步优化住房租赁企业信贷投放。2022 年，中国人民银行、中国银保监会印发《关于保障性租赁住房有关贷款不纳入房地产贷款集中度管理的通知》（银发〔2022〕30 号），明确银行业金融机构向已被认定为保障性租赁住房项目发放有关贷款不计入房地产贷款集中度。同年 2 月，《中国银保监会 住房和城乡建设部关于银行保险机构支持保障性租赁住房发展的指导意见》（银保监规〔2022〕5 号）印发，明确了关于银行、保险业支持保障性租赁住房建设的政策体系，鼓励银行业金融机构运用银团贷款加大对保障性租赁住房项目的融资支持，并支持保险公司参与对保障性租赁住房股权、债权投资。同年 3 月，《中国银保监会、中国人民银行关于加强新市民金融服务工作的通知》（银保监发〔2022〕4 号）印发，将金融支持政策进一步放宽至住房租赁市场，提出要鼓励银保机构优化住房金融服务，支持住房租赁市场健康发展。

2. 债券融资

支持银行业金融机构发行金融债券，募集资金用于保障性租赁住房贷款投放。鼓励符合条件的企业发行公司信用类债券，用于保障性租赁住房建设运营。支持商业保险资金参与保障性租赁住房建设。加大住房公积金对保障性租赁住房的支持力度。

### 3. 保障性租赁住房 REITs

在确保保障性租赁住房资产安全和规范运行的前提下，试点推进以保障性租赁住房为基础资产的基础设施不动产投资信托基金。2021 年《国家发展改革委关于进一步做好基础设施领域不动产投资信托基金（REITs）试点工作的通知》（发改投资〔2021〕958 号）印发，明确将保障性租赁住房纳入试点范围，为保障性租赁住房的 REITs 发行打开了政策通道。2023 年，《国家发展改革委关于规范高效做好基础设施领域不动产投资信托基金（REITs）项目申报推荐工作的通知》（发改投资〔2023〕236 号）从认真做好项目前期培育、合理把握项目发行条件、切实提高申报推荐效率、充分发挥专家和专业机构作用、用好回收资金促进有效投资、切实加强运营管理，六个方面明确了保障性租赁住房 REITs 项目的设立、发行及运营条件。

（四）保障性租赁住房申请与配租

### 1. 保障性租赁住房申请流程

入住保障性租赁住房的申请人通过单位或由本人直接向保障性租赁住房出租方提出申请，由出租方进行审核。其中申请人在所在市的住房情况由住房保障机构按规定予以核查；通过审核后，方可签订租赁合同。各地为确保保障性租赁住房申请、审核以及信息发布的便利化，正在加速建设和完善全市统一的住房租赁的服务平台。

### 2. 保障性租赁住房的配租

一般来说，保障性租赁住房既可以直接面向符合准入条件的对象配租，也可以面向用人单位整体配租，由用人单位安排符合准入条件的对象入住。保障性租赁住房配租通常分两个阶段：一是集中配租阶段，当项目达到供应条件后，出租单位发布公告，启动集中配租；集中配租期间应优先保障在本市无房且符合其他准入条件的对象；二是常态化配租阶段，集中配租后的剩余房源，实行常态化配租，对符合准入条件的对象实行"先到先租，随到随租"。

此外，各地政策均明确了保障性租赁住房不得上市销售或以长期租赁等为名变相销售，严禁以保障性租赁住房为名违规经营或骗取优惠政策。并要求严格对房地产经纪机构和经纪人员的管理，严禁有关机构或个人为保障性租赁住房提供转租、出售等经纪业务。

【例题 4-6】关于公共租赁住房和保障性租赁住房关系的说法，正确的是（　　）。

A. 均属于保障性住房

B. 保障供应对象相同

C. 所有权均属于政府

D. 面积标准要求不同

E. 均可以采取新建方式筹集

## 四、公共租赁住房和保障性租赁住房相关税费

（一）公共租赁住房相关税

公共租赁住房经营过程中主要涉及税种包括：增值税、城市维护建设税、教育费附加、房产税、城镇土地使用税、印花税等。对于公共租赁住房税收政策优惠主要集中在增值税、房产税、城镇土地使用税、印花税四个方面。

1. 增值税

公共租赁住房运营方一般均符合专业化规模化住房租赁企业标准，故而同样享有《财政部 国家税务总局 住房城乡建设部关于完善住房租赁有关税收政策的公告》（2021 年第 24 号）的增值税优惠政策，详见本章第二节中相关内容。

2. 房产税

根据《财政部 国家税务总局关于调整住房租赁市场税收政策的通知》（财税〔2000〕125 号），对按政府规定价格出租的公有住房和廉租住房，包括企业和自收自支事业单位向职工出租的单位自有住房，房管部门向居民出租的公有住房，落实私房政策中带户发还产权并以政府规定租金标准向居民出租的私有住房等，暂免征收房产税。《财政部 税务总局关于继续实施公共租赁住房税收优惠政策的公告》（财政部 税务总局公告 2023 年第 33 号），对公租房免征房产税。公租房经营管理单位应单独核算公租房租金收入，未单独核算的，不得享受免征增值税、房产税优惠政策。

3. 城镇土地使用税

《财政部 税务总局关于继续实施公共租赁住房税收优惠政策的公告》（财政部 税务总局公告 2023 年第 33 号），对公租房建设期间用地及公租房建成后占地，免征城镇土地使用税。在其他住房项目中配套建设公租房，按公租房建筑面积占总建筑面积的比例免征建设、管理公租房涉及的城镇土地使用税。

4. 印花税

《财政部 税务总局关于继续实施公共租赁住房税收优惠政策的公告》（财政部 税务总局公告 2023 年第 33 号），对公租房经营管理单位免征建设、管理公租

房涉及的印花税。在其他住房项目中配套建设公租房，按公租房建筑面积占总建筑面积的比例免征建设、管理公租房涉及的印花税。对公租房经营管理单位购买住房作为公租房，免征契税、印花税；对公租房租赁双方免征签订租赁协议涉及的印花税。

（二）保障性租赁住房相关税费

保障性租赁住房经营过程中主要涉及税种包括：增值税、城市维护建设税、教育费附加、房产税、城镇土地使用税、印花税等。

根据《财政部 国家税务总局 住房城乡建设部关于完善住房租赁有关税收政策的公告》，对企事业单位、社会团体以及其他组织向个人、专业化规模化住房租赁企业出租住房的，减按 4% 的税率征收房产税。对利用非居住存量土地和非居住存量房屋（含商业办公用房、工业厂房改造后出租用于居住的房屋）建设的保障性租赁住房，取得保障性租赁住房项目认定书后，企事业单位、社会团体以及其他组织向个人、专业化规模化住房租赁企业出租上述保障性租赁住房，比照适用此房产税政策。

根据《财政部 国家税务总局 住房城乡建设部关于完善住房租赁有关税收政策的公告》，住房租赁企业对个人出租住房的，由按照 5% 的征收率减按 1.5% 计算缴纳增值税。住房租赁企业中的增值税一般纳税人向个人出租住房取得的全部出租收入，可以选择适用简易计税方法，按照 5% 的征收率减按 1.5% 计算缴纳增值税，或适用一般计税方法计算缴纳增值税。住房租赁企业中的增值税小规模纳税人向个人出租住房，按照 5% 的征收率减按 1.5% 计算缴纳增值税。住房租赁企业向个人出租住房适用简易计税方法并进行预缴的，减按 1.5% 预征率预缴增值税。对利用非居住存量土地和非居住存量房屋（含商业办公用房、工业厂房改造后出租用于居住的房屋）建设的保障性租赁住房，取得保障性租赁住房项目认定书后，住房租赁企业向个人出租上述保障性租赁住房比照适用此增值税政策。

此外，《国务院办公厅关于加快发展保障性租赁住房的意见》（国办发〔2021〕22号）明确，保障性租赁住房项目免收城市基础设施配套费。

根据《关于保障性住房有关税费政策的公告》（财政部 税务总局 住房城乡建设部公告 2023 年第 70 号），自 2023 年 10 月 1 日起，对保障性住房经营管理单位与保障性住房相关的印花税予以免征。保障性住房项目免收各项行政事业性收费和政府性基金，包括防空地下室易地建设费、城市基础设施配套费、教育费附加和地方教育附加等。

（三）公共租赁住房和保障性租赁住房租赁相关费用

1. 物业服务费用

物业服务费用简称物业费。承租公共租赁住房、保障性租赁住房的，应在房屋租赁合同中约定物业费承担人。实践中，有的地方将物业费包含在租金中；有的地方约定由承租人承担；有的地方对承租人属于低保人员的，还制定了免、减政策。

2. 水、电、暖、煤气（天然气）等费用

承租公共租赁住房、保障性租赁住房租赁所产生的水、电、暖、煤气（天然气）等费用，通常由承租人承担，但也应在房屋租赁合同约定。

# 复 习 思 考 题

1. 房屋租赁市场的特点有哪些？

2. 确定房屋租金要考虑的因素有哪些？

3. 房屋出租应当具备的条件有哪些？属于房屋租赁禁止的行为有哪些？

4. 房屋租赁合同的主要内容有哪些？签订时，应注意的事项有哪些？

5. 房屋转租应当具备的条件有哪些？

6. 认定房屋租赁合同无效、解除的情形有哪些？

7. 承租人的优先权有哪些？

8. 商品房屋租赁应缴纳的税费有哪些？各种税费如何计算、缴纳？

9. 公共租赁住房管理有何规定？

10. 保障性租赁住房支持政策有哪些？

# 第五章 房屋买卖

房屋买卖是重要的房地产交易方式。受传统因素的影响，中国居民购买房屋的愿望强烈。房屋价值量大，且大部分房屋买卖当事人不具备专业知识，对当事人而言，房屋买卖属于低频交易，很少有人去花大量时间学习房屋买卖的知识，绝大部分的房屋买卖，尤其是"二手房"买卖是由房地产经纪专业人员促成的。要做好房地产经纪专业服务，房地产经纪专业人员应懂得房屋买卖市场的基本知识，了解房地产市场价格的形成机制，依靠自己的信息优势和专业技能优势为房屋买方和卖方提供专业服务。本章主要介绍房屋买卖市场，房地产价格，新建商品房买卖、存量房买卖等内容。

## 第一节 房屋买卖市场

### 一、房屋买卖市场概述

（一）房屋买卖市场的类型

根据房地产的属性不同，房屋买卖市场还可以作进一步的细分，房地产经纪业务中常用的分类方式如下。

1. 新房市场和存量房市场

按照房地产流转次数分，房屋买卖市场可以分为新房市场和存量房市场。新房市场也称为增量房市场，是指新建商品房等房地产的初次交易市场，其市场销售的主体是房地产开发企业等单位。存量房市场也称为二手房市场，主要是指除新建商品房外，房屋已经发生过一次或多次所有权转移的房屋交易市场，其市场销售主体是拥有房屋所有权的个人或单位。

2. 居住房地产市场和非居住房地产市场

按照房地产的用途分类，房地产市场又可以分为居住房地产市场和非居住房地产市场。居住房地产市场主要是以住房为交易标的的市场，非居住房地产市场又可以分为商业房地产市场、写字楼市场、工业房地产市场等。

3. 现房市场和期房市场

按照交易时房地产的开发建设状态分类，房地产市场可以分为现房市场和期房市场。现房是指已经通过竣工验收，购买后就可以交付的房屋。期房即预售商品房，是从房地产开发企业取得商品房预售许可证可以公开销售开始，直至竣工交付之前的商品房。期房处于建设过程中，购买后需要等待竣工验收后才能交付给购房人。目前，我国新建商品住房市场以期房市场为主。

4. 高档、中档、低档房地产市场

按照房地产的档次，房地产市场可以分为高档房地产市场、中档房地产市场和低档房地产市场。居住房地产市场又可以分为别墅市场、高级公寓市场、普通商品住房市场等。

（二）不得买卖的房屋类型

根据有关法律法规，不得转让的存量房屋主要有下列几类：

（1）司法机关和行政机关依法裁定，决定查封或者以其他形式限制房地产权利的房屋。

（2）依法收回土地使用权的房屋。当土地使用权被收回时，按照房随地走的原则，房屋所有权也要一同转移，因此不能再进行买卖。

（3）共有房屋，未经其他共有人书面同意的，例如夫妻共有的房屋，未取得配偶的书面同意。

（4）权属有争议的房屋。这样的房屋存在产权纠纷或者产权不明晰，房屋的产权最终属于谁还没有定论，因此不能买卖。

（5）未依法登记的房屋。这些房屋除当事人合法建造的外，由于尚未确定房屋所有权人，因此没有具有处分权利的主体，不能买卖。这种房屋又有几种类型：一是权属登记正在办理但尚未办完的商品房；二是无法办理权属登记的房屋，如小产权房、属于违法建设的房屋等；三是尚未达到办理权属登记法定条件的房屋，如未依法缴纳相关税费的房屋。

（6）法律、行政法规、规章规定禁止转让的其他情形。如购买后未满5年的经济适用住房。

## 二、房屋买卖市场的特点

由于房地产具有独一无二、不可移动、价值量大等不同于一般商品的特性，房屋买卖市场主要具备以下特点。

（一）垄断竞争性

房地产不同于普通商品，无法像普通商品那样可以做到大规模标准化生产、市场上存在大量可替代的产品、相互之间竞争充分。房地产市场上在售的房地产商品各不相同，竞争往往不够充分，具有垄断竞争市场的特征。特别是新建商品房市场，由于某一区域某个时间段的在售项目通常较少，往往只有一个或者几个房地产开发企业的项目，容易形成区域垄断。相比较而言，二手房市场上的交易双方较为分散，竞争性较新建商品房市场更充分，但由于同一时间内在售房地产在实物、区位方面存在的差异，替代性不强，也不是完全竞争市场。

（二）区域性

房屋买卖市场是典型的区域市场，不同的城市之间，甚至同一城市的不同区域之间房地产市场的规模、价格水平、供求状况、价格走势等情况都可能差异很大。因此，分析房地产市场形势时，要区分不同的城市或区域，一般可将一个城市视为一个市场。

（三）周期性

房地产业受到经济发展、人口、政策等多种因素的影响，以及房地产业本身运行规律的制约，房地产市场会表现出周期性波动，出现高峰期和低谷期。房地产市场周期主要体现在房地产的价格、成交量、房地产开发投资等指标的周期性变化上，没有只涨不跌或者只跌不涨的房地产价格，没有永远火爆的房地产市场。

（四）易于形成泡沫

由于房地产寿命长久、供给有限、易保值增值，具有很好的投资品属性，房地产市场容易出现投机。过度的投机炒作会使房价大幅上涨，偏离其实际价值，产生价格泡沫行为。国际上曾出现过多次严重的房地产泡沫事件，泡沫一旦破裂，对宏观经济和金融体系的影响巨大。我国20世纪90年代在海南也出现过房地产泡沫事件。

【例题 5-1】房屋买卖市场不能实现完全竞争的最主要原因，是其具有（　　）的特性。

A. 独一无二　　　　　　　　　B. 易受限制
C. 供给有限　　　　　　　　　D. 难以变现

### 三、房屋买卖市场的参与者

（一）卖方

卖方也称出卖人，为房地产供给者，主要有房地产开发企业和房屋所有权人。新建商品房销售中的卖方是房地产开发企业，其必须具有法人营业执照和房地产开发企业资质证书，同时还要符合国家关于商品房预售和现售的具体条件。房地产开发企业如违反上述规定，就会被认为不符合签订房屋买卖合同的主体资格，而导致合同无效，且应当赔偿买受方因此遭受的损失。

存量房屋的卖方（出卖人）是房屋所有权人，可能是个人，也可能是企事业单位。个人出售房地产的原因主要有住房改善、急需资金、规避风险或离开房屋所在地等。如果卖方为具有完全民事行为能力的个人，卖方可以亲自办理房屋出售，也可以授权委托他人代理出售。因房屋买卖属大额交易，代理出售一般要求代理人持经公证的授权委托书才能代为签订房屋买卖合同和办理不动产登记。如果卖方为无民事行为能力人或限制民事行为能力人，应由卖方的监护人代为签订房屋买卖合同和申请不动产登记。监护人还要提供出售房屋是为被监护人利益的书面保证。例如，赵某夫妇想出售未成年儿子小明名下的一套房产，则赵某夫妇要先写一份保证其有监护人资格和出售房屋是为了小明利益的保证书，才能办理房屋所有权转移登记手续。办理房屋所有权转移手续时，除提交正常的房屋交易登记资料外，还需提供小明与赵某夫妇关系证明材料、赵某夫妇的身份证件以及上述保证书。卖方是单位的，如果是国有企业，需要取得国有资产管理部门的批准文件；如果是集体企业，需要取得职工代表大会的批准文件；如果是有限责任公司、股份有限公司的，需要提供公司董事会、股东会决议和公司章程等书面文件。

（二）买方

买方也称买受人，为房地产需求者。房地产需求又可以分为刚性需求、改善性需求、投资性需求、投机性需求等。我国的限购、限价、限贷等房地产调控政策，尽最大可能满足刚性需求，鼓励改善性需求，坚决抑制投机性需求，促进房地产行业持续健康发展。

买方购买房地产的目的主要有自用、投资或者优化资产配置等。一般情况下任何单位和个人都可以成为房地产买方，法律法规规定可以购买房地产的单位或个人，可以是中华人民共和国境内（外）的自然人、法人和非法人组织，但各地政府对不同性质房屋的购买主体资格又有具体要求。如果政府实行了限制购房的政策，符合购房政策的人才能成为房地产的买方。政府确认的城市低收入家庭才有权购买经济适用住房；仅本单位的职工有权购买单位自管公房（购买后成为已购公房）；在实行商品房限购的城市，对买方有户口、社保、居住年限等政策要求。此外，限制民事行为能力和无民事行为能力的人买房需要由监护人代为办理。

房地产经纪人员要根据当地的购房政策、要购买的房屋类型、购房人的民事行为能力等，核对其是否具有相应的主体资格。例如，王某 8 岁的儿子小王获得爷爷遗赠的一笔资金，王某拟为小王购买住宅以保值增值。王某除了按照正常的房屋交易登记程序提交资料外，还需要提交购房人小王与其关系证明资料，并明确记载监护人王某与小王父子（或母子）关系，代理办理购房相关事宜。

（三）房地产经纪机构

房地产经纪机构是房屋买卖的中间商，随着市场经济和城镇化发展，房地产交易中通过房地产经纪机构成交的比例会越来越大。房地产经纪机构提供的经纪服务由基本服务和延伸服务组成。基本服务是房地产经纪机构为促成房屋交易提供的一揽子必要服务，包括提供房源客源信息、带客户看房、签订房屋交易合同、协助办理不动产登记等。延伸服务是房地产经纪机构接受交易当事人委托提供的代办贷款等额外服务，每项服务可以单独提供。

（四）其他专业服务机构

房屋买卖的成交还需要其他专业机构的参与，如金融机构提供贷款服务、房地产估价机构提供房屋价格评估服务、律师事务所提供法律咨询服务等。

（五）房地产市场管理者

房地产市场管理者主要是行政主管部门和行业自律组织。全国性的房地产市场主管部门是住房和城乡建设部，全国性的房地产经纪行业自律组织是中国房地产估价师与房地产经纪人学会。行政主管部门及行业自律组织在房屋买卖过程中的职能是管理、监督和服务。

## 四、房屋买卖市场调查与分析

（一）市场调查的一般方法和步骤

市场调查是市场分析的基础，主要方法有观察法、询问法、实验法和问卷法等。市场调查一般有以下 5 个步骤：①确定问题和调查目标。确定调查要解决的问题和达到的目标，形成调查项目，可分为试探性调查、描述性调查和因果性调查等。②制定调查计划。调查计划一般包括资料来源、调查方法、调查手段、抽样方案和联系方法等。③收集信息。信息收集要求客观准确，减少主观因素的干扰，应用现代信息技术，减少人员和时间的投入，提高信息收集的效率。④分析信息。从收集的信息和数据中提炼出与调查目标相关的信息，采用统计技术和决策模型进行分析。⑤报告结果。对信息实行分析和提炼，形成调查结果并报告给决策人员。

（二）描述房屋买卖市场状况的常用指标

与房屋供给相关的指标有存量、新竣工量、灭失量、空置量、空置率、可供出售量、房屋施工面积、房屋新开工面积、平均建设周期等。与房屋需求相关的指标有国内生产总值、人均可支配收入、人口数量、就业率、城市家庭人口等。

房屋买卖交易指标包括房地产价格、房地产价格指数、销售量、预售量、销售面积、预售面积等。

（三）房地产市场供求

1. 房地产市场供给

房地产供给是指房地产开发企业和房地产所有权人（即房地产出卖人）在某一特定时间内和某一价格水平下，愿意并且能够提供出售的房地产数量。

决定房地产供给的基本因素有：①该种房地产的价格水平；②该种房地产的开发建设成本；③该种房地产的开发建设技术水平；④房地产开发企业和房地产拥有者对未来的预期。

2. 房地产市场需求

房地产市场需求是指在一定时间内、一定价格水平下和一定市场上所有的消费者对某种房地产所愿意并且能够购买的数量，即市场需求是所有的消费者需求的总和。

影响房地产市场需求的基本因素有：①该种房地产的价格水平；②消费者的收入水平；③消费者的偏好；④相关物品的价格水平；⑤消费者对未来的预期。

3. 房地产市场预测

进行区域内房地产市场供求预测，分析供求之间的数量差异，以此判断房地产价格趋势。一般情况下，房地产市场供过于求，价格将下跌；供不应求，价格将上涨。房地产价格趋势分析详见本章第二节。

# 第二节　房地产价格

## 一、房地产价格的含义和特点

（一）房地产价格的含义

房地产价格是和平地取得他人的房地产所必须付出的代价。在市场经济条件下，房地产价格通常用货币来表示，惯例上也是用货币形式来偿付，但也可以用实物等非货币形式来偿付，如以房地产作价出资入股等。房地产交易能否达成，与卖方要价、买方出价、市场价格等的高低密切相关。

（二）房地产价格的特点

房地产价格与普通商品价格有共同之处，如均用货币表示；都有波动，受供求因素的影响等；但由于房地产的特性，决定了房地产价格又具有自身特点：

1. 房地产价格与区位关系密切

房地产由于不可移动，其价格与区位密切相关。在其他状况相同的情况下，区位好的房地产，价格就高；区位差的房地产，价格就低。

2. 房地产价格实质上是房地产权益的价格

房地产是不动产，其物权的设立、变更、转让和消灭是依照法律规定登记，因此房地产在交易中移动的不是实物，而是其所有权、建设用地使用权和其他权利的转移。实物状况相同的房地产，权益状况可能千差万别，如有的房屋虽然实物状况差，但产权清晰、完全，则价格也可能较高。

3. 房地产价格同时有买卖价格和租赁价格

房地产由于价值较大、寿命长久，所以同时存在着买卖和租赁两种交易方式、两个市场，也因此同时具有买卖价格和租赁价格。

4. 房地产价格易受交易者的个别情况影响

房地产由于具有独一无二性，不能搬到同一处进行比较，要了解房地产只有到实地查看；而且由于房地产价值较大，相似的房地产一般也只有少数几个卖者和买者，因此房地产价格通常随交易的需要而个别形成，并容易受买卖双方的个别情况的影响。

5. 房地产价格形成的时间通常较长

房地产因为具有独一无二性，相互之间可比性较差，加上价值较大，人们对房地产交易通常是很谨慎的，所以房地产交易价格一般难以在短时间内达成。

## 二、房地产价格的影响因素

从因素影响的范围角度，可将影响房地产价格的因素分为一般因素、区域因素、个别因素。

（一）一般因素

一般因素即对国家或某城市房地产价格普遍产生影响的因素，包括社会因素、经济因素、行政因素、人口因素等。

1. 社会因素

社会因素包括政治安定状况、社会治安状况及城市化水平等。一般来说，政治不安定，意味着社会可能动荡；社会治安状况越差，居民居住环境越差，影响人们投资、置业的信心，即政治安定状况及社会治安状况越差会造成房地产价格越低落。而城市化水平越高，表示人口向城市的聚集度越高，对住房的需求也就越大，从而带动城市房地产价格上涨。

2. 经济因素

经济因素对房地产价格有影响的主要有经济发展、居民收入、利率、汇率和物价等。一般而言，经济高速增长的国家和地区房地产价格往往也会有上涨趋势；居民收入增加，特别是中等收入者收入增加，会增加对居住房地产的需求，从而促使居住房地产价格上涨；利率上涨会提高建设开发成本导致房地产价格上涨，但同时会加重购房者的贷款偿还负担而抑制需求，导致房地产价格下降，但综合来看，房地产价格与利率呈负相关，利率上升，房地产价格会下降，反之，房地产价格上涨；预期某国货币升值时，就会吸引国外资金购买该国房地产，从而导致其房地产价格上涨；物价变动与房地产价格变动的互动关系比较复杂，但不论总物价水平是否变动，某些物价的变动会影响房地产的开发建设成本，从而影响房地产价格，统计资料表明，长期来看房地产价格的上涨率高于一般物价上涨率。

3. 行政因素

行政因素指影响房地产价格的法律法规、制度、政策、行政措施等，主要有房地产制度、房地产价格政策、行政隶属变更、特殊政策、城市发展战略、城市规划、土地利用规划、税收政策、交通管制等。例如在税收政策上，如果对房地产交易实行优惠税率，则会刺激房地产市场需求，进而带动房地产价格上涨；在城市规划上，当对某一区域进行更新改造，加大基础设施、商业配套、教育医疗等方面的建设，改善了该区域的宜居性，将会促使房地产价格上涨。

4. 人口因素

人口因素主要通过影响房地产的需求而作用于房地产价格。人口因素可分为人口的数量、结构、素质等方面。一般来说，某地区的人口数量增加，对房地产需求就会增加，房地产价格也会上涨，反之就会下降。反映人口数量因素的指标主要是人口密度。人口结构是指一定时期内人口按照性别、年龄、家庭、职业、文化、民族等因素的构成状况。例如，随着家庭人口规模小型化，即每个家庭平均人口数的下降，家庭数量增多，所需的住宅总量将会增加，住宅价格有上涨的趋势。人口素质是指人的教育水平、生活质量和文明程度，人口素质高的地区往往房地产价格会较高。

（二）区域因素

区域因素指对某一特定范围的房地产价格产生影响的因素，包括交通因素、外部配套设施因素、周围环境和景观因素、小区物业管理因素等。

1. 交通因素

交通出行的便捷、时耗和成本如何，直接影响房地产价格。如新建道路、通公共汽车、建地铁或轻轨，可以改善沿线地区特别是站点周边地区的交通条件，一般会使这些地区的房地产价格上涨。

### 2. 外部配套设施因素

一般来说，外部配套设施完备，特别是周边有教育质量高的中小学、医疗水平高的医院以及有购物中心、休闲娱乐场所的住宅，其价格就高；反之，其价格较低。

### 3. 周围环境和景观因素

影响房地产价格的周围环境和景观因素，是指对房地产价格有影响的房地产周围的自然状况因素和人文状况因素，主要有大气环境、水文环境、声觉环境、视觉环境、卫生环境和人文环境。如靠近垃圾站等可能造成空气污染的房地产，以及周边噪声大的房地产，价格通常较低；而临近公园、绿化较好的地段房地产价格相对较高。

### 4. 小区物业管理因素

随着人们生活水平的不断提高，物业管理逐渐被人们所熟悉、习惯，物业管理服务已成为房地产开发企业使商品房增值的重要手段，如改善物业管理服务中的出入小区的道路、停车场等硬件设施质量，给住户带来较好的居家体验。对于购买者而言，提升住户居住环境的清洁程度、安全程度，提高住户的舒适度，使房屋保值增值。通过有效的物业管理服务，可以有效延长房屋的使用寿命，提高房屋的使用质量，从而使房屋有效的保值、增值，房屋买卖市场中的价格将明显提高。

### （三）个别因素

个别因素则指影响单套房屋的价格因素，包括面积、用途、户型、楼层、朝向、房屋类型、设施设备、装饰装修、新旧程度、权利性质等。一般而言，设施设备配备齐全、装饰装修档次较好、房龄较新、房屋权利无瑕疵的房地产价格相对较高。在其他因素相同的情况下，面积大的房地产价格总额相对也较高。但从房地产单价而言，面积对房地产价格的影响则需结合房地产需求结构来分析。如90m² 以下房屋需求旺盛时，面积小的房屋房地产单价相对高。楼层对房地产价格的影响，则结合总楼层数及有无电梯来考虑，没有电梯的传统多层住宅，中间楼层最优，顶层最劣。我国北方地区对房屋朝向一般认为是"南方为上，东方次之，西方又次之，北方为下"，南方地区对房屋朝向的要求则不如北方明显。

## 三、房地产经纪服务涉及的价格类型

### （一）买卖价格、租赁价格

买卖价格也称为销售价格，简称买卖价，是房屋所有权人采取买卖方式将其房地产转移给他人，由他人（作为买方）支付且房屋所有权人（作为卖方）接受的金额。

租赁价格通常称为租金，包括土地租金和房屋租金。在建筑物与土地合在一起的情况下习惯上称为房屋租赁价格，简称房租，是房屋所有权人或土地使用权人作为出租人将其房地产出租给承租人使用，由承租人向出租人支付且出租人接受的金额。

（二）总价、单价

总价是指某一宗或某一区域范围内的房地产整体的价格，如占地 30 000m² 的土地总价，一套建筑面积为 90m² 的普通住宅的价格，一幢建筑面积为 500m² 的别墅的价格等，总价格一般不能完全反映价格水平的高低。

单价是指房地产单位价格，主要有土地单价和房地单价，房地单价即通常所说的房价。单价一般可以反映价格水平的高低。对于土地来说，是指单位土地面积的土地价格，如一宗占地面积 30 000m² 的土地单价为 1 000 元/m²；对于房地来说，是指单位建筑物面积的房地价格，如一套 120m² 的商品住宅单价为 5 000 元/m²

总价与单价的关系如下：

$$土地单价＝土地总价/土地面积$$
$$房地单价＝房地总价/建筑面积（或套内建筑面积）$$

总价和单价一般在房屋买卖中使用较多，但在房地产租赁市场中也存在着总价和单价之分，如租住一套面积为 100m² 的商品住宅月租金为 2 500 元，单位面积月租金则为 2 500 元/100m²＝25 元/m²。

（三）挂牌价、成交价、心理价

挂牌价是指出卖人在房地产经纪机构或其他方式挂牌时定下的房屋价格。挂牌价一般在专门的房地产网站、房地产经纪机构的网站中发布，由于存在议价空间，一般略高于真实成交价。

成交价指成功的交易中买方支付且卖方接受的金额，通常随着交易者对交易对象和市场行情的了解程度，出售或购买的动机或急迫程度，交易双方之间的关系、议价能力和技巧，卖方的价格策略等的不同而有所不同。成交价可分为正常成交价格和非正常成交价格。正常成交价格是指不存在特殊交易情况下的成交价格。所谓特殊交易，包括利害关系人之间、对交易对象或市场行情缺乏了解、被迫出售或被迫购买（包括急于出售或急于购买，被强迫出售或被强迫购买）、人为哄抬价格、对交易对象有特殊偏好、相邻房地产合并、受迷信影响等的交易。在特殊交易情况下的成交价格，则为非正常成交价格。

心理价指买方能承受的买价，卖方能接受的卖价。一般而言，卖方能接受的最低卖价低于买方能承受的最高买价时，交易才会成功发生。

**（四）市场价、贷款评估价**

市场价是指某种房地产在市场上的平均交易价格，一般以一些类似房地产的成交价格为基础测算，但不能对这些成交价格直接采用平均的方法进行计算，而是在平均之前剔除偶然的和不正常的因素造成的价格偏差，并消除房地产之间的状况不同造成的价格差异。

贷款评估价是指向银行办理房屋抵押贷款时，委托房地产评估机构对拟交易房屋进行评估的价格。考虑到资金的安全性，贷款评估价往往会低于实际成交价，并且与房龄、房屋的建筑结构等因素密切相关。一般房屋年代越久远，贷款评估价会越低；在其他因素相同的情况下，房屋建筑结构为钢混的贷款评估价高于砖混。

**（五）期房价、现房价**

对应期房和现房的交易价格就是期房价和现房价。在期房和现房品质相同的情况下，期房价格低于现房价格。这是因为买现房可以出租获取租金收入，买期房在期房成为现房期间没有租金收入，并由于买期房存在风险，如可能不能按期交房，甚至出现"烂尾楼"，或者实际交付的品质比预售时约定的差。期房价格和现房价格二者的关系为：

期房价格＝现房价格－预计从期房达到现房期间现房出租的净收益的折现值－风险补偿

现实中通常出现同地段的期房价格比现房价格高的现象。这主要是由于两者的品质、付款进度不相同，如期房的户型和环境较好、不需要现在付清全款等。

**（六）含税价、净得价**

含税价是指包括房地产交易过程中应缴纳税金在内的房地产价格，含税价扣除应缴纳税金后为房地产实际价格。

净得价则是从房地产卖方或者出租方角度而言的。对于房屋买卖，净得价指扣除交易税费等成本外，卖方实际拿到手的交易额；而在房地产出租情况下，净得价则指扣除取暖费、税费、设施设备维修费、物业管理费等成本外，出租方实际获得的租金。

**【例题 5-2】**杨某在某房地产经纪机构网站上以 100 万元的价格发布其一套房屋的出售信息，这个价格是（　　）。

A. 心理价　　　　　　　　　　B. 成交价

C. 挂牌价　　　　　　　　　　D. 贷款评估价

### 四、房地产价格分析及咨询建议

#### (一) 房地产价格比较分析

房地产交易中,最常用的房地产价格分析法为比较法,即将拟交易的房地产与类似的已成交的房地产进行比较,进而得出拟交易房地产的价格。在对房地产价格进行比较分析时应注意以下两个方面的问题。

1. 交易实例的选取

并不是所有的交易实例都可以用来作为拟交易房地产的价格比较基础,需满足以下几个条件:①与拟交易房地产状况相类似,包括:区位相近,用途相同,房地产权利性质相同,房地产的建筑结构相同等几个方面;②与拟交易房地产的交易类型相吻合;③成交日期与拟交易的时间相近;④成交价格尽量为正常价格或可修正为正常价格。

2. 建立比较基础

建立比较基础一般包括:①统一房地产范围。房地产范围不同的情况一般有:带有债权债务,如有的房地产欠缴水电费、燃气费、通信费等;含有非房地产成分,如是否附赠家具、家用电器等;实物范围不同,如是否带有车位等。②统一付款方式。房地产交易涉及的金额较大,许多成交价格采取分期付款方式支付,且分期付款期限也有不同,在进行比较时一般将付款方式折算为在成交日期一次性付清的金额。③统一价格单位。包括:统一价格表示单位,价格表示单位可以是总价也可以是单价,一般采用单价;统一币种和货币单位及统一面积内涵和单位,如币种为人民币,单位为元,面积内涵为套内建筑面积,单位为平方米。

3. 调整确定房地产价格

建立比较基础后,根据影响房地产价格的因素,对可比实例的价格进行调整,可以粗略得到拟交易房地产的价格。如拟交易房地产的楼层比可比实例好,则向上调整价格,反之,向下调整。

#### (二) 房地产价格趋势分析

房地产价格趋势分析是确定拟交易房地产价格的另一种方法,最常用的即为长期趋势法,即根据房地产价格在过去和现在较长时期内形成的变动规律作出判断,借助历史统计资料和现实调查资料来推测未来,通过对这些资料的统计、分析得出一定的变动规律,并假定其过去形成的趋势在未来继续存在,而推测未来的房地产价格。这种方法的理论依据是事物的过去和未来是有联系的,事物的现实是其历史发展的结果,而事物的未来又是其现实的延伸。房地产价格在短期内一般难以看出其变动规律和发展趋势，但从长期来看却会呈现一定的变动规律和发展趋势。当前存在的各类房价指数，如国家统计局发布的 70 个大中城市新建住宅、新建商品住宅、二手住宅等价格指数，90 个重点城市房价指数，可以作为判断房地产价格趋势的一种辅助工具。

### （三）房地产投资收益率分析

房地产投资收益率笼统地讲是指房地产的预期收益与所投入资金的比率，它反映的是房地产的投资收益能力及投资风险的大小，因计算方法不同，又可分为资本化率、报酬率、内部收益率等指标。其中，资本化率的计算公式是：资本化率＝房地产未来第一年的净收益/房地产价格。为便于理解和表达，可以简单地用房价租金比来考察。房价租金比，即同量、同质的商品房的销售价格与租赁价格的比值，从投资的角度看，房地产投资回报的来源是租金收入。因租金比房价更能反映真实的房地产供求状况，房价租金比可以反映房价合理程度。该指标的计算公式为：房价租金比＝商品房市价总值/该房出租月（年）收入。房价租金比有一个合理的倍数。在房租由市场决定及经济正常发展的情况下，房价与年房租（或月房租）之比，一般为 10～15 倍（或 120～180 倍）。如果房价与房租之比大大高于这个倍数，则说明房价有泡沫，购买房地产用于出租是不划算的。

### （四）房地产价格咨询建议

房屋买卖中，卖方希望以较高的价格卖出自己的房屋，而买方总是希望买到性价比高的房屋，但双方对房地产市场的价格走势了解并不专业，也很难判断当前是否为买卖房屋的好时机，这需要房地产经纪人员提供房地产价格方面的专业咨询建议。

### 1. 卖方咨询建议

在为卖方提供价格建议时，房地产经纪人员可以按照如下步骤进行：①判断整体房地产市场走势。根据房屋买卖市场及房屋租赁市场近期成交状况及房地产市场存在的淡季旺季规律，判断房地产市场下一步走势。②调查拟交易房地产所在区域的价格。最为准确的方式即通过所在机构的内部交易系统查看拟交易房屋所在小区及周边同档次小区的近期成交均价；查看是否有同小区、同面积、同户型房地产的成交记录。其次是通过房地产网站了解同一小区或周边小区近似房地产的挂牌价格，或者通过询问新迁入业主的购房单价进行了解。③对拟交易房地产价格进行调整。根据掌握的拟交易房地产的建筑年代、楼层、装修、朝向、临街情况、交通便利情况等，向上或向下进行价格调整。如卖方房屋状况优质，则向上修正，如卖方房屋状况略差，则向下修正，当有些状况优质有些状况较差时，则需要综合考虑，比较各个状况在价格因素中的权重，给出准确价位。④预留议价空间，确定挂牌价格。购买商品都有个讨价还价的过程，对于价值量大的房地产更是如此。房地产经纪人员在给出拟交易房地产准确价位后，向卖方介绍类似房地产成交价或报价，让卖方有个心理价位，同时建议卖方给买方留足还价空间，这样最后的成交价还可能高于卖方的心理价位，但不能过于拔高挂牌价，而应结合房地产市场的走势情况以及卖方是否急于出售等情况确定合理的挂牌区间。

2. 买方咨询建议

在为买方提供价格咨询建议时，房地产经纪人员可以按照如下步骤进行：①判断整体房地产市场走势，以便为买方进行价格谈判时提供基础；②调查拟购买房地产所在区域的价格，以便买方对房地产交易价格有个大致了解，并根据心理最高承受价格明确拟购买房地产区域。调查方式及调查内容与上述卖方咨询建议中"调查拟交易房地产所在区域的价格"基本一致。对于购买房屋用于投资的客户，还可根据各个区域的投资回报率情况，为客户推荐满意的房屋；③确定谈判空间。根据房地产市场走势及挂牌房屋的状况，如环境差、建筑年代久远等降价因素或者房屋区位好、有赠送家具家电、停车位等增值因素，以及卖方是否急于出售等情况，为买方确定合理的议价空间。

# 第三节　新建商品房买卖

## 一、商品房买卖的主要法规和流程

### （一）商品房买卖的主要法规

新建商品房主要是指具有企业法人营业执照和房地产开发企业资质证书的房地产开发企业通过出让的方式取得国有建设用地使用权后建造、出售给买受人的房屋。新建商品房买卖应遵行《城市房地产管理法》、《城市房地产转让管理规定》（2001 年建设部令第 96 号）、《城市商品房预售管理办法》（1994 年建设部令第 40 号，后有两次修改）、《商品房销售管理办法》（2001 年建设部令第 88 号）、《关于进一步加强房地产市场监管完善商品住房预售制度有关问题的通知》（建房〔2010〕53 号）、《住房城乡建设部关于进一步规范和加强房屋网签备案工作的指导意见》（建房〔2018〕128 号）等。

### （二）商品房买卖的一般流程

新建商品房销售可以由开发企业自行销售，也可以通过经纪机构代理销售，无论哪种销售方式，新建商品房买卖的一般流程如下：

（1）房源核验与购房资格审核（如有）；

（2）房地产开发企业与认购人签订商品房认购书，认购人交付定金；

（3）房地产开发企业与买方签订商品房买卖合同；

（4）房地产开发企业办理商品房买卖合同网签备案；

（5）买方支付首付款及办理抵押贷款（如需要），预售商品房应办理预售资金监管；

（6）买卖双方按照规定缴纳有关税费；

（7）买卖双方申请不动产转移登记；

（8）买方领取不动产权证书，房地产开发企业交付房屋。

## 二、商品房销售条件

（一）商品房预售

房地产开发企业进行商品房预售应当达到下列条件：

（1）已交付全部土地使用权出让金，取得土地使用权证书；

（2）持有建设工程规划许可证和施工许可证；

（3）按提供预售的商品房计算，投入开发建设的资金达到工程建设总投资的25％以上，并已经确定施工进度和竣工交付日期；

（4）取得商品房预售许可证。

（二）商品房现售

房地产开发企业进行商品房现售应当符合下列条件：

（1）取得土地使用权证书或者使用土地的批准文件；

（2）持有建设工程规划许可证和施工许可证；

（3）已通过竣工验收；

（4）拆迁安置已经落实；

（5）供水、供电、供热、燃气、通信等配套基础设施具备交付使用条件，其他配套基础设施和公共设施具备交付使用条件或者已确定施工进度和交付日期；

（6）物业管理方案已经落实。

房地产开发企业应当在商品房现售前将房地产开发项目手册及符合商品房现售条件的有关证明文件报送房地产开发主管部门备案。

（三）商品房销售中的禁止行为

根据《商品房销售管理办法》《关于进一步加强房地产市场监管完善商品住房预售制度有关问题的通知》《广告法》等的规定，新建商品房销售中的禁止行为主要有：

（1）不符合商品房销售条件的，房地产开发企业不得销售商品房，不得向买受人收取任何预订款性质的费用，不得参加展销活动；

（2）商品住宅按套销售，不得分割拆零销售；

（3）房地产开发企业不得采取返本销售或者变相返本销售的方式销售商品房，不得采取售后包租或者变相售后包租的方式销售未竣工商品房；

（4）商品住房严格实行购房实名制，认购后不得擅自更改购房者姓名；

（5）房地产开发企业不得在未解除商品房买卖合同前，将作为合同标的物的商品房再行销售给他人；

（6）商品房销售后，房地产开发企业不得擅自变更规划、设计；

（7）房地产广告的房源信息应当真实，面积应当表明为建筑面积或者套内建筑面积，并不得含有下列内容：①升值或者投资回报的承诺；②以项目到达某一具体参照物的所需时间表示项目位置；③违反国家有关价格管理的规定；④对规划或者建设中的交通、商业、文化教育设施以及其他市政条件作误导宣传。

### 三、商品房销售合同

（一）合同的主要内容

根据《商品房销售管理办法》第十六条规定，商品房销售时，房地产开发企业和买受人应当订立书面商品房买卖合同。商品房买卖合同应当明确以下主要内容：

（1）当事人名称或者姓名和住所；

（2）商品房基本状况；

（3）商品房的销售方式；

（4）商品房价款的确定方式及总价款、付款方式、付款时间；

（5）交付使用条件及日期；

（6）装饰、设备标准承诺；

（7）供水、供电、供热、燃气、通信、道路、绿化等配套基础设施和公共设施的交付承诺和有关权益、责任；

（8）公共配套建筑的产权归属；

（9）面积差异的处理方式；

（10）办理产权登记有关事宜；

（11）解决争议的方法；

（12）违约责任；

（13）双方约定的其他事项。

商品房销售计价方式，按照《商品房销售管理办法》第十八条的规定，可以按套（单元）计价，也可以按套内建筑面积或者建筑面积计价。

（二）商品房买卖合同示范文本

《商品房买卖合同（预售）示范文本》GF—2014—0171、《商品房买卖合同（现售）示范文本》GF—2014—0172。示范文本主要采取了章节式体例，包括封面、章节目录、说明、专业术语解释和合同主条款及附件，并对合同相关条款进行归类，使整体框架更为清晰，突出了其示范性。《商品房买卖合同（预售）示范文本》分为十章，共二十九条主条款内容和十一个合同附件。《商品房买卖合同（现售）示范文本》分为八章，共二十六条主条款内容和十二个合同附件。

签订商品房买卖合同前，出卖人应当向买受人出示有关证书和证明文件，就合同重大事项对买受人尽到提示义务。买受人应当仔细阅读合同条款，审慎签订合同，特别是审阅其中具有选择性、补充性、修改性的内容，注意防范潜在的市场风险和交易风险。出卖人与买受人可以针对本合同文本中没有约定或者约定不明确的内容，根据所售项目的具体情况在相关条款后的空白行中进行补充约定，也可以另行签订补充协议。但需要注意的是示范文本中规定，补充协议中含有不合理的减轻或免除示范文本中约定应当由出卖人承担的责任，或不合理的加重买受人责任、排除买受人主要权利内容的，仍以示范文本中的正文文本内容为准。双方当事人可以根据实际情况决定合同原件的份数，并在签订合同时认真核对，以确保各份合同内容一致；在任何情况下，出卖人和买受人都应当至少各持有一份合同原件。

（三）商品房买卖合同纠纷

1. 关于商品房购买人权利保护

《最高人民法院关于建设工程价款优先受偿权问题的批复》（法释〔2002〕16号）第2条规定：消费者交付购买商品房的全部或者大部分款项后，承包人就该商品房享有的工程价款优先受偿权不得对抗买受人。《最高人民法院关于商品房消费者权利保护问题的批复》（法释〔2023〕1号）第2条、第3条进一步明确对商品房消费者的保护，应以居住为目的且需结合是否支付全部价款：商品房消费者以居住为目的购买房屋并已支付全部价款，主张其房屋交付请求权优先于建设工程价款优先受偿权、抵押权以及其他债权的，人民法院应当予以支持。只支付了部分价款的商品房消费者，在一审法庭辩论终结前已实际支付剩余价款的，可以适用前款规定。在房屋不能交付且无实际交付可能的情况下，商品房消费者主张价款返还请求权优先于建设工程价款优先受偿权、抵押权以及其他债权的，人民法院应当予以支持。

2. 关于商品房买卖合同效力

根据《最高人民法院关于审理商品房买卖合同纠纷案件适用法律若干问题的解释》（法释〔2003〕7号）及其后续修改决定，商品房的销售广告和宣传资料为要约邀请，但是出卖人就商品房开发规划范围内的房屋及相关设施所作的说明和允诺具体确定，并对商品房买卖合同的订立以及房屋价格的确定有重大影响的，构成要约。该说明和允诺即使未载入商品房买卖合同，亦应当为合同内容，当事人违反的，应当承担违约责任。出卖人通过认购、订购、预订等方式向买受人收受定金作为订立商品房买卖合同担保的，如果因当事人一方原因未能订立商品房买卖合同，应当按照法律关于定金的规定处理；因不可归责于当事人双方的事由，导致商品房买卖合同未能订立的，出卖人应当将定金返还买受人。商品房的认购、订购、预订等协议具备《商品房销售管理办法》规定的商品房买卖合同的主要内容，并且出卖人已经按照约定收受购房款的，该协议应当认定为商品房买卖合同。当事人以商品房预售合同未按照法律、行政法规规定办理登记备案手续为由，请求确认合同无效的，不予支持。当事人约定以办理登记备案手续为商品房预售合同生效条件的，从其约定，但当事人一方已经履行主要义务，对方接受的除外。买受人以出卖人与第三人恶意串通，另行订立商品房买卖合同并将房屋交付使用，导致其无法取得房屋为由，请求确认出卖人与第三人订立的商品房买卖合同无效的，应予支持。

3. 关于商品房买卖合同解除

对房屋的转移占有，视为房屋的交付使用，但当事人另有约定的除外。房屋毁损、灭失的风险，在交付使用前由出卖人承担，交付使用后由买受人承担；买受人接到出卖人的书面交房通知，无正当理由拒绝接收的，房屋毁损、灭失的风险自书面交房通知确定的交付使用之日起由买受人承担，但法律另有规定或者当事人另有约定的除外。因房屋主体结构质量不合格不能交付使用，或者房屋交付使用后，房屋主体结构质量经核验确属不合格，买受人请求解除合同和赔偿损失的，应予支持。因房屋质量问题严重影响正常居住使用，买受人请求解除合同和赔偿损失的，应予支持。交付使用的房屋存在质量问题，在保修期内，出卖人应当承担修复责任；出卖人拒绝修复或者在合理期限内拖延修复的，买受人可以自行或者委托他人修复。修复费用及修复期间造成的其他损失由出卖人承担。根据《民法典》第五百六十三条的规定，出卖人迟延交付房屋或者买受人迟延支付购房款，经催告后在三个月的合理期限内仍未履行，解除权人请求解除合同的，应予支持，但当事人另有约定的除外。法律没有规定或者当事人没有约定，经对方当事人催告后，解除权行使的合理期限为三个月。对方当事人没有催告的，解除权人自知道或者应当知道解除事由之日起一年内行使。逾期不行使的，解除权消灭。

4. 关于违约责任

当事人以约定的违约金过高为由请求减少的，应当以违约金超过造成的损失30％为标准适当减少；当事人以约定的违约金低于造成的损失为由请求增加的，应当以违约造成的损失确定违约金数额。商品房买卖合同没有约定违约金数额或者损失赔偿额计算方法，违约金数额或者损失赔偿额可以参照以下标准确定：①逾期付款的，按照未付购房款总额，参照中国人民银行规定的金融机构计收逾期贷款利息的标准计算。②逾期交付使用房屋的，按照逾期交付使用房屋期间有关主管部门公布或者有资格的房地产评估机构评定的同地段同类房屋租金标准确定。

由于出卖人的原因，买受人在下列期限届满未能取得不动产权属证书的，除当事人有特殊约定外，出卖人应当承担违约责任：①商品房买卖合同约定的办理不动产登记的期限；②商品房买卖合同的标的物为尚未建成房屋的，自房屋交付使用之日起 90 日；③商品房买卖合同的标的物为已竣工房屋的，自合同订立之日起 90 日。合同没有约定违约金或者损失数额难以确定的，可以按照已付购房款总额，参照中国人民银行规定的金融机构计收逾期贷款利息的标准计算。商品房买卖合同约定或者《城市房地产开发经营管理条例》规定的办理不动产登记的期限届满后超过一年，由于出卖人的原因，导致买受人无法办理不动产登记，买受人请求解除合同和赔偿损失的，应予支持。

**四、商品房买卖环节税费**

（一）增值税、城市维护建设税和教育费附加

根据《关于深化增值税改革有关政策的公告》（财政部、税务总局、海关总署公告 2019 年第 39 号）规定，纳税人销售不动产，增值税税率调整为 9％。新建商品房的销售人（房地产开发企业）在需要缴纳增值税的情况下，按应缴纳增值税的一定比例缴纳城市维护建设税和教育费附加，具体规定已在房屋租赁一章说明，这里不赘述，本部分重点介绍增值税。

房地产开发企业销售自行开发的房地产项目，应缴纳增值税，应纳税额计算方法分为一般计税和简易计税两种。其中，如果房地产开发企业采取预收款方式销售自行开发的房地产项目，应先按规定预缴税款；在此基础上，再按一般计税或简易计税方法计算得到的当期应纳税额，抵减已预缴税款后，向税务机关申报纳税。

1. 一般计税方法

一般计税方法适用于房地产开发企业中的一般纳税人销售自行开发的房地产项目，适用税率为9%。

应纳税额＝当期销项税额－当期进项税额

当期销项税额＝销售额×适用税率

销售额＝（全部价款和价外费用－当期允许扣除的土地价款）÷（1＋9%）

当期允许扣除的土地价款＝（当期销售房地产项目建筑面积÷房地产项目可供销售建筑面积）×支付的土地价款

支付的土地价款是指向政府、自然资源主管部门或受政府委托收取土地价款的单位直接支付的土地价款，包括土地受让人向政府部门支付的征地和征收补偿费用、土地前期开发费用和土地出让收益等。此外，房地产开发企业中的一般纳税人销售其开发的房地产项目，在取得土地时向其他单位或个人支付的征收补偿费用也允许在计算销售额时扣除。纳税人按上述规定扣除征收补偿费用时，应提供征收协议、征收双方支付和取得征收补偿费用凭证等能够证明征收补偿费用真实性的材料。一般纳税人销售自行开发的房地产老项目选择简易计税方法计税的，以取得的全部价款和价外费用为销售额，不得扣除对应的土地价款。

2. 简易计税方法

简易计税方法适用范围包括：①小规模纳税人销售自行开发的房地产项目；②一般纳税人销售自行开发的房地产老项目，可以选择适用简易计税方法。房地产老项目指《建筑工程施工许可证》注明的合同开工日期在2016年4月30日前的房地产项目，以及《建筑工程施工许可证》未注明合同开工日期或者未取得《建筑工程施工许可证》，但建筑工程承包合同注明的开工日期在2016年4月30日前的建筑工程项目。简易计税方法按照5%的征收率计税。

应纳税额＝销售额×征收率＝全部价款和价外费用÷（1＋5%）×5%

3. 预缴税款的计算

如一般纳税人或小规模纳税人采取预收款方式销售自行开发的房地产项目，应在收到预收款时按照3%的预征率预缴增值税。应预缴税款计算公式如下：

应预缴税款＝预收款÷（1＋适用税率或征收率）×3%

说明：适用一般计税方法计税的，按照9%的适用税率计算；适用简易计税方法计税的，按照5%的征收率计算。

当期应纳税额，抵减已预缴税款后，向税务机关申报纳税。未抵减完的预缴税款可以结转下期继续抵减。

（二）土地增值税

转让新建商品房并取得收入的单位和个人，应当缴纳土地增值税。计算土地增值税应纳税额，并不是直接对转让房地产所取得的收入征税，而是要对收入额减除国家规定的各项扣除项目金额后的余额计算征税（这个余额就是纳税人在转让房地产中获取的增值额）。纳税人建造普通标准住宅出售，增值额未超过扣除项目金额 20％的，免征土地增值税；增值额超过扣除项目金额 20％的，应就其全部增值额按规定计税。对于纳税人既建造普通标准住宅，又开发其他房地产的，应分别核算增值额。不分别核算增值额或不能准确核算增值额的，其建造的普通商品住宅不能适用这一免税规定。自 2008 年 11 月 1 日起，对个人销售住房暂免征收土地增值税。

土地增值税实行四级超率累进税率：

（1）增值额未超过扣除项目金额 50％的部分，税率为 30％；

（2）增值额超过扣除项目金额 50％、未超过扣除项目金额 100％的部分，税率为 40％；

（3）增值额超过扣除项目金额 100％、未超过扣除项目金额 200％的部分，税率为 50％；

（4）增值额超过扣除项目金额 200％的部分，税率为 60％。

但在实际工作中，一般可以采用速算扣除法计算：

（1）增值额未超过扣除项目金额 50％时，计算公式为：

土地增值税税额＝增值额×30％；

（2）增值额超过扣除项目金额 50％，未超过 100％时，计算公式为：

土地增值税税额＝增值额×40％－扣除项目金额×5％；

（3）增值额超过扣除项目金额 100％，未超过 200％时，计算公式为：

土地增值税税额＝增值额×50％－扣除项目金额×15％；

（4）增值额超过扣除项目金额 200％时，计算公式为：

土地增值税税额＝增值额×60％－扣除项目金额×35％。

税法准予纳税人从转让收入额中减除的扣除项目包括如下几项：

（1）取得土地使用权所支付的金额；

（2）房地产开发成本；

（3）房地产开发费用；

（4）与转让房地产有关的税金；

（5）财政部规定的其他扣除项目。

自 2023 年 10 月 1 日起，对企事业单位、社会团体以及其他组织转让旧房作为保障性住房房源且增值额未超过扣除项目金额 20％的，免征土地增值税。

（三）企业所得税

从事房地产开发经营的单位应缴纳企业所得税。房地产开发企业的经营收入主要是租售收入，企业所得税税率为 25％。非居民企业在中国境内未设立机构、场所的，或者其设立机构、场所但取得的所得与其所设机构、场所没有实际联系的，应当就其来源于中国境内的所得缴纳企业所得税，适用税率为 20％。根据 2019 年 4 月 23 日修订的《企业所得税法实施条例》，非居民企业取得该项所得，减按 10％的税率征收企业所有税。房地产开发项目的租售收入和成本投入是逐年实现的，若企业一年中的全部投入在本年度的经营活动中未全部回收，尽管有租售收入也未实现利润，因此给企业计算所得额带来一定的困难。为保证国家及时得到该项税收，目前有些地方将预计的总开发成本按年实际销售与出租比例，分摊到当年租售收入中扣除，使房地产开发企业只要有租售收入就要上缴所得税。在开发项目最终销售完毕的年度，再统一核算整个项目的所得税，并按核算结果结合项目开发过程中已交所得税情况多退少补。

（四）印花税

新建商品房买卖合同，由订立合同的双方当事人按照合同价款的 0.05％缴纳印花税。自 2008 年 11 月 1 日起，对个人销售或购买住房暂免征收印花税。

自 2023 年 10 月 1 日起，对保障性住房购买人涉及的印花税予以免征。

（五）契税

新建商品房的买受人需要缴纳契税，契税以成交价格为计税依据，采用比例税率，适用税率为 3％～5％，具体税率由地方规定。自 2016 年 2 月 22 日起，对个人购买家庭唯一住房（家庭成员范围包括购房人、配偶以及未成年子女，下同），面积为 90m² 及以下的，减按 1％的税率征收契税；面积为 90m² 以上的，减按 1.5％的税率征收契税。除北京市、上海市、广州市、深圳市外，对个人购买家庭第二套改善性住房，面积为 90m² 及以下的，减按 1％的税率征收契税；面积为 90m² 以上的，减按 2％的税率征收契税。自 2023 年 10 月 1 日起，对保障性住房经营管理单位回购保障性住房继续作为保障性住房房源的，免征契税；对个人购买保障性住房，减按 1％的税率征收契税。

（六）商品房买卖相关费用

目前，房屋买卖环节涉及的相关费用主要包括住宅专项维修资金、公证费、不动产登记费等。其中，不动产登记收费标准见本书第七章土地和房屋登记的相关内容。

### 1. 住宅专项维修资金

住宅专项维修资金，是指专项用于住宅共用部位、共用设施设备保修期满后的维修和更新、改造的资金。商品住宅的业主、非住宅的业主按照所拥有物业的建筑面积交存住宅专项维修资金，每平方米建筑面积交存首期住宅专项维修资金的数额为当地住宅建筑安装工程每平方米造价的 5%～8%，各地根据本地区情况确定并适时调整。

### 2. 公证费

如果购房需要办理公证，则还要交纳一定比例的公证费。在房屋买卖环节中，境外申请人委托他人办理处分不动产登记的，其授权委托书应当办理认证或公证。买卖双方也可自行约定需要公证的事项。

### 3. 商品房销售代理费

房地产开发企业可以自行销售商品房，也可以委托房地产经纪机构代理销售商品房。《关于进一步加强房地产市场监管完善商品住房预售制度有关问题的通知》规定，实行代理销售商品住房的，应当委托在房地产主管部门备案的房地产经纪机构代理。房地产经纪机构应当将经纪服务项目、服务内容和收费标准在显著位置公示；额外提供的延伸服务项目，需事先向当事人说明，并在委托合同中明确约定，不得分解收费项目和强制收取代书费、银行按揭服务费等费用。房地产经纪机构和执业人员不得炒卖房号，不得在代理过程中赚取差价，不得通过签订"阴阳合同"违规交易，不得发布虚假信息和未经核实的信息，不得采取内部认购、雇人排队等手段制造销售旺盛的虚假氛围。

## 第四节　存量房买卖

### 一、存量房买卖流程及合同

#### （一）存量房范围

目前，我国法律法规对存量房没有明确的定义。存量房通常是指除房地产开发企业建设销售的商品房外，已完成房屋所有权首次初始登记后的房屋。

#### （二）存量房买卖一般流程

存量房买卖的一般流程如下：

（1）房源核验与购房资格审核（如有）；

（2）买卖双方签订房屋买卖合同；

（3）买卖双方或买卖双方委托经纪机构办理存量房买卖合同网签备案（如有）；

（4）买卖双方办理交易资金监管及抵押贷款（如需要）；

（5）买卖双方按照规定缴纳有关税费；

（6）买卖双方申请不动产转移登记；

（7）买方领取不动产权属证书，卖方收款、交付房屋。

（三）存量房买卖合同

买卖存量房应签订书面合同。合同内容主要有出卖人信息、买受人信息、所售房屋信息（包括权属情况），成交价格及支付方式、履行期限、争议解决方式等。

### 二、几种特殊类型存量房的买卖规定

（一）共有房屋买卖规定

按照《民法典》的规定，房屋可以由单位、个人单独所有，也可以由两个以上单位、个人共有。共有包括按份共有和共同共有。按份共有的各所有权人按照所有权份额享有对房屋的权利和承担义务。共同共有的所有权人对于房屋不分份额享有平等的所有权。通常情况下，按份共有关系是按约定或者根据出资额形成的，而共同共有关系主要形成于配偶、父母子女等特殊身份关系中。如果共有人之间没有约定是按份共有还是共同共有，或者约定不明确，除非共有人之间具有家庭关系，一般视为按份共有。按份共有人对共有的房屋享有的份额，没有约定或者约定不明确的，按照出资额确定；不能确定出资额的，视为等额享有。

根据《民法典》，按份共有的房屋和共同共有的房屋在买卖时又有所不同：①按份共有房屋的份额处分更为灵活。通常情况下，按份共有人可以随时请求分割共有房屋，并自由处分分割所得份额，而且即便在共有条件下，按份共有人也可以转让其份额，其他共有人在同等条件下有优先购买权；而共同共有人只有在共有的基础丧失或者有重大理由需要分割共有房屋时，才可请求分割。②共同共有房屋的买卖条件较为严苛。除非共有人之间另有约定，共同共有人处分共有房屋，须经全体共同共有人同意，而按份共有人处分共有房屋，经占份额 2/3 以上的按份共有人同意即可。

例如，情况一：王某、李某为按份共有人，王某占 10%的份额，李某占 90%的份额（所占份额超过 2/3），李某有权不经王某的同意处分共有房屋，王某则须经李某的同意才能处分房屋；王某有权处分其占有的 10%的份额，李某虽有权在同等条件下优先购买，但如果李某放弃优先购买权，则王某可以将 10%的份额转让给其他人；任何一方随时可以请求分割共有房屋。情况二：王某、李某为共同共有人，任何一方处分共有房屋，都必须征得对方同意；如果王

某、李某之间的共有基础丧失，如离婚，则任何一方都可以请求法院分割共有房屋。上述两种情况中，如果王某未经李某同意擅自处分共有房屋，但买方同时满足"善意购买""支付合理对价""办理产权登记手续"三个条件，则李某只能请求赔偿，而无法要求买方返还房屋。

此外，对属于夫妻共同的房产，我国大部分居民都习惯于由一方登记产权，并且认为理所当然是夫妻共同财产，这种隐性共有人的现象常出现在政策性房屋中，如经济适用住房和房改房中尤其明显。按照《民法典》的规定，夫妻可以约定婚姻关系存续期间所得的财产以及婚前财产归各自所有、共同所有或部分各自所有、部分共同所有。约定应当采用书面形式。没有约定或约定不明确的，除法律明确为单独所有的外，一般推定为夫妻共同共有。因此，房地产经纪人员代理已婚的房屋所有权人出售其婚后购买的房屋，应当注意财产的共有问题，属于夫妻共同共有的房屋需夫妻双方共同同意后，方可处置。

（二）已抵押房屋买卖规定

《民法典》第四百零六条抵押期间，抵押人可以转让抵押财产。当事人另有约定的，按照其约定。抵押财产转让的，抵押权不受影响。但在《民法典》实施前已抵押的房屋，抵押期间转让的，未经抵押权人同意，不予办理转移登记，实践中应让买方明确知晓抵押情况。为进一步提升便利化服务水平，降低制度性交易成本，助力经济社会发展，2023年3月30日，自然资源部、中国银保监会发布了《关于协同做好不动产"带押过户"便民利企服务的通知》。"带押过户"是指在申请办理已抵押不动产转移登记时，无需提前归还旧贷款、注销抵押登记，即可完成过户、再次抵押和发放新贷款等手续，实现不动产登记和抵押贷款的有效衔接。

（三）已出租房屋买卖规定

《民法典》第七百二十五条规定："租赁物在承租人按照租赁合同占有期限内发生所有权变动的，不影响租赁合同的效力。"第七百二十六条规定："出租人出卖租赁房屋的，应当在出卖之前的合理期限内通知承租人，承租人享有以同等条件优先购买的权利。出租人履行通知义务后，承租人在十五日内未明确表示购买的，视为承租人放弃优先购买权。"也就是说，已出租的房屋可以买卖，但不影响房屋租赁合同的效力，买受人不能以其已成为租赁物的所有人为由否认原租赁关系的存在并要求承租人返还租赁物，即所谓的"买卖不破租赁"。出租人履行通知义务后，承租人在15日内未明确表示购买的，在15日届满后，承租人主张优先购买权的，人民法院不予支持。因此，房屋所有权人公开出售已出租的房屋要履行对承租人的告知义务，避免产生纠纷。

（四）政策性住房的买卖规定

1. 已购公有住房买卖规定

公有住房是指由国家以及国有企业、事业单位投资兴建、销售的住宅，在住宅未出售之前，住宅的产权（占有权、使用权、收益权、处分权）归国家所有。目前居民使用的公有住房，按房改政策可分为两大类：一类是可售公有住房，另一类是不可售公有住房。可售公有住房中，根据房改政策，出售的价格又有三种，即市场价、成本价和标准价。其中，职工以市场价购买的公有住房，实际上已变成了私有住房，取得了房屋所有权，可以自由买卖。以成本价或标准价购买的公有住房如出售，则需补交相应价款。《已购公有住房和经济适用住房上市出售管理暂行办法》规定，职工以成本价购买的公有住房，产权归个人所有，出售时需要交纳有关税费和土地收益。职工以标准价购买的公有住房，拥有部分产权，出售时可以先按成本价补足房价款及利息，取得全部产权后按成本价购房的政策出售；也可以直接上市出售，按照规定交纳有关税费和土地收益后，由职工与原产权单位按照产权比例分成。

2. 经济适用住房买卖规定

经济适用住房是指政府提供政策优惠，限定套型面积和销售价格，按照合理标准建设，面向城市低收入住房困难家庭供应，具有保障性质的政策性住房。经济适用住房建设用地以划拨方式供应，建设中免收城市基础设施配套费等各种行政事业性收费和政府性基金。因此，经济适用住房购房人拥有有限产权。个人转让经济适用住房需要受到年限限制，并补交相关价款。根据《经济适用住房管理办法》（建住房〔2007〕258号），购买经济适用住房不满5年，不得直接上市交易，购房人因特殊原因确需转让经济适用住房的，由政府按照原价格并考虑折旧和物价水平等因素进行回购。购买经济适用住房满5年，购房人上市转让经济适用住房的，应按照届时同地段普通商品住房与经济适用住房差价的一定比例向政府交纳土地收益等相关价款，具体交纳比例由市、县人民政府确定，政府可优先回购；购房人也可以按照政府所定的标准向政府交纳土地收益等相关价款后，取得完全产权。

3. 限价商品房买卖规定

限价商品房，又称限房价、限地价的"两限"商品房，是指政府为解决中低收入家庭的住房困难，在出让商品住房用地时，提出限制开发完成后的商品房价格及套型（面积）要求，由房地产开发企业公开竞买后，严格执行限制性要求开发建设和定向销售的普通商品住房。限价商品房按照"以房价定地价"的思路，采用政府组织监管、市场化运作的模式。

国家没有制定限价商品住房的统一政策，而是由各地根据具体情况制定并实施。一般而言，限价商品房在满足一定条件后是可以上市交易的。如北京规定，购买限价房在 5 年内不得转让，确需转让的可向住房保障管理部门申请回购，回购价格按原价格并考虑折旧和物价水平等因素确定；满 5 年转让限价房要按照届时同地段普通商品房价和限价房差价的一定比例缴纳土地收益价款。

4. 共有产权住房买卖规定

共有产权住房，是指地方政府让渡部分土地出让收益，以低于市场价配售给符合条件的保障对象家庭，由保障对象家庭与地方政府签订合同，约定双方产权份额以及将来上市交易条件，以价款分配份额的政策性住房。目前，共有产权住房还处于试点阶段，只有少数城市建设此类住房。

共有产权住房上市交易要满足一定的条件，各地规定可能不同，但一般要求购买满 5 年才允许转让，同等条件下地方政府有优先购买权。若政府放弃优先购买，购房者单独转让其自有产权份额，转让对象要符合共有产权住房购买条件。

【例题 5-3】下列房屋中，属于不得买卖的有(    )。

A. 已出租的房屋

B. 未成年人拥有的房屋

C. 被司法机关查封的房屋

D. 共有权人书面同意转让的房地产

### 三、存量房买卖环节税费

（一）增值税、城市维护建设税和教育费附加

与新建商品房买卖情况类似，存量房所有权人出售房屋，应按规定缴纳增值税、城市维护建设税和教育费附加。城市维护建设税和教育费附加的规定已在"房屋租赁"一章说明，这里不再赘述。

根据《营业税改征增值税试点实施办法》《营业税改征增值税试点有关事项的规定》《纳税人转让不动产增值税征收管理暂行办法》的规定，存量房买卖增值税缴纳按照不动产的取得时间、纳税人类别、不动产类型等不同情形，适用不同的计税方法与缴纳方式。个人销售自建自用住房免征增值税。

1. 一般纳税人转让其取得的房屋

（1）一般计税方法

适用于一般纳税人转让其 2016 年 5 月 1 日后取得的不动产和一般纳税人转让其 2016 年 4 月 30 日前取得的不动产，选择适用一般计税方法计税的。

转让非自建房屋应纳税额＝（全部价款和价外费用－不动产购置原价或者取

得不动产时的作价)÷(1+9%)×9%

转让自建房屋应纳税额＝全部价款和价外费用÷(1+9%)×9%

（2）简易计税方法

一般纳税人转让其 2016 年 4 月 30 日前取得的不动产，选择适用简易计税方法计税的。

转让非自建房屋应纳税额＝(全部价款和价外费用－不动产购置原价或者取得不动产时的作价)÷(1+5%)×5%

转让自建房屋应纳税额＝全部价款和价外费用÷(1+5%)×5%

2. 小规模纳税人转让其取得的房屋

从实际情况来看，小规模纳税人转让其取得的房屋的情形包括：①转让其自建的商业用房，如办公楼、酒店等；②转让其通过非自建方式获得的房屋，如通过接受捐赠方式获得的住房；③属于小规模纳税人的企事业法人等单位转让其自建、接受捐赠、接受投资入股以及抵债的房屋，包括住房和商业用房。

小规模纳税人转让其取得的房屋，适用简易计税方法，应纳税额计算依据因是否为自建而有所区别，具体计算公式与选择适用简易计税方法的一般纳税人转让其取得房屋的情况相同。

3. 个人转让其购买的住房

个人转让其购买的住房，在全额缴纳增值税的情况下，应纳税额计算公式为：

应纳税额＝全部价款和价外费用÷(1+5%)×5%

个人转让其购买的住房，在差额缴纳增值税的情况下，应纳税额计算公式为：

应纳税额＝(全部价款和价外费用－购买住房价款)÷(1+5%)×5%

根据《营业税改征增值税试点过渡政策的规定》，北京市、上海市、广州市、深圳市以外的地区实行以下优惠政策：个人将购买不足 2 年的住房对外销售的，按照 5% 的征收率全额缴纳增值税；个人将购买 2 年以上（含 2 年）的住房对外销售的，免征增值税。北京市、上海市、广州市、深圳市实行的优惠政策：个人将购买不足 2 年的住房对外销售的，按照 5% 的征收率全额缴纳增值税；个人将购买 2 年以上（含 2 年）的非普通住房对外销售的，以销售收入减去购买住房价款后的差额按照 5% 的征收率缴纳增值税；个人将购买 2 年以上（含 2 年）的普通住房对外销售的，免征增值税。需要注意的是，部分城市根据当地房地产市场形势，会适时调整年限规定。

实践中，针对纳税人低报成交价格偷逃税款的现象，当申报价格（大部分城市为网签备案价格）高于计税参考值的，以申报价格作为计税价格；申报价格低于计税参考值的，如果纳税人不能按要求陈述、举证正当理由，以计税参考值作为计税价格。

4. 预缴税款的计算

其他个人以外的纳税人（不包括个体工商户）转让其取得的不动产，区分以下情形计算应向不动产所在地主管税务机关预缴的税款：

（1）以转让不动产取得的全部价款和价外费用作为预缴税款计算依据的，计算公式为：

$$应预缴税款 = 全部价款和价外费用 \div (1 + 5\%) \times 5\%$$

（2）以转让不动产取得的全部价款和价外费用扣除不动产购置原价或者取得不动产时的作价后的余额作为预缴税款计算依据的，计算公式为：

$$应预缴税款 = (全部价款和价外费用 - 不动产购置原价或者取得不动产时的$$
$$作价) \div (1 + 5\%) \times 5\%$$

（二）土地增值税

转让存量房并取得收入的单位和个人，应当缴纳土地增值税。自 2008 年 11 月 1 日起，对个人销售住房暂免征收土地增值税。有关转让存量房计征土地增值税政策，同新建商品房。

（三）个人所得税

存量房出卖人，以"财产转让所得"项目缴纳所得税。

1. 应纳税所得额

应纳税所得额为转让收入额减除财产原值、转让住房过程中缴纳的税金和合理费用后的余额。

（1）转让收入为实际成交价格。对于纳税人申报的住房成交价格明显低于市场价格且无正当理由的，征收机关依法有权根据有关信息核定其转让收入，但必须保证各税种计税价格一致。

（2）减除财产原值、转让住房过程中缴纳的税金和合理费用，需要纳税人提供原购房合同、发票等有效凭证，经税务机关审核后，方可减除；纳税人未提供完整、准确的房屋原值凭证，不能正确计算房屋原值和应纳税额的，按纳税人住房转让收入的一定比例核定应纳个人所得税额，具体比例由地方在住房转让收入 1%～3% 的幅度内确定。①财产原值，即房屋原值。商品房：购置该房屋时实际支付的房价款及交纳的相关税费。自建住房：实际发生的建造费用及建造和取得产权时实际交纳的相关税费。经济适用房（含集资合作建房、安居工程住房）：原购房人实际支付的房价款及相关税费，以及按规定交纳的土地出让金。已购公有住房：原购公有住房标准面积按当地经济适用房价格计算的房价款，加上原购公有住房超标准面积实际支付的房价款以及按规定交纳的所得收益及相关税费。②转让住房过程中缴纳的税金。纳税人转让住房实际缴纳的增值税、城市维护建设税、教育费附加、土地增值税、印花税等税金。③合理费用。纳税人按照规定实际支付的住房装修费用、住房贷款利息、手续费、公证费等费用。

2. 适用税率

个人所得税税率为20%。对个人转让自用5年以上，并且是家庭唯一生活用房取得的所得，免征个人所得税。为支持居民改善住房条件，根据《财政部 税务总局关于支持居民换购住房有关个人所得税政策的公告》（财政部 税务总局2022年第30号），在2022年10月1日至2023年12月31日期间，纳税人出售自有住房并在现住房出售后1年内，在同一城市重新购买住房的，可按规定申请退还其出售现住房已缴纳的个人所得税。纳税人换购住房个人所得税退税额的计算公式为：

① 新购住房金额大于或等于现住房转让金额的，退税金额＝现住房转让时缴纳的个人所得税

② 新购住房金额小于现住房转让金额的，退税金额＝（新购住房金额÷现住房转让金额）×现住房转让时缴纳的个人所得税

现住房转让金额和新购住房金额与核定计税价格不一致的，以核定计税价格为准。现住房转让金额和新购住房金额均不含增值税。对于出售多人共有住房或新购住房为多人共有的，应按照纳税人所占产权份额确定该纳税人现住房转让金额或新购住房金额。出售现住房的时间，以纳税人出售住房时个人所得税完税时间为准。新购住房为二手房的，购买住房时间以纳税人购房时契税的完税时间或不动产权证载明的登记时间为准；新购住房为新房的，购买住房时间以在住房和城乡建设部门办理房屋交易合同备案的时间为准。

纳税人因新购住房的房屋交易合同解除、撤销或无效等原因导致不再符合退税政策享受条件的，应当在合同解除、撤销或无效等情形发生的次月15日内向主管税务机关主动缴回已退税款。

（四）契税

存量房的买受人需要按照成交价格的3%～5%的比例缴纳契税，具体税率

由地方规定。有关政策同新建商品房。根据有关政策，个人和单位在一定情况下还可享受契税减免，具体如下：

1. 个人

（1）免征

① 婚姻关系存续期间，夫妻之间变更土地、房屋权属，免征契税，包括房屋、土地权属原归夫妻一方所有，变更为夫妻双方共有或另一方所有；或者房屋、土地权属原归夫妻双方共有，变更为其中一方所有；或者房屋、土地权属原归夫妻双方共有，双方约定、变更共有份额。

② 因土地、房屋被县级以上人民政府征收、征用，重新承受土地、房屋权属，由省、自治区、直辖市决定是否免征或减征契税。

③因不可抗力（自然灾害、战争等不能预见、不能避免且不能克服的客观情况）灭失住房而重新购买住房的，由省、自治区、直辖市决定是否免征或减征契税。

④ 财政部规定的其他减征、免征契税的项目。

（2）减征

根据财政部、国家税务总局、住房和城乡建设部联合发布的《关于调整房地产交易环节契税营业税优惠政策的通知》（财税〔2016〕23 号），自 2016 年 2 月 22 日起，个人购买住房分情况享受不同的税收优惠。①减按 1% 的税率征收契税。个人购买家庭唯一住房（家庭成员范围包括购房人、配偶以及未成年子女，下同）或个人购买家庭第二套改善性住房（除北京市、上海市、广州市、深圳市外），面积为 90m² 及以下，减按 1% 的税率征收契税。②减按 1.5% 的税率征收契税。个人购买家庭唯一住房，面积为 90m² 以上的，减按 1.5% 的税率征收契税。③减按 2% 的税率征收契税。除北京市、上海市、广州市、深圳市外，对个人购买家庭第二套改善性住房，面积为 90m² 以上的，减按 2% 的税率征收契税。

另外，部分存量房买卖过程中还可能涉及房屋赠与、继承的契税缴纳。对个人无偿赠与不动产行为，应对受赠人全额征收契税。法定继承人（包括配偶、子女、父母、兄弟姐妹、祖父母、外祖父母）继承房屋的，免征契税；非法定继承人根据遗嘱承受死者生前的土地、房屋权属，属于赠与行为，应征收契税。

2. 单位

（1）房屋被县级以上人民政府征收、征用后，重新承受房屋权属的，由省、自治区、直辖市人民政府决定是否减征或者免征契税。

（2）纳税人承受荒山、荒沟、荒滩、荒丘土地使用权，用于农、林、牧、渔业生产的，免征契税。

（3）依照我国有关法律规定应当予以免税的外国驻华使馆、领事馆和国际组织驻华代表机构承受房屋权属的，免征契税。

（4）企业改制重组过程中，同一投资主体内部所属企业之间土地、房屋权属的无偿划拨，不征收契税。同一自然人与其个人独资企业、一人有限责任公司之间土地、房屋权属的无偿划拨属于同一投资主体内部土地、房屋权属的无偿划拨，可不征收契税。

（5）经济适用住房经营管理单位回购经济适用住房继续作为经济适用住房房源的，免征契税。

（6）公共租赁住房经营管理单位购买住房作为公共租赁住房源的，免征契税。

（7）对于承受与房屋相关的附属设施（包括停车位、机动车库、非机动车库、顶层阁楼以及储藏室）所有权或土地使用权的行为，按照规定征收契税；对于不涉及房屋所有权转移变动的，不征收契税。

（8）根据财政部、国家税务总局《关于继续执行企业 事业单位改制重组有关契税政策的公告》（财政部 税务总局公告2021年第17号），有关单位存在下列情形的，自2021年1月1日起至2023年12月31日，免征契税减免优惠政策。具体包括：企业整体改制，原企业投资主体存续并在改制（变更）后的公司中所持股权（股份）比例超过75%，且改制（变更）后公司承继原企业权利、义务的，对改制（变更）后公司承受原企业房屋权属，免征契税。事业单位按照国家有关规定改制为企业，原投资主体存续并在改制后企业中出资（股权、股份）比例超过50%的，对改制后企业承受原事业单位房屋权属，免征契税。公司依照法律规定、合同约定，合并或分立后承受原公司房屋权属，免征契税。企业依法实施破产，债权人承受破产企业抵偿债务的房屋权属，免征契税；对非债权人承受破产企业房屋权属，凡妥善安置原企业全部职工，与原企业全部职工签订服务年限不少于三年的劳动用工合同的，对其承受所购企业房屋权属，免征契税；与原企业超过30%的职工签订服务年限不少于三年的劳动用工合同的，减半征收契税。同一投资主体内部所属企业之间房屋权属的划转免征契税。经国务院批准实施债权转股权的企业，对债权转股权后新设立的公司承受原企业的房屋权属，免征契税。在股权（股份）转让中，单位、个人承受公司股权（股份），公司房屋权属不发生转移，不征收契税。

（五）印花税

由订立存量房买卖合同的双方当事人，按照合同价款的0.05%缴纳印花税。优惠政策同新建商品房。

房屋买卖环节涉及的税费如表5-1、表5-2所示。

**个人转让及购买房地产主要税种税收表**　　　　　　　表 5-1

| 卖方 | | | |
|---|---|---|---|
| 税种 | 情形 | | 计税公式 |
| 增值税 | 住房（购买取得） | 北京上海广州深圳 | 北京、广州部分区域2年以下，上海、深圳5年以下 |
| | | | 全部价款和价外费用÷（1+5%）×5% |

| 税种 | 情形 | | | 计税公式 |
|---|---|---|---|---|
| 增值税 | 住房（购买取得） | 北京上海广州深圳 | 北京、广州部分区域2年以下，上海、深圳5年以下 | 全部价款和价外费用÷（1+5%）×5% |
| | | | 北京、广州部分区域2年以上，上海、深圳5年以上　普通 | 0 |
| | | | 非普通 | （全部价款和价外费用－购买住房价款）÷（1+5%）×5% |
| | | 其他地区 | 2年以下 | 全部价款和价外费用÷（1+5%）×5% |
| | | | 2年以上 | 0 |
| | 住房（自建取得） | | | 0 |
| | 住房（非购买、非自建取得） | | | （全部价款和价外费用－不动产购置原价或者取得不动产时的作价）÷（1+5%）×5% |
| | 非住房 | | 非自建 | （全部价款和价外费用－不动产购置原价或者取得不动产时的作价）÷（1+5%）×5% |
| | | | 自建 | 全部价款和价外费用÷（1+5%）×5% |
| 城市维护建设税 | 市区 | | | 应缴纳增值税×7% |
| | 县城、镇 | | | 应缴纳增值税×5% |
| | 其他 | | | 应缴纳增值税×1% |
| 教育费附加 | | | | 应缴纳增值税×3% |
| 地方教育附加 | | | | 应缴纳增值税×2% |
| 土地增值税 | 住房 | | | 0 |
| | 非住房 | | | 增值额×适用税率－扣除项目金额×速算扣除系数 |
| 个人所得税 | 5年以上＋唯一＋家庭生活用房 | | | 0 |
| | 其他 | | | （转让收入－房屋原值－转让住房过程中缴纳的税金－合理费用）×20% |
| 印花税 | 住房 | | | 0 |
| | 非住房 | | | 交易额×0.05% |

续表

| 买方 | | |
|---|---|---|
| 税种 | 情形 | 计税公式 |
| 印花税 | 个人购买住房 | 0 |
| | 其他 | 交易额×0.05% |
| 契税 | 一般情形 | 成交价格×（3%～5%） |
| | 家庭唯一住房 90m² 及以下 | 成交价格×1% |
| | 家庭唯一住房 90m² 以上 | 成交价格×1.5% |
| | 家庭二套住房（不含北上广深） 90m² 及以下 | 成交价格×1% |
| | 家庭二套住房（不含北上广深） 90m² 以上 | 成交价格×2% |
| | 家庭二套住房（北上广深） 不分面积 | 成交价格×3% |
| | 家庭三套住房以上（含三套） 不分面积 | 成交价格×3% |

**非个人转让房地产主要税种税收表** 表 5-2

| 卖方 | | |
|---|---|---|
| 税种 | 情形 | 计税公式 |
| 增值税 | 小规模纳税人、一般纳税人销售其 2016 年 4 月 30 日前取得的房地产（选择适用） 非自建 | （全部价款和价外费用－不动产购置原价或者取得不动产时的作价）÷（1+5%）×5% |
| | 小规模纳税人、一般纳税人销售其 2016 年 4 月 30 日前取得的房地产（选择适用） 自建 | 全部价款和价外费用÷（1+5%）×5% |
| | 一般纳税人销售其 2016 年 5 月 1 日后取得的房地产 非自建 | （全部价款和价外费用－不动产购置原价或者取得不动产时的作价）÷（1+9%）×9%－进项税金 |
| | 一般纳税人销售其 2016 年 5 月 1 日后取得的房地产 自建 | 全部价款和价外费用÷（1+9%）×9%－进项税金 |
| 城市维护建设税 | 市区 | 应缴纳增值税×7% |
| | 县城、镇 | 应缴纳增值税×5% |
| | 其他 | 应缴纳增值税×1% |
| 教育费附加 | | 应缴纳增值税×3% |
| 地方教育附加 | | 应缴纳增值税×2% |
| 土地增值税 | 建造普通标准住宅出售，增值额未超过扣除项目金额 20% 的 | 0 |
| | 其他 | 增值额×适用税率－扣除项目金额×速算扣除系数 |

续表

| 税种 | 情形 | 计税公式 |
|---|---|---|
| 企业所得税 | 居民企业 | （收入全额－财产净值）×25％ |
| | 非居民企业 | （收入全额－财产净值）×10％ |
| 印花税 | | 交易额×0.05％ |

| 买方 | | |
|---|---|---|
| 税种 | 情形 | 计税公式 |
| 印花税 | 个人购买住房 | 0 |
| | 其他 | 交易额×0.05％ |
| 契税 | 一般情形 | | 成交价格×（3％～5％） |
| | 家庭唯一住房 | 90m² 及以下 | 成交价格×1％ |
| | | 90m² 以上 | 成交价格×1.5％ |
| | 家庭二套住房（不含北上广深） | 90m² 及以下 | 成交价格×1％ |
| | | 90m² 以上 | 成交价格×2％ |
| | 家庭二套住房（北上广深） | 不分面积 | 成交价格×3％ |
| | 家庭三套住房以上（含三套） | 不分面积 | 成交价格×3％ |

注：根据财政部 税务总局公告 2023 年第 12 号规定，自 2023 年 1 月 1 日至 2027 年 12 月 31 日，对增值税小规模纳税人、小型微利企业和个体工商户减半征收资源税（不含水资源税）、城市维护建设税、房产税、城镇土地使用税、印花税（不含证券交易印花税）、耕地占用税和教育费附加、地方教育附加。自然人（即其他个人）由于不办理增值税一般纳税人登记，因此自然人可以按照小规模纳税人享受"六税两费"减免政策。

**（六）存量房买卖相关费用**

目前，房屋买卖环节涉及的相关费用主要包括住宅专项维修资金、评估费、公证费、不动产登记费和房地产经纪服务佣金等。其中，不动产登记收费标准见本书第七章土地和房屋登记的相关内容。

**1. 住宅专项维修资金**

业主分户账面住宅专项维修资金余额不足首期交存额 30％的，应当及时续交。业主交存的住宅专项维修资金属于业主所有，转让房屋时，结余维修资金不予退还，随房屋所有权同时转移。新旧业主应做好维修资金有关凭证的交接手续，出售人应当向受让人说明住宅专项维修资金交存和结余情况并出具有效证明，受让人应当持住宅专项维修资金过户的协议、房屋权属证书、身份证等到专户管理银行办理分户账更名手续。

2. 评估费

在存量房买卖中，需对房屋进行估价的情形一般为以下两种：①申请贷款时，公积金贷款中心或商业银行为确定房屋的价格需对待抵押的房地产进行估价；②缴纳房地产有关税费时，交易双方申报的房屋成交价格过低，有关主管部门对房屋进行估价。银行贷款中发生的评估费用一般由贷款人承担，而为确定房地产税费缴纳额发生的评估费用则由有关主管部门承担。

以房产为主的房地产价格评估费，一般按照房地产的价格总额采取差额定率分档累进计收，如评估价格 100 万元以下部分收取评估结果的 0.5％，以上部分 0.25％。根据《国家发展改革委关于放开部分服务价格的通知》（发改价格〔2014〕2732 号），自 2015 年 1 月 1 日起，放开原实施政府指导价管理的土地价格评估和房地产价格评估专业服务价格。对房地产价格评估机构为委托人提供房地产价格评估服务、提供土地价格评估服务收费实行市场调节价，行政主管部门要加强对相关专业服务市场价格行为监管，依法查处串通涨价、价格欺诈等违规行为，维护正常的市场价格秩序，保障市场主体合法权益。

3. 公证费

如果购房需要办理公证，则还要交纳一定比例的公证费。在房屋买卖环节中，境外申请人委托他人办理处分不动产登记的，其授权委托书应当办理认证或公证。买卖双方也可自行约定需要公证的事项。

4. 房地产经纪服务佣金

目前，我国由于各地房地交易习惯和市场状况不同，佣金支付有的单方支付，有的双方支付。根据《国家发展改革委关于放开部分服务价格意见的通知》（发改价格〔2014〕2755 号），放开房地产经纪服务价格。目前，大部分地方按照房屋真实成交价的 1％～3％收取。但需要严格执行明码标价制度，不得收取任何未标明的费用。《住房和城乡建设部 市场监管总局关于规范房地产经纪服务的意见》特别强调房地产经纪机构应当在经营门店、网站、客户端等场所或渠道，公示服务项目、服务内容和收费标准，不得混合标价和捆绑收费。房地产经纪机构提供的基本服务和延伸服务，应当分别明确服务项目和收费标准。房地产经纪机构收费前应当向交易当事人出具收费清单，列明收费标准、收费金额，由当事人签字确认。要求房地产经纪机构要合理降低住房买卖服务费用。鼓励按照成交价格越高、服务费率越低的原则实行分档定价。引导由交易双方共同承担经纪服务费用。严禁操纵经纪服务收费。具有市场支配地位的房地产经纪机构，不得滥用市场支配地位以不公平高价收取经纪服务费用。房地产互联网平台不得强制要求加入平台的房地产经纪机构实行统一的经纪服务收费标准，不得干预房地产经纪机构自主决定收费标准。房地产经纪机构、房地产互联网平台、相关行业组织涉嫌实施垄断行为的，市场监管部门依法开展反垄断调查。

房产买卖时，买卖双方不通过经纪机构或者经纪人员缔约，但利用经纪机构提供的信息获取缔约利益，规避报酬支付的行为时常发生，俗称为"跳单"。《民法典》第九百六十五条规定："委托人在接受中介人的服务后，利用中介人提供的交易机会或者媒介服务，绕开中介人直接订立合同的，应当向中介人支付报酬。"

认定是否"跳单"主要从三个方面判断：一是看经纪机构或者人员是否提供了房源信息或成交机会，并且积极履行中介义务；二是看委托人是否利用该信息、机会与另一方私下成交或另行委托经纪机构或者人员成交；三是看委托人主观上是否存在逃避支付佣金的恶意。《民法典》第九百六十四条，中介人未促成合同成立的，可以按照约定请求委托人支付从事中介活动支出的必要费用。因此在促成双方成交时，要对经纪服务内容进行明确，避免双方认知不一致形成纠纷，经纪人员要树立合同意识，利用合同合法维护权益。

《民法典》第七条规定："民事主体从事民事活动，应当遵循诚信原则，秉持诚实、恪守承诺。"人人都应讲诚实、重诺言、守信用。行业管理部门或者行业协会通过建设信用评价体系，将买卖当事人的不诚信行为一并纳入信用评价体系，推动房地产市场规范有序发展。

【例题5-4】业主转让房屋时，已交存的住宅专项维修资金应（　　）。

A. 退还给业主　　　　　　　　　B. 随房屋所有权同时转移

C. 上交给业主大会　　　　　　　D. 上交给业主委员会

# 复习思考题

1. 房地产买卖市场的类型有哪些？特点有哪些？

2. 不得买卖的房屋有哪些？

3. 房地产价格特点有哪些？主要影响因素有哪些？

4. 各类房地产价格的内涵是什么？房地产价格的分析方法主要有哪些？

5. 商品房预售、商品房现售的条件有哪些？

6. 商品房买卖合同的主要内容有哪些?

7. 存量房买卖的流程是怎样的?

8. 共有房屋、已抵押房屋和已出租房屋的买卖规定有哪些?

9. 房屋买卖环节应缴纳的税费有哪些? 各种税费如何计算、缴纳?

# 第六章 个人住房贷款

个人或者家庭在购买住房时，通常离不开个人住房贷款的支持。他们通常先支付一定数量的首付款，剩余部分房款采取用所购住房抵押获取贷款等方式解决。要做好房地产经纪服务，房地产经纪专业人员应了解个人住房贷款的基础知识，熟悉贷款条件和流程。本章主要介绍个人住房贷款的概念、种类、特点，个人住房贷款的产品要素和办理流程，个人住房贷款计算，以及房地产抵押等个人住房贷款担保要求。

## 第一节 个人住房贷款概述

### 一、贷款业务概述

#### （一）贷款业务分类

贷款是指批准可经营贷款业务的金融机构对借款人提供的并按照约定的利率和期限还本付息的货币资金。贷款业务是指金融机构发放贷款相关的各项业务。

贷款业务有多种分类标准，按照客户类型可划分为个人贷款和公司贷款。按照贷款期限可划分为短期贷款和中长期贷款；按照有无担保可划分为信用贷款和担保贷款。

商业银行通常还将与房产或者地产开发、经营、消费活动有关的贷款称之为房地产贷款，主要包括土地储备贷款、房地产开发贷款、个人住房贷款、商业用房贷款等。

#### （二）存贷款利率的计算

在不同的时间内付出或者得到同样数额的资金在价值上是不等的。这主要是因为当前可用的资金能够立即获益，而将来才能取得的资金当前无法获益。资金随着时间发生变化的价值称为资金的时间价值，也称为货币的时间价值。例如，你现在将 100 元存入银行，一年后得到 105 元，经过 1 年增加了 5 元，这 5 元是由于你当前有 100 元，获得的收益，即利息，也是 100 元在 1 年内的时间价值。现在 100 元等值于 1 年后的 105 元。同理，当前你需要 100 元，向银行贷款，1

年后除需要偿还 100 元本金外，还需要支付一定的利息。利息是占用资金所付出的代价或放弃资金使用权所得到的补偿，是资金时间价值的一种表现方式。利率，是指单位时间内利息与本金的比率。即：利率＝利息÷本金×100%。计算利息的单位时间称为计息周期，可以是年、半年、季度、月、周、日。习惯上根据计息周期，将利率分成年利率、月利率和日利率。年利率一般按照本金的百分比表示，月利率一般按照本金的千分比表示，日利率一般按照本金的万分比表示。

1. 单利的计算

单利计息是指每期均按照原始本金计算利息，本金所产生的利息不计息。在单利计息的情况下，每期的利息是相等的常数。单利的计算公式为：

$$I = P \times i \times n$$

式中：$I$——利息，$P$——原始本金，$i$——利率，$n$——计息周期数。

单利的本利和计算公式是：

$$F = P(1 + i \times n)$$

式中：$F$——计息期末的本利和。

2. 复利的计算

复利计息是指本金和本金上一期产生的利息都要计息。复利计算就是所谓的"利滚利"。个人住房商业性贷款中的等额本息还款方式，其计息方式就是复利计息。

复利的本利和计算公式为：$F = P(1 + i)^n$

复利的总利息计算公式为：$I = P[(1 + i)^n - 1]$

3. 存款利率和贷款利率

存款利率是个人和单位在金融机构存款所获得的利息与其存款本金的比率。贷款利率是金融机构向个人和单位发放贷款所收取的利息与其贷款本金的比率。一般来说同一时期，金融机构的贷款利率高于存款利率。

## 二、个人贷款业务

个人贷款是指贷款人向符合条件的自然人发放的用于个人消费、生产经营用途的本外币贷款。个人贷款的借款人是自然人。个人贷款主要分为三大类，即个人住房贷款、个人消费贷款和个人经营贷款。

### （一）个人住房贷款

个人住房贷款是我国最早开办、规模最大的个人贷款产品。个人住房贷款是指贷款人向自然人发放的用于购买、建造和大修各类型住房的贷款。

（二）个人消费贷款

个人消费贷款一般包括个人汽车贷款、助学贷款、个人消费额度贷款、个人住房装修贷款、个人耐用消费品贷款等。其中：

个人消费额度贷款是指贷款人对个人客户发放的可在一定期限和额度内随时支用的贷款。借款人提供银行认可的质押、抵押、第三方保证或具有一定信用资格后，银行核定借款人相应的质押额度、抵押额度、保证额度或信用额度。市场上个别商业银行推出的个人租房贷款，即向借款人发放的用于支付住房租金的贷款，也属于个人消费贷款。

个人住房装修贷款是指贷款人向个人客户发放的用于装修自用住房的担保贷款。住房装修贷款可以用于支付家庭装潢和维修工程的施工款、相关的装修材料款和厨卫设备款等。

（三）个人经营贷款

个人经营贷款，是指银行对自然人发放的，用于合法生产、经营的贷款。由于生产经营活动一般需要依法经国家工商行政管理部门核准登记，从事许可制经营的，还需要相关行政主管部门的经营许可，因此，个人申请经营贷款，一般需要有一个经营实体作为借款基础，经营实体一般包括个体工商户、个人独资企业投资人、合伙企业合伙人等。

2021年3月26日，中国银保监会办公厅、住房和城乡建设部办公厅、中国人民银行办公厅发布《关于防止经营用途贷款违规流入房地产领域的通知》。通知提出，一是加强借款人资质核查。切实加强经营用途贷款"三查"，落实好各项授信审批要求。二是加强信贷需求审核。要对经营用途贷款需求进行穿透式、实质性审核，不得因抵押充足而放松对真实贷款需求的审查，不得向资金流水与经营情况明显不匹配的企业发放经营性贷款。三是加强贷款期限管理。要根据借款人实际需求合理确定贷款期限。对期限超过3年的经营用途贷款进一步加强内部管理，确保资金真正用于企业经营。四是加强贷款抵押物管理。要合理把握贷款抵押成数，重点审查房产交易完成后短期内申请经营用途贷款的融资需求合理性。五是加强贷中贷后管理。要严格落实资金受托支付要求，加强贷后资金流向监测和预警。要和借款人签订资金用途承诺函，明确一旦发现贷款被挪用于房地产领域的要立刻收回贷款，压降授信额度，并追究相应法律责任。六是加强银行内部管理。要落实主体责任，完善内部制度，强化内部问责，加强经营用途贷款监测分析和员工异常行为监控。七是加强中介机构管理。建立合作机构"白名单"。对存在协助借款人套取经营用途贷款行为的中介机构，一律不得进行合作。房地产中介机构不得为购房人提供或与其他机构合作提供房抵经营贷等金融产品的咨询和服务，不得诱导购房人违规使用经营用途资金。

### 三、个人征信查询

个人征信业务，是指对个人的信用信息进行采集、整理、保存、加工，并向信息使用者提供的活动。个人信用信息，是指依法采集，为金融等活动提供服务，用于识别判断个人信用状况的基本信息、借贷信息、其他相关信息，以及基于前述信息形成的分析评价信息。个人征信业务的主要作用是帮助金融机构、房地产开发企业等单位评估个人的信用状况，从而决定是否给予个人住房贷款、个人经营贷款、信用卡等服务。

#### （一）个人信用报告的查询方式

个人信用报告是征信机构把依法采集的信息，依法进行加工整理，最后依法向合法的信息查询人提供的个人信用历史记录。个人信用报告一般由中国人民银行征信中心提供，有三种获取渠道：一是到当地人民银行分支机构现场查询；二是访问个人信用信息服务平台官方网站（www.pbccrc.org.cn）申请查询；三是通过征信中心授权的商业银行及中国银联 APP 客户端等网上银行渠道申请查询。

中国人民银行征信中心目前提供个人信用信息提示、个人信用信息概要以及个人信用报告三种产品服务。个人信用信息提示以一句话的方式提示注册用户在个人征信系统中是否存在最近 5 年的逾期记录；个人信用信息概要为注册用户展示其个人信用状况概要，包括信贷记录、公共记录和查询记录的汇总信息；个人信用报告为注册用户展示其个人信用信息的基本情况，包括信贷记录、部分公共记录和查询记录的明细信息。申请个人住房贷款一般需要提供个人信用报告。

#### （二）个人信用报告的主要内容

个人信用报告由报告头和报告主体信息构成。报告头描述报告的标识信息、本次查询输入的姓名和证件信息婚姻状况。报告主体分为信贷记录、非信贷交易记录、公共记录、查询记录和机构说明。

**1. 信贷记录**

信贷记录由信贷交易信息概要以及资产处置、垫款、信用卡、贷款、其他业务、相关还款责任明细组成。这部分信息是信用报告的核心内容，展示了报告主体名下所有的信贷交易汇总和明细信息。其中信息概要是对信贷交易信息的概要描述，可以帮助报告使用者快速了解报告主体的信用状况。

**2. 非信贷交易记录**

非信贷交易信息明细主要反映报告主体使用电信后付费服务时的缴费信息。

**3. 公共信息**

公共信息由欠税记录、民事判决记录、强制执行记录、行政处罚记录组成。一是反映报告主体履行法定义务的情况，二是反映报告主体的涉诉涉案情况。

4. 查询记录

查询记录主要展示报告主体最近两年内被接入机构查询的明细记录以及本人查询的记录明细。

5. 机构说明

机构说明展示数据提供机构对其所报送数据的说明信息。

**四、个人住房贷款的分类**

（一）按贷款性质划分

根据贷款性质，个人住房贷款分为商业性个人住房贷款、住房公积金个人住房贷款和个人住房组合贷款。

（1）商业性个人住房贷款。商业性个人住房贷款是指商业银行用其信贷资金向购买、建造和大修各类型住房的个人所发放的自营性贷款。具体指具有完全民事行为能力的自然人，购买城镇自住住房时，以其所购买的住房抵押（或银行认可的其他担保方式），作为偿还贷款的保证而向银行申请的住房商业性贷款。

（2）住房公积金个人住房贷款。住房公积金个人住房贷款是指由各地住房公积金管理中心运用归集的住房公积金，委托银行向购买、建造和大修各类型住房的住房公积金缴存职工发放的住房贷款。该贷款实行低利率政策，贷款额度受到限制，带有较强的政策性。

（3）个人住房组合贷款。个人住房组合贷款是指借款人申请住房公积金个人住房的贷款额不足以支付购房所需资金时，其不足部分同时向银行申请商业性个人住房贷款，从而形成特定的住房公积金个人住房贷款和商业性个人住房贷款两者的组合，称之为组合贷款。其中，住房公积金个人住房贷款部分按住房公积金贷款利率执行，商业性个人住房贷款部分按商业性个人住房贷款利率执行。

此外，市场上还有一种产品为住房贴息贷款，它是指住房公积金管理中心与有关商业银行合作，对商业银行发放的商业性个人住房贷款。凡符合住房公积金管理中心贴息条件的借款人，由住房公积金管理中心根据借款人可以申请的贴息额度给予利息补贴。该业务开展之后，买房人可以只在商业银行贷款，其中对商业性个人住房贷款和政策性个人住房贷款的利息差由住房公积金管理中心通过贴息来解决。该贷款产品性质属商业贷款，只是对于住房公积金管理中心核定的可享受贴息部分的贷款，借款人实际上享受的是住房公积金贷款的利率。

（二）按贷款所购住房交易形态划分

根据贷款所购住房交易形态，个人住房贷款分为新建房个人住房贷款、存量房个人住房贷款。

（1）新建房个人住房贷款。新建房个人住房贷款俗称"一手房贷款"，是指贷款机构向符合条件的个人发放的、用于在新建商品房市场上购买住房的贷款。

（2）存量房个人住房贷款。存量房个人住房贷款俗称"二手房贷款"，是指贷款机构向符合条件的个人发放的、用于购买在存量住房市场上合法交易的各类住房的贷款。

**五、个人住房贷款的特点和主要参与者**

我国的个人住房贷款业务产生于 20 世纪 80 年代中后期，1998 年全面深化住房制度改革之后，随着住房实物分配的停止和住房分配货币化的逐步实施，个人住房贷款市场进入快速发展阶段。经过 20 多年的快速发展，个人住房贷款规模不断扩大，据国家统计局统计个人住房贷款余额从 1998 年末的 700 亿元左右迅速增长到 2022 年底的 38.8 万亿元，占金融机构各项贷款余额比重持续上升，从 1998 年末的 0.82% 左右提高到 2022 年底的 18.1%。个人住房贷款在多层次、全方位地满足客户不同需求的同时，为房地产业健康发展和国民经济增长发挥了积极的作用。

（一）个人住房贷款的特点

个人住房贷款对象仅限于自然人，不包括法人。个人住房贷款申请人必须是具有完全民事行为能力的自然人。

个人住房贷款与其他个人贷款相比，具有以下特点：一是贷款期限长，通常为 10～20 年，最长可达 30 年；二是还款方式绝大多数采取分期还本付息的方式；三是大多数是以所购住房抵押为前提条件发生的资金借贷关系。

（二）个人住房贷款的主要参与者

在个人住房贷款中，除了贷款人、借款人，还有其他参与者，如房地产经纪机构、房地产估价机构、律师事务所、担保（保险）机构和有关政府部门等。

房地产经纪机构可代为办理个人住房贷款、不动产抵押登记等手续。房地产估价机构负责评估抵押房地产的价值。商业银行在发放房地产抵押贷款前，应当确定房地产抵押价值。房地产抵押价值由抵押当事人协商议定，或者委托房地产估价机构评估确定。律师事务所主要为抵押贷款提供法律服务，如起草借款合同或协议、受托人与借款人签订借款合同或协议、处理违约贷款的法律事务等。担保（保险）机构包括各类担保公司、保险公司，它们通过提供住房贷款担保或保险，为贷款人防范贷款风险提供保障。

有关政府部门主要是指办理房屋买卖、抵押合同网签备案和抵押登记的房地产交易管理部门、不动产登记机构等。

## 第二节　个人住房贷款产品要素及流程

### 一、商业性个人住房贷款

（一）贷款申请

1. 申请条件

申请商业性个人住房贷款应具备以下条件：

（1）具有完全民事行为能力的自然人；

（2）在当地有有效居留身份；

（3）有稳定合法的经济收入，信用良好，具有按时、足额偿还贷款本息的意愿和能力；

（4）具有真实合法有效的购买（建造、大修）住房的合同或协议；

（5）以不低于所购买（建造、大修）住房全部价款的一定比例作为所购买（建造、大修）住房的首期付款；

（6）有贷款人认可的资产作为抵押或质押，或有足够代偿能力的单位或个人作为保证人；

（7）贷款人规定的其他条件，例如：提供不受当地限购条件限制的证明。

2. 首付款比例

首付款比例是指个人首付的购房款占所购住房总价的百分比。国家信贷政策对不同时期首付款比例有明确规定，具体首付款比例由银行根据借款人的信用状况和还款能力等合理确定。

2023 年 8 月 31 日，中国人民银行、国家金融监督管理总局发布《关于降低存量首套住房贷款利率有关事项的通知》和《关于调整优化差别化住房信贷政策的通知》，对于贷款购买商品住房的居民家庭，首套住房商业性个人住房贷款最低首付款比例统一为不低于 20%，二套住房商业性个人住房贷款最低首付款比例统一为不低于 30%。银行业金融机构应根据各省级市场利率定价自律机制确定的最低首付款比例，结合本机构经营状况、客户风险状况等因素，合理确定每笔贷款的具体首付款比例。

3. 贷款成数

贷款成数又称贷款价值比率（Loan to Value，LTV），是指贷款金额占抵押住宅价值的比率。银行一般有最高贷款成数的规定。各贷款银行在不同时期对贷款成数要求不尽相同，一般有最高贷款成数的规定。商业银行应根据各地市场情况的不同制定合理的贷款成数上限，但所有住房贷款的贷款成数不得超过80％。理论上，贷款成数与首付款比例并不存在换算关系。

### 4. 偿还比率

在发放贷款时，通常将偿还比率作为考核借款人还款能力的一个指标，偿还比率一般采用房产支出与收入比和所有债务与收入比，前者是指借款人的月房产支出占其同期收入的比率，后者是指借款人同期债务支出占同期收入的比率。根据银监会规定，应将借款人住房贷款的月房产支出与收入比控制在50％以下（含50％），月所有债务支出与收入比控制在55％以下（含55％）。

房产支出与收入比的计算公式为：（本次贷款的月还款额＋月物业管理费）/月均收入

所有债务与收入比的计算公式为：（本次贷款的月还款额＋月物业管理费＋其他债务月均偿付额）/月均收入

上述计算公式中提到的收入应该是指申请人自身的可支配收入，即单一申请为申请人本人可支配收入，共同申请为主申请人和共同申请人的可支配收入。但对于单一申请的贷款，如商业银行考虑将申请人配偶的收入计算在内，则应该先予以调查核实，同时对于已将配偶收入计算在内的贷款也应相应地把配偶的债务一并计入。

### 5. 贷款额度

贷款额度是指借款人可以向贷款人借款的限额。理论上，在个人住房贷款中，贷款的数额应为所购住房总价减去首付款后的余额。但在实际中，贷款人一般会用不同的指标，对借款人的贷款金额做出限制性规定。如规定贷款金额不得超过贷款机构规定的某一最高金额等。

### （二）贷款利率和期限

### 1. 贷款利率

贷款利率是指借款期限内利息数额与本金额的比例。自2019年10月8日起，新发放商业性个人住房贷款利率以最近一个月相应期限的贷款市场报价利率（Loan Prime Rate，LPR）为定价基准加点形成。加点数值合同期限内固定不变。在此之前，房贷利率定价是采取基准利率上下浮动的方式。人民银行省一级分支机构根据当地房地产市场形势变化，确定辖区内首套和二套商业性个人住房贷款利率加点下限。根据中国人民银行、国家金融监督管理总局发布的《关于降低存量首套住房贷款利率有关事项的通知》和《关于调整优化差别化住房信贷政策的通知》，首套住房商业性个人住房贷款利率政策下限按现行规定执行，二套住房商业性个人住房贷款利率政策下限调整为不低于相应期限贷款市场报价利率加20个基点。中国人民银行、国家金融监督管理总局各派出机构按照因城施策原则，指导各省级市场利率定价自律机制，根据辖区内各城市房地产市场形势及当地政府调控要求，自主确定辖区内各城市首套和二套住房商业性个人住房贷款利率下限。借款人申请商业性个人住房贷款时，可与银行业金融机构协商约定利率重定价周期。重定价周期最短为1年。利率重定价日，定价基准调整为最近一个月相应期限的贷款市场报价利率。利率重定价周期及调整方式应在贷款合同中明确。

对此次房贷利率改革，应把握以下几点：一是对新发放的个人住房贷款，定价基准从贷款基准利率转换为贷款市场报价利率（LPR），也就是贷款基础利率，这个数值的决定者不再是央行，而是由18家全国性银行根据近期市场情况集中报价加权平均算出来的，这也意味着房贷利率与市场利率更加贴近了；二是利率加点数值因城市而异，每个月的贷款市场报价利率（LPR）公布后，各个城市可以结合当地的楼市调控政策来调整利率加点数值；三是对具体一笔贷款，"加点"是固定不变，但贷款市场报价利率会发生变动，也就是基础利率会发生变动，那么房贷利率就不是一成不变。例如合同里约定重定价周期为1年，那么一年之后，就应按照当时的房贷利率重新计算还款额；四是应注意贷款合同中约定的利率重定价周期，过去加息或降息，第二年1月1日起的"月供金额"都要重新计算，现在不同了，有可能一年一调，也可能30年贷款期都不变。

自2023年9月25日起，存量首套住房商业性个人住房贷款的借款人可向承贷金融机构提出申请，由该金融机构新发放贷款置换存量首套住房商业性个人住房贷款。新发放贷款的利率水平由金融机构与借款人自主协商确定，但在贷款市场报价利率（LPR）上的加点幅度，不得低于原贷款发放时所在城市首套住房商业性个人住房贷款利率政策下限。新发放的贷款只能用于偿还存量首套住房商业性个人住房贷款，仍纳入商业性个人住房贷款管理。自2023年9月25日起，存量首套住房商业性个人住房贷款的借款人亦可向承贷金融机构提出申请，协商变更合同约定的利率水平。

2. 贷款期限

贷款期限是指借款人应还清全部贷款本息的期限。贷款期限由贷款人和借款人根据实际情况商定，但一般有最长贷款期限的规定，如个人住房贷款期限最长为30年。贷款人在为借款人确定还款年限时一般以其年龄和房龄作为基础，年龄越小，其贷款年限越长，年龄越大，贷款年限则较短；房龄越短，其贷款年限越长，房龄越长，贷款年限则较短。从控制风险的角度考虑，通常情况下，借款人年龄与贷款期限之和不超过 65～75 年。个人二手房贷款的期限不能超过所购住房土地使用权的剩余年限。一般来说，贷款期限越长，每月还款额越少，但总还款额必然上升。

（三）办理流程

商业性个人住房贷款，一般按下列流程办理：

（1）贷款申请。借款人要申请商业性个人住房贷款，首先需要向贷款银行提出贷款申请。受理贷款时，必须由主贷人、共有人、配偶同时到场在借款申请及相关贷款文件上亲笔签字。

（2）贷款审批。贷款银行收到借款人的资料后，从个人信用、抵押物价值和借款人的条件等方面进行贷款审查。个人的信用，目前贷款银行主要通过全国和地方个人的征信系统了解借款人的信用状况，若借款人有不良信用记录的，将不会通过贷款的审查；若借款人已发生借贷的数额达到了一定的限额将被视为高风险贷款，可能做出减少贷款额度甚至无法获得审批通过的审贷意见。抵押物价值的确定以该房产在该次买卖交易中的成交价或按评估价中较低值为准。借款人在达到了上述两项要求后，贷款银行还要根据规定对借款人的条件进一步审查，内容包括：借款人的收入及财产证明、贷款额度（包括成数和总额）、婚姻状况及配偶的认可。凡符合贷款条件的就可安排签订贷款合同。

（3）签订借款合同。对通过贷款审批的，借款人将与贷款人签订相关合同如借款合同、抵押合同等。贷款机构一般要求借款人当面签订借款合同及其他相关文件。借款合同包括借款种类、币种、用途、数额、利率、期限和还款方式等条款。合同正本一式三份，分别由贷款方、借款方、保证方各执一份。

（4）抵押登记。到抵押房屋所在地的不动产登记机构办理抵押登记，银行取得不动产登记证明。

（5）贷款发放。目前，贷款银行一般是在确认借款人首付款已全额支付，并获得不动产抵押登记证明后发放贷款。根据人民银行规定，借款人所购住房为预售商品房的，发放贷款时，建筑主体必须封顶，建筑主体未封顶的，不得发放贷款。个人住房贷款采取受托支付方式，将贷款资金直接划入售房人在银行开立的存款账户，或先划入"房屋交易资金专用账户"，符合资金划转条件后再划转至售房人在银行开立的存款账户。当地有交易资金监管专用账户的，可按当地政府主管部门规定将贷款资金划入监管专用账户，再划转至售房人账户。

（6）还贷。通常首期还款的时间和金额需要特别关注，一般银行会向借款人提供一个还贷专户（由还贷人按时存入，银行定时划款）。首期还贷的时间一般为发放贷款后次月的 20 日前，数额按照实际发放贷款的时间确定，因此，首月还贷的数额和时间以银行的还款计划表为准。

（7）结清贷款、注销登记。最后一期贷款还贷，须到受理贷款的银行办理结清贷款手续。抵押权人持不动产登记证明等材料，到房屋所在地不动产登记机构办理抵押权注销登记。

【例题 6-1】个人住房贷款，采用等额本息还款时，各期还款金额（　　）。

A. 是一样的

B. 借款初期较大，然后依次递减

C. 借款初期较小，然后依次递增

D. 借款初期较小，然后增大，到还款后期又减小

【例题 6-2】根据全国银行间同业拆借中心公布，2021 年 6 月 LPR 报价：1 年期 LPR 为 3.85%，5 年期以上 LPR 为 4.65%。某市一银行公布，目前首套住房房贷利率上浮 55 基点，二套上浮 105 基点，则目前该银行 30 年期的首套住房贷利率是（　　）。

A. 5.2%　　　　　　　　　　　　B. 5.7%

C. 4.4%　　　　　　　　　　　　D. 4.9%

## 二、住房公积金个人住房贷款

（一）住房公积金制度概述

住房公积金，是指国家机关、国有企业、城镇集体企业、外商投资企业、城镇私营企业及其他城镇企业、事业单位、民办非企业单位、社会团体及其在职职工缴存的长期住房储金。职工缴存的住房公积金和职工所在单位为职工缴存的住房公积金，是职工按照规定储存起来的专项用于住房消费支出的个人储金，属于职工个人所有。职工离退休时本息余额一次付偿，退还给职工本人。我国住房公积金制度，最早于 1991 年在上海市建立。1994 年，《国务院关于深化城镇住房制度改革的决定》要求全面推行住房公积金制度。1999 年，国务院发布了《住房公积金管理条例》，住房公积金业务稳步发展，逐步规范，住房公积金的使用方向从生产领域转向消费领域，从支持住房建设转向支持职工住房消费。2002 年，国务院修改了《住房公积金管理条例》，从调整和完善住房公积金决策体系、规范住房公积金管理机构设置、健全和完善监督体系、强化住房公积金归集和使用等方面进一步完善住房公积金制度，规范住房公积金管理。职工个人缴存的住房公积金和职工所在单位为职工缴存的住房公积金，属于职工个人所有。住房公

积金实行住房公积金管理委员会决策、住房公积金管理中心运作、银行专户存储、财政监督。

1. 住房公积金的缴存

国家机关、国有企业、城镇集体企业、外商投资企业、城镇私营企业及其他城镇企业、事业单位、民办非企业单位和社会团体及其在职职工都应按月缴存住房公积金。有条件的地方，城镇单位聘用进城务工人员，单位和职工可缴存住房公积金；城镇个体工商户、自由职业人员可申请缴存住房公积金。职工缴存的住房公积金和单位为职工缴存的住房公积金，全部纳入职工个人账户。缴存基数是职工本人上一年度月平均工资，原则上不应超过职工工作地所在城市统计部门公布的上一年度职工月平均工资的 2 或 3 倍。缴存基数每年调整一次。缴存比例是指职工个人和单位缴存住房公积金的数额占职工上一年度月平均工资的比例。单位和个人的缴存比例不低于 5%，原则上不高于 12%。具体缴存比例由住房公积金管委会拟订，经本级人民政府审核后，报省自治区、直辖市人民政府批准。

2. 住房公积金的提取

住房公积金提取，是指缴存职工符合住房消费提取条件或丧失缴存条件时，部分或全部提取个人账户内的住房公积金存储余额的行为。职工有下列情形的，可以申请提取个人账户内的住房公积金存储余额：

（1）购买、建造、翻建、大修自住住房的；

（2）偿还购建自住住房贷款本息的；

（3）租赁自住住房，房租超出家庭工资收入一定比例的；

（4）离休、退休和出境定居的；

（5）职工死亡、被宣告死亡的；

（6）享受城镇最低生活保障的；

（7）完全或部分丧失劳动能力，并与单位终止劳动关系的；

（8）管委会依据相关法规规定的其他情形。

3. 住房公积金的使用

（1）发放个人住房贷款。设立个人住房公积金账户，且连续足额正常缴存一定期限的职工，在购买、建造、翻建、大修自住住房时，可以向住房公积金管理中心申请住房公积金个人住房贷款。缴存职工在缴存地以外地区购房，可按购房地住房公积金个人住房贷款政策向购房地住房公积金管理中心申请个人住房贷款。住房公积金个人住房贷款和商业性个人住房贷款除贷款资金来源不同，在贷款对象、贷款流程以及贷款利率、额度等方面也存在较明显差异。

（2）购买国债。在保证职工住房公积金提取和贷款的前提下，经住房公积金管理委员会批准，住房公积金管理中心可将住房公积金用于购买国债。

（3）贷款支持保障性住房建设试点。2009年，国家开展了利用住房公积金贷款支持保障性住房建设试点工作。试点城市在优先保证职工提取和个人住房贷款、留足备付准备金的前提下，可将50％以内的住房公积金结余资金贷款支持保障性住房建设，贷款利率按照五年期以上个人住房公积金贷款利率上浮10％执行。利用住房公积金结余资金发放的保障性住房建设贷款，定向用于经济适用住房、列入保障性住房规划的城市棚户区改造项目安置用房、政府投资的公共租赁住房建设。

（二）住房公积金个人住房贷款办理

与商业性个人住房贷款相比，住房公积金个人住房贷款在申请条件、贷款利率等方面有一些特殊的规定。

1. 申请条件

只有缴存住房公积金的职工才有资格申请住房公积金个人住房贷款，没有参加住房公积金制度的职工不能申请住房公积金个人住房贷款。申请住房公积金个人住房贷款需在申请贷款前连续缴存一定时间的住房公积金，时间一般要求不少于六个月。夫妻一方申请了住房公积金贷款，在其未还清贷款本息之前，夫妻双方均不能再获得住房公积金贷款。

2. 首付款比例

住房公积金个人住房贷款购买首套普通自住房最低首付款比例为20％。自2015年9月1日起，对拥有1套住房并已结清相应购房贷款的居民家庭，为改善居住条件再次申请住房公积金委托贷款购买住房的，最低首付款比例由30％降低至20％。北京、上海、广州、深圳等地可在国家统一政策基础上，结合本地实际，自主决定申请住房公积金委托贷款购买第二套住房的最低首付款比例。

3. 贷款额度

住房公积金个人住房贷款在确定贷款额度时，除与商业性住房贷款相同要求考核贷款成数、借款人还款能力外，还规定不得超过当地规定的单笔最高贷款额度，住房公积金的单笔最高贷款额度由当地住房公积金管理委员会确定，即限定住房公积金最高贷款额度不得超过一定的数额。房地产经纪人员在日常经纪活动中，要注意掌握当地住房公积金具体政策要求。另外，部分城市还将住房公积金可贷款额度与借款人住房公积金缴存余额相挂钩。

4. 贷款利率和期限

全国施行统一的住房公积金贷款利率，贷款利率由中国人民银行提出，经征求国务院建设行政主管部门的意见后，报国务院批准。公积金贷款期限最长不超过 30 年，且贷款到期日不超过借款申请人（含共同申请人）法定退休时间后 5 年。我国住房公积金制度实行低利率政策，住房公积金个人贷款利率低于商业性住房贷款利率，2015 年 10 月 24 日人民银行调整并实施新的住房公积金个人住房贷款利率，五年以上公积金贷款利率 3.25％，五年及以下公积金贷款利率为 2.75％，全国一致。从 2019 年 10 月 8 日开始，仅商业性个人住房贷款利率参照 LPR 最新利率执行，公积金个人住房贷款利率政策暂不调整。

5. 办理流程

商业性个人住房贷款申请受理、审批、发放流程都在商业银行内部，住房公积金个人住房贷款申请受理、发放流程委托商业银行进行（部分城市住房公积金个人贷款受理由住房公积金管理中心自主完成），贷款审批则根据《住房公积金管理条例》规定，由当地住房公积金管理中心负责。《住房公积金管理条例》规定，住房公积金管理中心应当自受理申请之日起 15 日内做出准予贷款或者不准予贷款的决定，并通知借款人；准予贷款的，由受委托银行办理贷款手续。

# 第三节　个人住房贷款计算

## 一、首付款和贷款额度计算

（一）首付款计算

目前个人贷款买房，在购买新建商品房与购买二手房时，贷款首付款的计算有较大区别。办理新建商品房个人住房贷款时，首付款以购房合同价格为基数，根据当地规定的最低首付款比例及借款人的信用状况、还款能力确定的比例，计算的首次支付购房款的数额。办理二手房个人住房贷款时，以二手房评估价格和成交价格较低的数值作为基数，并根据确定的首付款比例计算首付款数额。

（二）贷款额度

在个人住房贷款中，需要借款的数额一般为所购住房总价减去首付款后的余额，即贷款额度＝所购住宅总价－首付款数额。贷款人一般会用不同的指标，对借款人的贷款金额做出限制性规定，例如：①贷款金额不得超过某一最高金额；②贷款金额不得超过按照最高贷款成数计算出的金额；③贷款金额不得超过按照最高偿还比率计算出的金额。当借款人的申请金额不超过以上所有限额的，以申请金额作为贷款金额；当申请金额超过以上任一限额的，以其中的最低限额作为贷款金额。

　　房地产经纪从业人员需要注意的是，首付款比例一般是首次付款的最低比例要求，而贷款额度一般是贷款的最高额度。当贷款额度不能满足借款人需要时，借款人只能通过提高自己的首付款数额来解决。

　　**【例题 6-3】** 李某在 A 城市购买了一套二手房，总价值为 100 万元，属李某首套住房。该城市规定，购买家庭首套住房使用住房公积金贷款，所购住房为二手房的，贷款金额不得高于所购房产总价的 60%，单笔最高贷款金额不超过 35 万元，请计算李某住房公积金最高贷款额度是多少？首付款是多少？

　　**【解】** 按贷款成数计算最高贷款额度为 $100 \times 60\% = 60$ 万元；单笔最高贷款金额不超过 35 万元，根据申请金额不超过最低限额作为贷款金额的规定，李某本次最高贷款额度为 35 万元，首付款为 $100 - 35 = 65$ 万元。

## 二、还款额计算

　　目前，常用的还款方式有等额本息还款法和等额本金还款法。等额本息还款法是指借款人在贷款期内每月按相等的金额偿还贷款本息。等额本金还款法是指借款人在贷款期内每月按相等的金额偿还贷款本金，贷款利息随本金逐月递减。

　　（一）等额本息还款方式的还款额计算

　　等额本息还款法，即借款人每月按相等的金额偿还贷款本息，其中每月贷款利息按月初剩余贷款本金计算并逐月结清。由于每月的还款额相等，因此，在贷款初期每月的还款中，剔除按月结清的利息后，所还的贷款本金就较少，每月所还的贷款利息就较多；归还的本金和利息的配给比例是逐月变化的，利息逐月递减，本金逐月递增（图 6-1）。

　　等额本息还款的计算公式为：

$$A = P \frac{i(1+i)^n}{(1+i)^n - 1}$$

式中　$A$——月还款额；

　　　$P$——贷款金额；

　　　$i$——贷款月利率；

　　　$n$——按月计算的贷款期限。

　　**【例题 6-4】** 张某申请商业性个人住房贷款 100 万元，贷款年利率为 5%，贷款期限为 15 年，采用按月等额本息还款方式还款。张某每月应还款（　　）元。

　　**【解】** 已知：贷款金额 $P = 1\ 000\ 000$ 元，贷款月利率 $i = 5\%/12$，按月计算的贷款期限 $n = 15 \times 12 = 180$ 月。该家庭的月还款额计算如下：

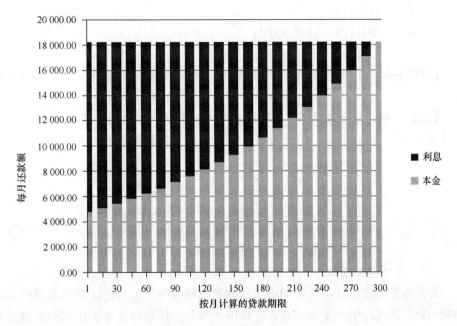

图 6-1 等额本息还款法走势柱状图

$$A = P \frac{i(1+i)^n}{(1+i)^n - 1}$$
$$= 1\ 000\ 000 \times \frac{5\%/12 \times (1+5\%/12)^{180}}{(1+5\%/12)^{180} - 1}$$
$$= 7\ 907.9\ (元)$$

张某每月应还款 7 907.9 元

在日常经济活动中，还有需要提前还贷的情况，这时要计算贷款余额。

可以采用将年金转换为现值的公式计算，即等于以后月还款额的现值之和，计算公式为：

$$P_m = A \frac{(1+i)^{n-m} - 1}{i(1+i)^{n-m}}$$

提前还贷后月还款额的计算公式为：

$$A_m = (P_m - G) \frac{i(1+i)^{n-m}}{(1+i)^{n-m} - 1}$$

式中　$P_m$——贷款余额；

　　　$A$——月还款额；

　　　$G$——提前还贷额；

$i$——贷款月利率；

$n$——按月计算的贷款期限；

$m$——按月计算的已偿还期。

**【例题 6-5】** 在例题 6-4 中，假设张某已按月等额偿还了 5 年，请计算张某的贷款余额。

**【解】** 已知：月还款额 $A=7\,907.9$ 元，按月计算的贷款期限 $n=180$ 月，按月计算的已偿还期 $m=5\times12=60$ 月。该家庭的贷款余额计算如下：

$$P_{\mathrm{m}} = A\,\frac{(1+i)^{n-m}-1}{i(1+i)^{n-m}}$$

$$=7\,907.9\times\frac{(1+5\%/12)^{180-60}-1}{5\%/12\times(1+5\%/12)^{180-60}}$$

$$=745\,567.5\ (元)$$

**(二) 等额本金还款方式的还款额计算**

等额本金还款法是在还款期内把贷款数总额等分，每月偿还同等数额的本金和剩余贷款在该月所产生的利息，这样由于每月的还款本金额固定，利息越来越少，贷款人起初还款压力较大，但是随时间的推移每月还款数越来越少(图 6-2)。

这种还款方式的每期还款额是递减的，具体如按月偿还，其每月应归还的本

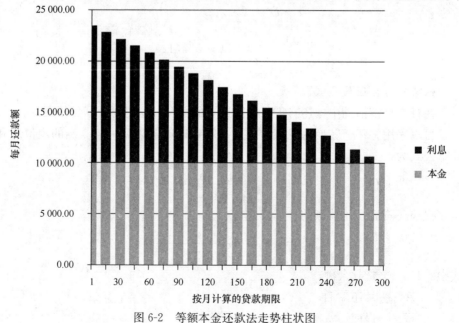

图 6-2　等额本金还款法走势柱状图

金等于贷款金额（本金）除以按月计算的贷款期限。等额本金还款的计算公式为：

$$A_t = \frac{P}{n} + \left[ P - \frac{P}{n}(t-1) \right]i$$

式中　$A_t$——第 $t$ 月的还款额；

　　　$P$——贷款金额；

　　　$n$——按月计算的贷款期限；

　　　$i$——月利率。

【例题 6-6】王某申请商业性个人住房贷款 10 万元，贷款年利率为 5%，贷款期限为 15 年，采用按月等额本金还款方式还款。请计算王某第 1 个月和最后 1 个月的月还款额。

【解】已知：贷款金额 $P=100\ 000$ 元，贷款月利率 $i=5\%/12$，按月计算的贷款期限 $n=15\times12=180$ 月。该家庭第 1 个月的月还款额计算如下：

$$A_1 = \frac{P}{n} + Pi$$

$$= \frac{100\ 000}{180} + 100\ 000 \times 5\%/12$$

$$= 972.22（元）$$

王某最后 1 个月的月还款额计算如下：

$$A_{180} = \frac{P}{n} + \left[ P - \frac{P}{n}(t-1) \right]i$$

$$= \frac{100\ 000}{180} + \left[ 100\ 000 - \frac{100\ 000}{180}(180-1) \right] \times 5\%/12$$

$$= 557.87（元）$$

等额本金还款方式下如需提前还款，这时的贷款余额计算公式为：

$$P_m = \frac{P(n-m)}{n}$$

提前还贷后第 $q$ 月的月还款额的计算公式为：

$$A_{m+q} = \frac{P_m - G}{n-m} + \left[ 1 - \frac{q-1}{n-m} \right](P_m - G)i$$

式中　$P_m$——贷款余额；

　　　$G$——提前还贷额；

　　　$n$——按月计算的贷款期限；

　　$m$——按月计算的已偿还期。

（三）两种还款方式的比较和应用

　　等额本息还款法和等额本金还款方法都是随着剩余本金的逐月减少，利息也将逐月递减，都是按照客户占用银行资金的时间价值来计算的。由于等额本金还款法较等额本息还款法而言，同期较多地归还贷款本金，因此以后各期确定贷款利息时作为计算利息的基数变小，所归还的总利息相对就少。

　　等额本息还款法有一个好处，就是每个月还款的数额是固定不变的。在消费者月收入相对固定的情况下，一般不会因为还款而感到压力。等额本息还款法适用于在未来整个贷款期间收入比较稳定人群、希望前期还款压力较小的人群等。例如教师、公务员等收入稳定的工薪阶层，以及希望前期还款压力较小的年轻人。

　　等额本金还款法前期偿还的本金基数较大，产生的利息就比较多，前期月还款的总额比后期大，消费者前期的还款压力比较大。等额本金适合那些前期能够承担较大还款额的人群，目前收入处于支付能力最强、今后逐步下降的人群。在收入高峰期多还款，就能减少今后的还款压力，并通过提前还款等手段来减少利息支出。

　　个人住房贷款可申请提前还款或结清。在两种还款方式下，提前部分还贷的方式也有不同。在部分提前还贷时，借款人可以选择期限减按或金额减按两种方式。单从节省利息的角度考虑，不论是等额本息还款还是等额本金还款，提前还贷时，选择缩短年限会比减少还款额对借款人更有利。但如果在等额本息还款下，还贷年限已过半，则不推荐还贷缩短年限。这是因为在月还款额当中，本金其实已经大于利息了，此时提前还贷缩短年限的意义不大。这种情况下，更推荐借款人选择减少还款额的提前还贷方式。另外，对于享受利率折扣和住房公积金购房贷款政策优惠的借款人来说，不一定适合提前还款或结清。

　　房地产经纪从业人员应向借款人介绍等额本金和等额本息两种还贷方式的区别，在帮助客户制定贷款方案时，应充分考虑客户的储蓄、收入水平、家庭开支以及家庭理财状况，进行综合考虑，为贷款客户提供参考意见。究竟采用哪种还款方式，由借款客户自己选择。

# 第四节　个人住房贷款担保

## 一、个人住房贷款担保的主要方式

　　目前，很多购房人都会选择通过个人住房贷款买房，但在申请个人住房贷款时，银行会要求借款人提供担保。购房人通常在了解有哪些担保方式的基础上，根据自身实际情况来选择适合自己的担保方式。个人住房贷款一般采纳以下三种担保方式：①抵押方式。抵押贷款方式是指贷款银行以借款人或第三人提供的符合规定条件的财产作为抵押物而向借款人发放贷款的方式。②质押方式。质押贷款方式是指借款人或第三人将符合规定条件的应享受的权利凭证交由贷款银行占有，贷款银行以该权利作为贷款担保而向借款人发放贷款的方式。③保证方式。保证贷款方式是指贷款银行以借款人提供的有代为清偿能力的法人或个人作为保证人而向其发放贷款的方式。

在住房贷款活动中，抵押是购房人最常用的担保方式，且抵押关系相对较复杂，房地产经纪人协理应具备房地产抵押的基本知识。

## 二、抵押权担保

抵押权是担保物权，是就提供担保的特定财产优先变价受偿的权利，它以支配标的物的交换价值，确保债权清偿为目的，具有优先受偿的担保作用。抵押权是为担保债的履行而存在的，债务人不履行到期债务或者发生当事人约定的实现抵押权的情形，债权人有权就该财产优先受偿。抵押权是不转移标的物占有的物权。抵押权的核心内容在于取得抵押物的交换价值，以该交换价值担保债的履行，而不在于取得或者限制物的使用价值。因此，抵押权的设定与存续，无需转移标的物的占有。抵押权设定后，抵押人仍然可以使用、收益抵押物，如抵押合同中无不得转让的约定，还可依法处分抵押物。

### （一）抵押权的设立

抵押是债务人为保证完全履行债务所采用的一种担保形式，设定抵押，既需要债务人提出此种方式，又需要债权人愿意接受这种方式，只有双方当事人达成合意方可设定抵押，所以设定抵押权是双方当事人的合意行为，也是当事人之间的一种合同行为。但签订抵押合同与办理抵押权登记是两个法律事实，抵押合同自成立时生效；未办理抵押权登记的，不影响抵押合同的效力，但抵押不发生物权效力，对抵押物不具有优先受偿权。抵押权自办理抵押权登记时设立；办理抵押权登记后，债权人也就成为抵押权人，才具有抵押权实现时对抵押物依法享有优先受偿的权利。

### （二）不得抵押的财产

根据《民法典》第三百九十九条下列财产不得抵押：①土地所有权；②宅基地、自留地、自留山等集体所有土地的使用权，但是法律规定可以抵押的除外；③学校、幼儿园、医疗机构等，为公益目的成立的非营利法人的教育设施、医疗卫生设施和其他公益设施；④所有权、使用权不明或者有争议的财产；⑤依法被查封、扣押、监管的财产；⑥法律、行政法规规定不得抵押的其他财产。

（三）抵押不破租赁

《民法典》规定，抵押权设立前，抵押财产已经出租并转移占有的，原租赁关系不受该抵押权的影响。所谓原租赁关系不受该抵押权的影响，一方面，是指抵押权的设立不影响原租赁关系的存续，承租人仍可基于租赁合同继续占有使用租赁物；另一方面，是指抵押权实现时，只要租赁合同还在合同有效期内，租赁合同对抵押物（同时也是租赁物）受让人继续有效，受让人取得的是有租赁权负担的抵押物。

（四）抵押物的转让

《民法典》规定，抵押期间，抵押人可以转让抵押财产。当事人另有约定的，按照其约定。抵押财产转让的，抵押权不受影响。这一新制度的核心为：抵押财产可以在未经注销抵押登记的前提下自由转让，不以抵押权人的同意为前提（另有约定的除外），但抵押财产过户后，原抵押权依然存在于抵押财产之上。也就是说，转让已抵押的房屋，除抵押权人与抵押人另有约定的外，无需提前归还贷款、注销抵押权登记，在房屋设有抵押权的情况下，也可以办理房屋所有权转移登记。《自然资源部 中国银行保险监督管理委员会关于协同做好不动产"带押过户"便民利企服务的通知》（自然资发〔2023〕29 号）明确，"带押过户"是指依据《民法典》第四百零六条"抵押期间，抵押人可以转让抵押财产。当事人另有约定的，按照其约定"的规定，在申请办理已抵押不动产转移登记时，无需提前归还旧贷款、注销抵押登记，即可完成过户。"带押过户"主要适用于在银行业金融机构存在未结清的按揭贷款，且按揭贷款当前无逾期。不动产登记簿已记载禁止或限制转让抵押不动产的约定，或者《民法典》实施前已经办理抵押登记的，应当由当事人协商一致再行办理。目前在地方实践探索中，主要形成了三种"带押过户"模式。

模式一：新旧抵押权组合模式。通过借新贷、还旧贷无缝衔接，实现"带押过户"。买卖双方及涉及的贷款方达成一致，约定发放新贷款、偿还旧贷款的时点和方式等内容，不动产登记机构合并办理转移登记、新抵押权首次登记与旧抵押权注销登记。

模式二：新旧抵押权分段模式。通过借新贷、过户后还旧贷，实现"带押过户"。买卖双方及涉及的贷款方达成一致，约定发放新贷款、偿还旧贷款的时点和方式等内容，不动产登记机构合并办理转移登记、新抵押权首次登记等，卖方贷款结清后及时办理旧抵押权注销登记。

模式三：抵押权变更模式。通过抵押权变更实现"带押过户"。买卖双方及涉及的贷款方达成一致，约定抵押权变更等内容，不动产登记机构合并办理转移登记、抵押权转移登记以及变更登记。

在上述模式中，尤其买卖双方涉及不同贷款方的业务，可采取办理抵押权预告登记，防范"一房二卖"，防范抵押权悬空等风险，维护各方当事人合法权益，保障金融安全。

这一新制度，有利于促进抵押财产的交易及降低其交易成本，进一步促进社会财富资源的自由流动。

《自然资源部关于做好不动产抵押权登记工作的通知》（自然资发〔2021〕54号）规定，对《民法典》施行前已经办理抵押登记的不动产，抵押期间转让的，未经抵押权人同意，不予办理转移登记。因此，2021年1月1日之前办理的不动产抵押登记的房屋，在办理转移登记仍需要抵押权人同意方可。

（五）抵押权的实现

抵押权的优先受偿效力是指抵押权人在债务人到期未能清偿债务时，可依照法律规定就抵押物变价而优先获得清偿的法律效力。抵押权的优先受偿性表现在以下三个方面：一是与债务人的其他普通债权人相比，抵押权人有就抵押物变现价款优先受偿的权利；二是在同一标的物上存在多个抵押权时，登记顺序在先的抵押权优先清偿，顺序相同的抵押权按债权比例清偿；三是在债务人受破产宣告时，成立在前的抵押权不受破产宣告的影响，抵押权人可以从抵押物变现价款中优先受偿。

《民法典》对于履行期限届满前约定的流押条款视为抵押条款进行了修改。根据《民法典》规定，抵押权人在债务履行期限届满足前，与抵押人约定债务人不履行到期债务时抵押财产归债权人所有的，只能依法就抵押财产优先受偿。

（六）房地产抵押

个人住房贷款通常用所购买的住房作为抵押物，为个人购买住房贷款提供担保。住房抵押属于房地产抵押的范畴，因此，房地产经纪专业人员应当掌握房地产抵押的相关规定。

1. 房地产抵押的主要类型

（1）按照设定抵押权的类型可分为一般抵押和最高额抵押。

a）一般抵押。一般抵押是指为担保债务的履行，债务人或者第三人不转移房地产的占有，将该房地产抵押给债权人的行为。债务人不履行到期债务或者发生当事人约定的实现抵押权的情形，债权人有权就该房地产优先受偿。

b）最高额抵押。最高额抵押是指为担保债务的履行，债务人或者第三人对一定期间内将要连续发生的债权用房地产提供担保的行为。债务人不履行到期债务或者发生当事人约定的实现抵押权的情形，抵押权人有权在最高债权额限度内就该担保财产优先受偿。最高额抵押权设立前已经存在的债权，经当事人同意，可以转入最高额抵押担保的债权范围。最高额抵押担保的债权确定前，部分债权转让的最高额抵押权不得转让，但当事人另有约定的除外。最高额抵押担保的债权确定前，抵押权人与抵押人可以通过协议变更债权确定的期间、债权范围以及最高债权额，但变更的内容不得对其他抵押权人产生不利影响。

c）一般抵押与最高额抵押区别主要有：一是一般抵押权担保的债权是已发生，因此债权数额是明确的。最高额抵押权担保的是未来可能发生的债权，其担保的债权数额在设定最高额抵押权时是无法确定具体的数额，仅确定担保的最高债权数额。二是一般抵押权担保的只有一个债权。最高额抵押权所担保的债权数量可以是多个将要发生的债权。三是一般抵押权会随着主债权消灭而消灭。最高额抵押权，只要产生最高额抵押权的基础关系还存在，部分债权的消灭不影响最高额抵押权的存在。

（2）按照设定抵押权抵押物的状况可分为已建成房地产抵押、在建建筑物抵押和预购商品房贷款抵押。

a）已建成房地产抵押。已建成房地产抵押是指抵押人以其已建成、依法拥有的房地产以不转移占有的方式为本人或者第三人的债务向抵押权人提供债务履行担保的行为。债务人不履行到期债务或者发生当事人约定的实现抵押权的情形，债权人有权就该房地产优先受偿。抵押人是指将依法取得的房地产提供给抵押权人，作为本人或者第三人履行债务担保的公民、法人或者其他组织。抵押权人是指接受房地产抵押作为债务人履行债务担保的公民、法人或者其他组织。抵押物是作为担保财产的已建成房地产。

b）在建建筑物抵押。在建建筑物抵押是指抵押人以其合法方式取得的土地使用权连同在建建筑物，以不转移占有的方式向抵押权人提供债务履行担保的行为。

c）预购商品房贷款抵押。预购商品房贷款抵押是指购房人在支付首期规定的房价款后，由贷款金融机构代其支付其余的购房款，购房人将所预购商品房抵押给贷款银行作为偿还贷款履行担保的行为。

2. 房地产抵押的主要规定

1）享受优惠政策房地产抵押规定

以享受国家优惠政策购买的有限产权的房地产抵押的，其抵押额以房地产权利人可以处分和收益的份额为限。

2）不同性质企业的房地产抵押规定

国有企业、事业单位法人以国家授予其经营管理的房地产抵押的，应当符合国有资产管理的有关规定。以集体所有制企业的房地产抵押的，必须经集体所有制企业职工（代表）大会通过，并报其上级主管机关备案。以中外合资企业、合作经营企业和外商独资企业的房地产抵押的，必须经董事会通过，但企业章程另有约定的除外。以股份有限公司、有限责任公司的房地产抵押的，必须经董事会或者股东大会通过，但企业章程另有约定的除外。有经营期限的企业以其所有的房地产抵押的，所担保债务的履行期限不应当超过企业的经营期限。

3）不同情况下的房地产抵押规定

（1）以具有土地使用年限的房地产抵押的，所担保债务的履行期限不得超过土地使用权出让合同规定的使用年限减去已经使用年限后的剩余年限。

（2）以共有的房地产抵押的，抵押人应当事先征得其他共有人的书面同意。

（3）预购商品房贷款抵押的，商品房开发项目必须符合房地产转让条件并取得商品房预售许可证。

（4）以已出租的房地产抵押的，抵押人应当将租赁情况告知抵押权人，并将抵押情况告知承租人。原租赁合同继续有效。

（5）企、事业单位法人分立或合并后，原抵押合同继续有效。其权利与义务由拥有抵押物的企业享有和承担。

（6）抵押人死亡、依法被宣告死亡或者被宣告失踪时，其房地产合法继承人或者代管人应当继续履行原抵押合同。

【例题 6-7】下列房地产中，属于不得抵押的有（ ）。

A. 公立医院的住院楼　　　　　　B. 正在建造的建筑物

C. 被查封的商业楼　　　　　　　D. 部属高校的教学楼

E. 所有权有争议的住房

### 三、住房置业担保

（一）住房置业担保性质

住房置业担保属于保证担保方式，是指住房置业担保公司在借款人无法满足贷款人要求提供担保的情况下，为借款人申请个人住房贷款而与贷款人签订保证合同，承担保证责任。

（二）住房置业担保基本功能

住房置业担保最基本功能是增强信用和分散风险，通过为借款人提供第三方保证担保方式，解决交易过程中阶段性保证责任，通过担保分散风险且提供多元化违约处置机制，支持住房信贷机构发放个人住房贷款。2019 年 10 月，中国银保监会等九部委发布《关于印发融资担保公司监督管理补充规定的通知》（银保监发〔2019〕37号），将住房置业担保纳入融资担保监管体系。

（三）住房置业担保主要业务产品

目前各地住房置业担保机构业务结构不尽相同，除开展保证担保外，还开展了贷款后期管理、房屋置换、资金监管、代办权证等经营业务；从担保产品看，主要为住房公积金贷款担保，也有少量的组合贷款中商业银行的自营性住房贷款担保，担保保证期间分为全程或阶段性担保。个别担保机构开展了个人消费贷款担保以及预售资金履约、诉讼财产保全等非融资担保业务。其中，住房贷款阶段性担保包括期房贷款阶段性担保、二手房款阶段性担保、商转公贷款担保、司法拍卖房产贷款担保等，保证期间自贷款发放之日起，至抵押登记落实之日止。

# 复 习 思 考 题

1. 个人住房贷款的种类有哪些？

2. 商业性个人住房贷款和住房公积金贷款申请的条件有哪些？

3. 首付款比例、贷款额度确定的规则有哪些？

4. 如何运用等额本息还款法、等额本金还款法计算还款额度？

5. 个人住房贷款一般有哪些担保方式？

6. 不得抵押的房地产有哪些？

7. 住房置业担保的性质和基本功能是什么？

# 第七章　土地和房屋登记

物包括不动产和动产。土地和房屋是不可移动的物，属于不动产。土地和房屋的不可移动性，决定了其交易无法像家具、家电等可移动的动产那样，购买人通常采取搬走动产的方式完成交易、取得物的所有权。土地和房屋交易时，实体物并不发生移动，而仅表现为其权利归属在不同主体间的转移或者在物上设定相关的物权，如房屋买卖设定抵押权。土地和房屋的权利归属于谁、设定了哪些物权，需采取一定方式进行公示。登记是不动产物权公示最常用的一种方式。土地和房屋办理登记后，相关当事人就可以通过查看不动产登记簿、登记证书、登记证明，获取土地和房屋权利状况，通过登记明晰归属，为交易安全提供了保障。要做好房地产经纪服务，房地产经纪专业人员应掌握土地和房屋的权利状况，熟悉土地和房屋登记的基本要求。土地和房屋登记都属于不动产登记的范畴，本章首先介绍不动产登记的制度概述，包括登记范围、登记机构、登记种类和登记程序等。然后，根据房地产经纪业务的需要，重点介绍土地和房屋登记的基本要求和收费标准，以及登记信息获取。

## 第一节　不动产登记制度概述

### 一、不动产登记的含义和范围

（一）不动产与不动产登记的含义

1. 不动产的含义

房屋和土地都属于不动产。通俗地讲，不动产就是按照其性能不宜移动或者移动后将损害其价值的物。不动产是指土地、海域以及房屋、林木等定着物。这里的土地一般是指宗地，是指权属界线封闭的地块或者空间。海域一般是指我国内水、领海的水面、水体、海床和底土。房屋是指有固定基础、固定界限且有独立使用价值，人工建造的建筑物、构筑物以及特定空间。在我国对建筑物、构筑物也统称为房屋。《城市房地产管理法》第二条第二款规定："房屋是指土地上的房屋等建筑物及构筑物。"林木一般是指生长在土地上的树木等。

2. 不动产登记的含义

房屋登记和土地登记都属于不动产登记的范畴。不动产登记是指不动产登记机构依法将不动产权利归属和其他法定事项记载于不动产登记簿的行为。除法律另有规定的外，不动产物权的设立、变更、转让和消灭，经依法登记才能发生效力。对不动产物权采取登记的方式，是将不动产物权的设立、转移、变更和消灭等情况在不动产登记簿上予以记录，达到物权公示的目的，以保护不动产权利人的权益。2014 年 11 月 24 日国务院发布了《不动产登记暂行条例》，对不动产登记的范围、程序等作出了原则性规定。

（二）不动产登记的范围

《不动产登记暂行条例》第五条规定，不动产登记的范围是：①集体土地所有权；②房屋等建筑物、构筑物所有权；③森林、林木所有权；④耕地、林地、草地等土地承包经营权；⑤建设用地使用权；⑥宅基地使用权；⑦海域使用权；⑧地役权；⑨抵押权；⑩法律规定需要登记的其他不动产权利，如《民法典》规定的居住权。

## 二、不动产登记的目的

（一）保护不动产权利人的物权

物权是一种对世权与绝对权。物权取得、变动需要通过一定方式向外界加以公示。登记就是一种公示的方式。通过登记在不动产登记簿中记载物权的归属和状况，并向权利人、利害关系人提供不动产登记簿的查询，就可以清晰准确地获悉不动产物权的归属和内容，保护权利人依法取得的物权。

（二）维护交易安全

不动产登记后，不动产物权归属和内容在不动产登记簿上准确地展现。不动产登记簿具有公信效力。即便不动产登记簿上记载的物权归属和内容与真实情况不一致，只要没有异议登记，善意信赖登记簿记载的当事人所进行的不动产交易就应当得到保护。因此，不动产物权交易的当事人通过查询不动产登记簿，就可以判断作为交易标的物的不动产上的物权归属与内容，可以正确判断能否进行交易，避免受到他人欺诈。不动产登记为交易当事人提供了安全保障，减少了交易成本，保证了交易安全，提高了全社会的交易效率。

（三）便于国家对不动产进行管理、征收赋税和进行宏观调控

首先，做好国土空间规划、城市建设管理工作，就必须了解土地的自然状况，以及房屋的布局、结构、用途等基本情况。要做好房地产开发和住宅建设，就必须了解建设区域内的土地和原有房屋的各种资料，以便合理地规划建设用

地，妥善安置原有住户，并依法按有关规定对征收的房屋给予合理补偿。此外，房屋买卖和物业管理等一系列活动都涉及房地产权属和房屋的自然状况等。通过不动产登记，就可以集中采集、确定、掌握房地产的位置、权界、面积、建筑年代等信息，供相关机构、部门使用。

其次，不动产登记制度使得国家能够细致全面掌握境内不动产情况，为征收各种赋税服务。《契税法》第十一条规定：纳税人办理纳税事宜后，税务机关应当开具契税完税凭证。纳税人办理土地、房屋权属登记，不动产登记机构应当查验契税完税、减免税凭证或者有关信息。未按照规定缴纳契税的，不动产登记机构不予办理土地、房屋权属登记。《土地增值税暂行条例》第十一条规定：土地增值税由税务机关征收。土地管理部门、房产管理部门应当向税务机关提供有关资料，并协助税务机关依法征收土地增值税。第十二条规定：纳税人未按照本条例缴纳土地增值税的，土地管理部门、房产管理部门不得办理有关的权属变更手续。

最后，不动产登记的信息能够为国家进行宏观调控，推行各种调控政策提供决策依据。例如，通过不动产登记的数据，国家可以了解房地产交易的情况，城乡居民的居住情况等，拟定相应的宏观调控和政策扶持措施等。

### 三、不动产登记机构

#### （一）不动产登记机构设置

《民法典》确定，我国实行不动产统一登记制度。《不动产登记暂行条例》实施前，国土资源、住房和城乡建设（房地产）和林业等部门依据《土地管理法》《城市房地产管理法》《森林法》等法律，分别负责土地、房屋和林木、林地等不动产登记工作。2013 年 12 月，中央机构编制委员会印发了《中央编办关于整合不动产登记职责的通知》（中央编办发〔2013〕134 号），确定国土资源部负责指导监督全国土地登记、房屋登记、林地登记、海域登记等不动产登记工作。《不动产登记暂行条例》第六条规定：国务院国土资源主管部门负责指导、监督全国不动产登记工作。县级以上地方人民政府应当确定一个部门为本行政区域的不动产登记机构，负责不动产登记工作，并接受上级人民政府不动产登记主管部门的指导、监督。根据《不动产登记暂行条例》，不动产登记由不动产所在地的县级人民政府不动产登记机构办理；直辖市、设区的市人民政府可以确定本级不动产登记机构统一办理所属各区的不动产登记。跨县级行政区域的不动产登记，由所跨县级行政区域的不动产登记机构分别办理。不能分别办理的，由所跨县级行政区域的不动产登记机构协商办理；协商不成的，由共同的上一级人民政府不动产登记主管部门指定办理。国务院确定的重点国有林区的森林、林木和林地，国务院批准项目用海、用岛，中央国家机关使用的国有土地等不动产登记，由国务院国土资源主管部门会同有关部门规定。

需要注意的，一是在《民法典》物权编中对负责办理不动产登记的机构称为"登记机构"。为便于区别其他的登记机构，本书中，对负责办理不动产登记的机构统称为"不动产登记机构"，包括本书中引用的一些法条中，也统一称为"不动产登记机构"。二是根据国务院机构改革方案，自然资源部承续了国土资源部负责不动产登记的职责。

（二）不动产登记机构职责

不动产登记机构的法定职责为：查验申请人提供的权属证明和其他必要材料；就有关登记事项询问申请人；如实、及时登记有关事项；法律、行政法规规定的其他职责。申请登记的不动产有关情况需要进一步证明的，不动产登记机构可以要求申请人补充材料，必要时可以实地查看。权利人、利害关系人可以申请查询、复制登记资料，登记机构应当提供。

不动产登记机构不得要求对不动产进行评估；不得以年检等名义进行重复登记；不得有超出登记职责范围的其他行为。不动产登记机构因登记错误，给他人造成损害的，应当承担赔偿责任。不动产登记机构赔偿后，可以向造成登记错误的人追偿。

**四、不动产登记的类型**

不动产登记有多种分类方法。按照登记物的类型可分为土地登记、房屋登记和林权登记等。按照登记物权的类型可分为所有权登记和他项权利登记。按照登记的业务类型可分为首次登记、变更登记、转移登记、注销登记、更正登记、异议登记、查封登记和预告登记。我们通常讲申请办理某类不动产登记，一般采用"登记物的类型＋物权类型＋业务类型"的方式进行描述（表7-1）。例如：张某购买李某的房屋，应当申请办理房屋（物的类型）＋所有权（物权类型）＋转移登记（业务类型）。

**不动产登记主要类型表**　　　　　　　　　　表7-1

| 物的类型 | 物权类型 | 业务类型 | 适用类型和情形 |
|---|---|---|---|
| 土地、房屋、海域、森林、草原域等 | 所有权 | 首次登记 | 单位建造房屋 |
| | | | 商品房 |
| | | | 个人建造房屋 |
| | | | 其他 |

续表

| 物的类型 | 物权类型 | 业务类型 | 适用类型和情形 |
|---|---|---|---|
| 土地、房屋、海域、森林、草原域等 | 所有权 | 转移登记 | 买卖 |
| | | | 赠与 |
| | | | 继承 |
| | | | 同一所有权人所有的房屋分割为不同所有权人所有 |
| | | | 产权互换 |
| | | | 兼并、合并、分立 |
| | | | 作价入股 |
| | | | 根据生效法律文书确认产权 |
| | | 变更登记 | 姓名或名称变更 |
| | | | 地址、坐落变更 |
| | | | 面积增加或减少 |
| | | | 同一所有权人分割、合并房屋 |
| | | 注销登记 | 客体灭失 |
| | | | 权利消灭 |
| | | | 其他 |
| | 抵押权 | 首次登记 | 一般抵押权 |
| | | | 最高额抵押权 |
| | | | 在建建筑物抵押权 |
| | | 变更登记 | 一般抵押权 |
| | | | 最高额抵押权 |
| | | | 在建建筑物抵押权 |
| | | 转移登记 | 一般抵押权 |
| | | | 最高额抵押权 |
| | | | 在建建筑物抵押权 |
| | | 注销登记 | 一般抵押权 |
| | | | 最高额抵押权 |
| | | | 在建建筑物抵押权 |
| | 地役权 | 首次登记 | 设立地役权 |
| | | 变更登记 | 姓名或名称变更等登记内容变化 |
| | | 转移登记 | 所有权或使用权转移 |
| | | 注销登记 | 合同权利义务终止等 |

续表

| 物的类型 | 物权类型 | 业务类型 | 适用类型和情形 |
|---|---|---|---|
| 土地、房屋、海域、森林、草原域等 | | 预告登记首次登记 | 预购商品房预告 |
| | | | 预购商品房抵押权预告 |
| | | | 房屋所有权转移预告 |
| | | | 房屋抵押权预告 |
| | | 预告登记变更登记 | 姓名或名称变更等登记内容变化 |
| | | 预告登记转移登记 | 权利人转让权利 |
| | | 预告登记注销登记 | 预告权利灭失 |
| | | 更正登记 | 登记簿记载错误 |
| | | 异议登记设立 | 利害关系人认为登记簿记载错误，权利人不同意更正 |
| | | 异议登记注销 | 异议登记失效或申请注销 |
| | | 查封登记 | 依国家有权机关嘱托办理 |
| 住宅 | 居住权 | 首次登记 | 设立居住权 |
| | | 变更登记 | 登记内容发生变化 |
| | | 注销登记 | 权利消灭 |

（一）按照登记的物分类

（1）土地登记。土地登记是指不动产登记机构依法将土地权利及相关事项在不动产登记簿上予以记载的行为。如集体土地所有权登记、国有建设用地使用权登记、集体建设用地使用权登记、宅基地使用权登记、土地使用权抵押权登记等。

（2）房屋登记。房屋登记是指不动产登记机构依法将房屋权利及相关事项在不动产登记簿上予以记载的行为。如房屋所有权登记、房屋抵押权登记、预购商品房预告登记。

（3）林权登记。林权登记是指不动产登记机构依法对森林、林木和林地权利及其相关事项在不动产登记簿上予以记载的行为。

（4）海域登记。海域登记是指不动产登记机构依法对海域权利及相关事项在不动产登记簿上予以记载的行为。依法使用海域，在海域上建造建筑物、构筑物的，应当申请海域使用权及建筑物、构筑物所有权登记。

（5）草原登记。草原登记是指不动产登记机构依法对草原权利及其相关事项在不动产登记簿上予以记载的行为。

（二）按照登记的物权分类

（1）不动产所有权登记。不动产所有权登记是指不动产登记机构依法将不动产所有权及相关事项在不动产登记簿上予以记载的行为。如发生房屋买卖、互换、赠与、继承、受遗赠、以房屋出资入股，导致房屋所有权发生转移的，当事人应当在有关法律文件生效或者事实发生后申请房屋所有权转移登记。

（2）不动产他项权利登记。不动产他项权利登记是指不动产登记机构依法将用益物权和担保物权等他项权利及相关事项在不动产登记簿上予以记载的行为。

a）不动产用益物权登记包括：土地承包经营权登记、建设用地使用权登记、宅基地使用权登记、居住权登记和地役权登记等。

b）不动产担保物权即抵押权登记。抵押权又分为一般抵押登记和最高额抵押登记。此外，《民法典》还将在建建筑物抵押纳入抵押权登记的范畴。

（三）按照业务类型分类

（1）首次登记。首次登记是指不动产权利第一次登记。除法律、行政法规另有规定的外，未办理不动产首次登记的，不得办理不动产其他类型登记。

（2）变更登记。变更登记是指不动产物权的权利归属主体不变，而只是不动产登记的其他内容发生变化时进行的登记。例如：王某自建的房屋已办理了房屋所有权登记，因生活需要，王某依法在原房屋上又加建一层，房屋面积增加了100m²。该房屋所有权属王某没有变化，但房屋面积发生了变化，王某应当向不动产登记机构申请变更登记。

（3）转移登记。转移登记是指不动产所有权、抵押权等物权发生转移而进行的登记。例如：王某将房屋卖给李某，王某和李某应当向不动产登记机构申请办理转移登记。该房屋所有权由王某所有转移给李某所有。

【例题7-1】某房地产经纪人协理协助办理了下列业务，其中不属于房屋所有权转移的是（　　）。

A. 继承房屋　　　　　　　　　B. 赠与房屋
C. 买卖房屋　　　　　　　　　D. 抵押房屋

（4）注销登记。注销登记是指因法定或约定的原因使已登记的不动产物权归于消灭，或因自然的、人为的原因使不动产本身灭失时进行的一种登记。如房屋倒塌，就属于不动产本身的灭失，房屋倒塌后，应当申请房屋所有权注销登记。当事人可以申请办理注销登记情形主要有：不动产灭失的；权利人放弃不动产权利的；不动产被依法没收、征收或者收回的；人民法院、仲裁委员会的生效法律文书导致不动产权利消灭的；法律、行政法规规定的其他情形。不动产上已经设立抵押权、地役权或者已经办理预告登记，所有权人、使用权人因放弃权利申请注销登记的，申请人应当提供抵押权人、地役权人、预告登记权利人同意的书面材料。

（5）更正登记。更正登记是对原登记权利的涂销，同时对真正权利进行登记。《民法典》规定，权利人、利害关系人认为不动产登记簿记载的事项错误的，可以申请更正登记。不动产登记簿记载的权利人书面同意更正或者有证据证明登记确有错误的，不动产登记机构应当予以更正。不动产登记簿记载的权利人不同意更正的，利害关系人可以申请异议登记。更正登记和异议登记都是保护事实上的权利人或者真正权利人以及真正权利状态的法律措施。

（6）异议登记。异议登记是将事实上的权利人或者利害关系人对不动产登记簿中记载的权利所提出的异议记载于登记簿。不动产登记机构予以异议登记的，申请人在异议登记之日起 15 日内不起诉，异议登记失效。异议登记不当，造成权利人损害的，权利人可以向申请人请求损害赔偿。异议登记期间，不动产登记簿上记载的权利人以及第三人因处分权利申请登记的，不动产登记机构应当书面告知申请人该权利已经存在异议登记的有关事项。申请人申请继续办理的，应当予以办理，但申请人应当提供知悉异议登记存在并自担风险的书面承诺。

（7）预告登记。预告登记是指为了确保债权的实现和物权的获得，按照约定向不动产登记机构申请办理的预先登记。最常见的预告登记是预购商品房的预告登记。《民法典》二百二十一条规定，当事人签订买卖房屋的协议或者签订其他不动产物权的协议，为保障将来实现物权，按照约定可以向不动产登记机构申请预告登记。预告登记后，未经预告登记的权利人同意，处分该不动产的，不发生物权效力。

房屋交易合同网签备案与预告登记的区别：

第一，法律依据不同。房屋交易合同网签备案依据的是行政管理法，即《城市房地产管理法》，属于公法范畴。预告登记依据民事法律，即《民法典》，属于私法范畴。

第二，性质不同。房屋交易合同网签备案属于行政管理措施，是一项行政管理制度。预告登记是由《民法典》规定的一种登记类型、担保方法，兼具物权性与债权性，是一项民事制度。

第三，作用不同。房屋交易合同网签备案主要是规范交易活动行为，有助于政府获取房屋交易信息，加强对房地产市场的监管，维护房地产市场秩序。预告登记的主要目的，就是保障债权人将来能够实现物权。就预购商品房的预告登记而言，就是使得预购人在预购的房屋办理了所有权首次登记之后，能够办理所有权转移登记，从而确定地取得房屋所有权。

第四，强制性不同。房屋交易合同网签备案制度是房屋交易主体应当履行的一项强制性制度。预告登记必须是在双方有预告登记的约定之后，才能申请。如果没有当事人的约定，任何人不得强制他人进行预购商品房的预告登记，不动产登记机构也不能依职权进行预告登记。

第五，适用范围不同。房屋交易合同网签备案涵盖了房屋买卖、抵押和租赁等各种交易类型；预告登记仅适用于物权登记，范围不包括房屋租赁。根据《民法典》的规定，预告登记的前提是当事人签订买卖房屋或者其他不动产物权的协议，为保障将来实现物权，按照约定向不动产登记机构申请预告登记。期房和现房的买卖、抵押中可以进行预告登记，在其他不动产物权如建设用地使用权的转让和抵押中，可以申请预告登记。

（8）查封登记。查封登记是指不动产登记机构按照人民法院的生效法律文书和协助执行通知书或者有权机关的嘱托，配合人民法院或行政机关对指定不动产在不动产登记簿上予以注记，以限制权利人处分被查封的不动产的行为。被查封、预查封的房屋，在查封、预查封期间不得办理抵押、转让等权属变更、转移登记手续。根据最高人民法院、建设部、国土资源部联合下发的《关于依法规范人民法院执行和国土资源房地产管理部门协助执行若干问题的通知》（法发〔2004〕5号）规定，房屋、土地被查封期间，不得办理抵押、转让等权属变更、转移登记手续。

**五、不动产登记程序**

不动产登记程序主要有申请、受理查验、登簿发证。

（一）申请

（1）申请人。申请不动产登记的，申请人或者其代理人应当填写登记申请书，并提交身份证明以及相关申请材料，向不动产登记机构申请不动产登记。不动产登记申请人可以是自然人，也可以是法人或非法人组织。申请人是自然人的，应具备完全民事行为能力。无民事行为能力人和限制民事行为能力人本人不能自行申请不动产登记，其不动产登记由其监护人代为申请。例如当事人李某精神健康状况不良，根据相关法律规定，经人民法院特别程序，认定其为限制民事行为能力人，则由其监护人代为办理不动产登记。

当事人可以委托他人，如委托房地产经纪机构，由房地产经纪专业人员代为申请不动产登记。委托人应当具有完全民事行为能力。代理申请不动产登记的，代理人应当向不动产登记机构提供被代理人签字或者盖章的授权委托书。自然人处分不动产，委托代理人申请登记的，应当与代理人共同到不动产登记机构现场签订授权委托书，但授权委托书经公证的除外。

（2）申请原则。不动产登记申请以共同申请为原则，以单方申请为例外。即申请不动产登记原则上由当事人双方共同申请，但特殊情形下，也可以单方申请。根据《不动产登记暂行条例》属于下列情形之一的，可以由当事人单方申请：

a）尚未登记的不动产首次申请登记的；

b）继承、接受遗赠取得不动产权利的；

c）人民法院、仲裁委员会生效的法律文书或者人民政府生效的决定等设立、变更、转让、消灭不动产权利的；

d）权利人姓名、名称或者自然状况发生变化，申请变更登记的；

e）不动产灭失或者权利人放弃不动产权利，申请注销登记的；

f）申请更正登记或者异议登记的；

g）法律、行政法规规定可以由当事人单方申请的其他情形。

（3）申请人身份证明。不动产登记申请人主要有法人及其他组织、自然人等。按照《不动产登记操作规范（试行）》的有关要求，法人及其他组织、自然人申请不动产登记提交的身份证明材料如下：

a）法人及其他组织身份证明。境内法人或其他组织：营业执照，或者组织机构代码证等。香港、澳门特别行政区和台湾地区的法人或者其他组织，提交其在境内设立分支机构或者代表机构的批准文件和注册证明。境外法人或者其他组织，提交其在境内设立分支机构或者代表机构的批准文件和注册证明。

b）自然人身份证明。我国境内自然人的身份证明材料主要包括居民身份证、军官证等。《居民身份证法》第二条规定，居住在中华人民共和国境内的年满十六周岁的中国公民，应当依照规定申请领取居民身份证。因此，境内年满十六周岁的自然人应提交居民身份证，未满十六岁的自然人可以提交居民身份证，也可以提交户口簿作为身份证明。军人可以提交居民身份证或军官证、士兵证等有效身份证件。香港、澳门特别行政区自然人应提交香港、澳门特别行政区居民身份证或香港、澳门特别行政区护照，港澳居民来往内地通行证，港澳同胞回乡证。台湾地区自然人应提交台湾居民来往大陆通行证；华侨应提交中华人民共和国护照和国外长期居留身份证件；外籍人士应提交中国政府主管机关签发的居留证件或其所在国护照。

监护人代为申请登记的，应当提供监护人与被监护人的身份证或者户口簿、有关监护关系等材料；因处分不动产而申请登记的，还应当提供对被监护人利益的书面保证。父母之外的监护人处分未成年人不动产的，有关监护关系材料可以是人民法院指定监护的法律文书、经过公证的对被监护人享有监护权的材料或者其他材料。由监护人委托他人代为申请登记的，应当提交监护人身份证明、被监护人居民身份证或户口簿（未成年人）、证明法定监护关系的户口簿，或者其他能够证明监护关系的法律文件。

（4）申请材料。申请人申请不动产登记应当提交下列材料：

a）登记申请书；

b）申请人身份证明材料，委托他人登记的需提供被委托人身份证明材料和授权委托书；

c）相关的不动产权属来源证明材料、登记原因证明文件，以及不动产权证书、房屋所有权证等不动产权属证书；

d）不动产界址、空间界限、面积等材料；

e）与他人利害关系的说明材料；

f）法律、行政法规以及《不动产登记暂行条例实施细则》规定的其他材料。

申请材料应当提供原件。因特殊情况不能提供原件的，可以提供复印件，复印件应当与原件保持一致。申请人应当对申请材料的真实性负责。申请人提供虚假材料申请登记，给他人造成损害的，应当承担赔偿责任。

2019 年 2 月 26 日，国务院办公厅印发了《国务院办公厅关于压缩不动产登记办理时间的通知》（国办发〔2019〕8 号），要求大力促进部门信息共享，打破"信息孤岛"，让信息多跑路、群众少跑腿，方便企业和群众办事创业。要求有关部门和单位应当及时提供不动产登记相关信息，与不动产登记机构加强协同联动和信息集成，2019 年底前实现互通共享。与不动产登记相关的材料或信息能够直接通过共享交换平台提取的，不得要求申请人重复提交，提取后不得用于不动产登记之外的其他目的。应当通过共享交换平台提取的主要信息包括：公安部门的户籍人口基本信息，市场监管部门的营业执照信息，机构编制部门的机关、群团、事业单位统一社会信用代码信息，住房和城乡建设（房管）部门的竣工验收备案等信息，税务部门的税收信息，银保监部门的金融许可证信息，自然资源部门的规划、测绘、土地出让、土地审批、闲置土地等信息，法院的司法判决信息，民政部门的婚姻登记、涉及人员单位的地名地址等信息，公证机构的公证书信息，国有资产监督管理机构的土地房屋资产调拨信息，卫生健康部门的死亡医学证明、出生医学证明信息等。自然资源部门自身产生的，或者能够通过部门实时信息共享获取、核验的材料，不得要求群众重复提交。出让合同、土地出让价款缴纳凭证、规划核实、竣工验收等证明材料由登记机构直接提取，不得要求申请人自行提交。同时，推行告知承诺制，在不动产继承登记中，逐步推广申请人书面承诺方式替代难以获取的死亡证明、亲属关系证明等材料。对不属于因为权利人原因发生的不动产坐落、地址变化，例如，因行政区划调整导致不动产坐落的街道、门牌号或房屋名称变更，需要变更登记的，由政府相关部门通过信息共享和内部协调方式处理。

（二）受理查验

（1）登记查验。不动产登记机构受理不动产登记申请要查验的内容有：不动产界址、空间界限、面积等材料与申请登记的不动产状况是否一致；有关证明材料、文件与申请登记的内容是否一致；登记申请是否违反法律、行政法规规定。对属于登记职责范围，申请材料齐全、符合法定形式，或者申请人按照要求提交全部补正申请材料的，应当受理并书面告知申请人；申请材料存在可以当场更正的错误的，应当告知申请人当场更正，申请人当场更正后，应当受理并书面告知申请人；申请材料不齐全或者不符合法定形式的，应当当场书面告知申请人不予受理并一次性告知需要补正的全部内容；申请登记的不动产不属于本机构登记范围的，应当当场书面告知申请人不予受理并告知申请人向其他有登记权的机构申请。

（2）实地查看。对房屋等建筑物、构筑物所有权首次登记，在建建筑物抵押权登记，因不动产灭失导致的注销登记，以及不动产登记机构认为需要实地查看的情形，不动产登记机构应当实地查看。对可能存在权属争议，或者可能涉及其他利害关系人的登记申请，不动产登记机构可以向申请人、利害关系人或者有关单位进行调查。

对存有的权属争议、申请登记的不动产权利超过规定期限，以及对违反法律、行政法规或法律、行政法规规定不予登记情形的，不动产登记机构应当不予登记，并书面告知申请人。不动产登记机构未当场书面告知申请人不予受理的，视为受理。

（3）公告。除涉及国家秘密的外，有下列情形之一的，不动产登记机构应当在登记事项记载于登记簿前进行公告：

a）政府组织的集体土地所有权登记；

b）宅基地使用权及房屋所有权，集体建设用地使用权及建筑物、构筑物所有权，土地承包经营权等不动产权利的首次登记；

c）依职权更正登记；

d）依职权注销登记；

e）法律、行政法规规定的其他情形。

公告应当在不动产登记机构门户网站以及不动产所在地等指定场所进行，公告期不少于 15 个工作日。公告所需时间不计算在登记办理期限内。公告期满无异议或者异议不成立的，不动产登记机构应当将有关事项及时记载于不动产登记簿。

（三）登簿发证

（1）记入不动产登记簿。经查验，对符合登记申请条件的，不动产登记机构应当予以登记，依法将各类登记事项准确、完整、清晰地记载于不动产登记簿。登记事项自记载于不动产登记簿时完成登记。任何人不得损毁不动产登记簿，除依法予以更正外不得修改登记事项。不动产登记簿记载的内容有：不动产的宗地面积、坐落、界址、房屋面积、用途等自然状况；权利人、权利类型、登记类型、登记原因、权利变化等权属状况；交易价格等重要信息；涉及不动产权利限制、提示的事项等。不动产登记簿由不动产登记机构按照统一的登记簿样式自行制作使用。不动产登记机构可以结合地方实际，针对不同的权利登记事项，对登记簿作相应调整，但不得随意减少登记簿的内容。

（2）核发权属证书证明。不动产登记机构完成登记，应当依法向申请人核发不动产权证书或者登记证明。除办理抵押权登记、地役权登记、居住权登记和预告登记、异议登记，向申请人核发不动产登记证明外，不动产登记机构应当依法向权利人核发不动产权证书。申请共有不动产登记的，不动产登记机构向全体共有人合并发放一本不动产权证书；共有人申请分别持证的，可以为共有人分别发放。共有不动产权证书应当注明共有情况并列明全体共有人。注销登记、查封登记不颁发证书或证明。不动产权证书和不动产登记证明由自然资源部统一监制。不动产权证书有单一版和集成版两个版本。单一版证书记载一个不动产单元上的一种权利或者互相兼容的一组权利。集成版证书记载同一权利人在同一登记辖区内享有的多个不动产单元上的不动产权利。目前主要采用单一版证书。

（3）登记完成时限。除法律另有规定的外，不动产登记机构应当自受理登记申请之日起 30 个工作日内办结不动产登记手续。根据《国务院办公厅关于压缩不动产登记办理时间的通知》（国办发〔2019〕8 号），2019 年年底前，全国所有市县一般登记、抵押登记业务办理时间力争分别压缩至 10 个、5 个工作日以内；2020 年年底前，全国所有市县一般登记、抵押登记业务办理时间力争全部压缩至 5 个工作日以内。

（4）证书及证明补办。不动产权属证书、不动产登记证明遗失、灭失的，权利人可以向不动产登记机构申请补发。不动产权属证书、不动产登记证明补发的前提是权利人需在不动产登记机构门户网站或者当地公开发行的报刊上刊登遗失、灭失声明。不动产登记机构向权利人补发不动产权属证书、不动产登记证明时，应在登记簿上记载相应信息，并在不动产权属证书、不动产登记证明上注明"补发"字样，注明首次登记日期。

## 第二节　土地和房屋登记的基本要求及收费标准

### 一、集体土地所有权登记

(一) 首次登记

(1) 申请人。土地属于村农民集体所有的，由村集体经济组织代为申请，没有集体经济组织的，由村民委员会代为申请。土地分别属于村内两个以上农民集体所有的，由村内各集体经济组织代为申请，没有集体经济组织的，由村民小组代为申请；土地属于乡（镇）农民集体所有的，由乡（镇）集体经济组织代为申请。

(2) 所需申请材料。集体土地所有权首次登记应当提交的申请材料有：登记申请书、申请人身份证明、土地权属来源材料；权籍调查表、宗地图以及宗地界址点坐标和其他必要材料。

(二) 变更登记

(1) 申请人。集体土地所有权登记的面积、界址点等发生变化的，集体土地所有权人应当申请集体土地所有权变更登记。

(2) 所需申请材料。集体土地所有权变更登记应当提交的申请材料有：登记申请书、申请人身份证明、不动产权属证书、集体土地所有权变更材料和其他必要材料。

(三) 转移登记

(1) 申请人。农民集体因互换、土地调整等原因导致集体土地所有权转移，转让或互换的双方当事人应当申请集体土地所有权转移登记。

(2) 所需申请材料。集体土地所有权转移登记应当提交的申请材料有：登记申请书、申请人身份证明、不动产权属证书；互换、调整协议等集体土地所有权转移的材料；本集体经济组织三分之二以上成员或者三分之二以上村民代表同意的材料和其他必要材料。

(四) 注销登记

(1) 申请人。集体土地所有权人放弃所有权、集体土地被依法征收等导致集体土地所有权灭失的，应当申请集体土地所有权注销登记。

(2) 所需申请材料。集体土地所有权注销登记应当提交的申请材料有：登记申请书、申请人身份证明、不动产权属证书、集体土地所有权消灭的材料和其他必要材料。

上述各类登记，申请人或申请人委托其代理人需持申请材料向集体土地所在地不动产登记机构申请登记。经不动产登记机构审核予以登记的，除注销登记外，申请人向不动产登记机构领取不动产权证书。

## 二、国有建设用地使用权和房屋所有权登记

（一）首次登记

（1）申请人。当事人依法取得国有建设用地使用权，可以单独申请国有建设用地使用权登记。按照保持权利主体一致的原则，房屋等建筑物、构筑物和森林、林木等定着物应当与其所依附的土地、海域一并登记。当事人依法利用国有建设用地建造房屋的，国有建设用地使用权和房屋所有权可以一并申请登记。

（2）所需申请材料。①国有建设用地使用权首次登记应当提交的申请材料有：登记申请书；申请人身份证明；土地权属来源材料，包括国有建设用地划拨决定书、国有建设用地使用权出让合同、国有建设用地使用权租赁合同以及国有建设用地使用权作价出资（入股）、授权经营批准文件等；权籍调查表、宗地图以及宗地界址点坐标；土地出让价款、土地租金、相关税费等缴纳凭证；其他必要材料。②国有建设用地使用权和房屋所有权首次登记应当提交的申请有：登记申请书、申请人身份证明、不动产权属证书或者土地权属来源材料；建设工程符合规划的材料；房屋已经竣工的材料；房地产调查或者测绘报告；相关税费缴纳凭证和其他必要材料。需要注意的是，在办理房屋所有权首次登记时，申请人应当将建筑区划内依法属于业主共有的道路、绿地、其他公共场所、公用设施和物业服务用房及其占用范围内的建设用地使用权一并申请登记为业主共有。业主转让房屋所有权的，其对共有部分享有的权利依法一并转让。

（二）变更登记

（1）申请人。国有建设用地使用权和房屋所有权登记的面积、界址点、房屋用途、土地使用权的权利期限等内容发生变化的，国有建设用地使用权和房屋所有权人应当申请国有建设用地使用权和房屋所有权变更登记。

（2）所需申请材料。国有建设用地使用权和房屋所有权变更登记应当提交的申请材料有：登记申请书、申请人身份证明、不动产权属证书、证明发生变更的材料和其他必要材料。变更内容需要审批、涉及合同变更和补缴税费的，还需要提供有批准权的人民政府或者主管部门的批准文件，以及国有建设用地使用权出让合同或者补充协议，国有建设用地使用权出让价款、税费等缴纳凭证等。

（三）转移登记

（1）申请人。房屋所有权人通过买卖等其他合法方式将房屋所有权和国有

建设用地使用权转移给他人的主要情形有：买卖房屋、赠与房屋、继承或接受遗赠房屋、互换房屋和用房屋出资等。申请房屋所有权转移登记一般需双方共同申请；房屋买卖办理房屋所有权转移登记，需房屋的转让方和受让方双方共同申请。房屋赠与办理房屋所有权转移登记，需赠与人与受赠人共同申请。房屋所有权人间互相交换房屋所有权，即互换房屋办理房屋所有权转移登记，需房屋互换双方所有权人共同申请；但因房屋继承、受遗赠，办理房屋所有权转移登记，由继承人、受遗赠人单方申请；因人民法院、仲裁委员会的生效法律文书取得房屋所有权的，房屋所有权人可持生效法律文书单方申请房屋所有权转移登记。

（2）所需申请材料。国有建设用地使用权和房屋所有权转移登记应当提交的申请材料有：登记申请书；申请人身份证明；不动产权属证书；证明房屋所有权发生转移的证明材料，如买卖（互换、赠与）合同、继承或者受遗赠的材料、人民法院或者仲裁委员会生效的法律文书、有批准权的人民政府或者主管部门的批准文件；相关税费缴纳凭证和其他必要材料。不动产买卖合同依法应当备案的，申请人申请登记时须提交经备案的买卖合同。

（四）注销登记

（1）申请人。国有建设用地使用权和房屋所有权发生房屋灭失、权利人放弃房屋所有权、房屋被依法征收或因人民法院、仲裁委员会的生效法律文书致使房屋所有权消灭，国有建设用地使用权和房屋所有权人应当申请注销登记。

（2）所需申请材料。国有建设用地使用权和房屋所有权注销登记应当提交的申请材料有：登记申请书；申请人身份证明；不动产权属证书；证明房屋所有权消灭的材料，如房屋灭失的，提交其灭失的证明材料；房屋被依法征收的，提交有权机关做出的没收、征收决定书；房屋因人民法院或者仲裁委员会生效法律文书导致权利消灭的，提交人民法院或者仲裁委员会生效法律文书等。

上述各类登记，申请人或申请人委托其代理人需持申请材料向土地、房屋所在地不动产登记机构申请登记。经不动产登记机构审核予以登记的，除注销登记外，申请人向不动产登记机构领取不动产权证书。

【例题 7-2】王某依法取得一幢商品住宅所有权后，现发生下列变化，其中应申请该住宅所有权变更登记的情形有（    ）。

A. 王某将该住宅赠与给朋友            B. 该住宅面积发生变化
C. 该住宅的界址点发生变化            D. 经批准该住宅改为经营性用房
E. 王某将该住宅出租给李某居住

### 三、土地和房屋抵押权登记

（一）首次登记

（1）申请人。抵押人用自己所拥有的土地和房屋，以不转移占有的方式，为本人或者第三人履行债务，向抵押权人提供担保的，抵押人和抵押权人应当共同申请土地和房屋抵押权首次登记。以建设用地使用权抵押的，该土地上的建筑物、构筑物一并抵押；以建筑物、构筑物抵押的，该建筑物、构筑物占用范围内的建设用地使用权一并抵押。

（2）所需申请材料。土地和房屋抵押权首次登记应当提交的申请材料有：登记申请书、申请人身份证明、不动产权属证书、抵押合同与主债权合同等必要材料。抵押合同可以是单独订立的书面合同，也可以是主债权合同中的抵押条款。

（二）变更登记

（1）申请人。土地和房屋抵押权登记期间，抵押人或抵押权人名称、被担保的主债权数额、债务履行期限和抵押权顺位等发生变更的，抵押权和抵押权人应当申请国有建设用地使用权和房屋所有权抵押变更登记。

（2）土地和房屋抵押权变更登记应当提交的申请材料有：登记申请书、申请人身份证明、不动产权属证书、证明发生变更的材料和其他必要材料。如果该抵押权的变更将对其他抵押权人产生不利影响的，还应当提交其他抵押权人书面同意的材料。

（三）转移登记

（1）申请人。土地和房屋抵押权登记期间，因主债权转移引起不动产抵押权转移的，抵押权人和债权受让人应当申请土地和房屋抵押权转移登记。同一宗土地和房屋上设有多个抵押权的，不动产登记机构应当按照受理时间的先后顺序依次办理登记，并记载于不动产登记簿。当事人对抵押权顺位另有约定的，从其规定办理。

（2）所需申请材料。土地和房屋抵押权转移登记应当提交的申请材料有：登记申请书、申请人身份证明、不动产权属证书（不动产登记证明）、被担保主债权的转让协议、债权人已经通知债务人的材料等。

（四）注销登记

（1）申请人。主债权消灭、抵押权已经实现、抵押权人放弃抵押权及法律、行政法规规定抵押权消灭的其他情形发生后，抵押权人应当申请土地和房屋抵押权注销登记。

（2）所需申请材料。土地和房屋抵押权注销登记应当提交的申请材料有：登记申请书、申请人身份证明、不动产登记证明、抵押权消灭的材料等。

上述各类登记，申请人或申请人委托其代理人需持申请材料向土地、房屋所在地不动产登记机构申请登记。经不动产登记机构审核予以登记的，除注销登记外，申请人向不动产登记机构领取不动产登记证明。

**【例题 7-3】**下列属于申请人办理房屋抵押权首次登记应提交的申请材料有（　　　）。

A. 申请人身份证明材料

B. 登记申请书

C. 房屋权属证书或不动产权属证书

D. 主债权合同与抵押合同，或包含抵押条款主债权合同的

E. 房屋现状说明书

### 四、土地和房屋的其他登记

（一）在建建筑物抵押权登记

（1）申请人。为取得工程继续建造资金的贷款，以建设用地使用权以及全部或者部分在建建筑物设定抵押的，应当一并申请建设用地使用权以及在建建筑物抵押权的首次登记。当事人申请在建建筑物抵押权首次登记时，抵押财产不包括已经办理预告登记的预购商品房和已经办理预售备案的商品房。这里所指在建建筑物，是指正在建造、尚未办理所有权首次登记的房屋等建筑物。

（2）所需申请材料。申请在建建筑物抵押权首次登记的，当事人应当提交下列材料：

a）抵押合同与主债权合同；

b）享有建设用地使用权的不动产权属证书；

c）建设工程规划许可证；

d）其他必要材料。

在建建筑物抵押权变更、转移或者消灭的，当事人应当提交下列材料，申请变更登记、转移登记、注销登记：

a）不动产登记证明；

b）在建建筑物抵押权发生变更、转移或者消灭的材料，如抵押权变更协议、被担保主债权的转让协议、债务已清偿的证明等；

c）其他必要材料。

（3）在建建筑物竣工，办理建筑物所有权首次登记时，当事人应当申请将在建建筑物抵押权登记转为建筑物抵押权登记。

（二）预购商品房预告登记

（1）申请人。预购商品房的，为了保障将来实现物权，当事人可以按照约定向不动产登记机构申请预告登记。预售人和预购人订立商品房买卖合同后，预售人未按照约定与预购人申请预告登记，预购人可以单方申请预告登记。预告登记后，未经预告登记权利人同意，处分该不动产的，不发生物权效力。

（2）所需申请材料。申请预购商品房的预告登记应当提交的申请材料有：登记申请书、申请人身份证明、已备案的商品房预售合同、当事人关于预告登记的约定和其他必要材料。预购人单方申请预购商品房预告登记，预售人与预购人在商品房预售合同中对预告登记附有条件和期限的，预购人应当提交相应材料。

申请预告登记的商品房已经办理在建建筑物抵押权首次登记的，当事人应当一并申请在建建筑物抵押权注销登记，并提交不动产权属转移材料、不动产登记证明。不动产登记机构应当先办理在建建筑物抵押权注销登记，再办理预告登记。经不动产登记机构审核予以登记的，申请人向不动产登记机构领取不动产登记证明。

（三）更正登记

（1）申请人。权利人、利害关系人认为不动产登记簿记载的事项有误的，权利人、利害关系人可以向不动产登记机构申请更正登记。

（2）所需申请材料。权利人申请更正登记应当提交的申请材料有：登记申请书、申请人身份证明、不动产权属证书、证实登记确有错误的材料和其他必要材料。利害关系人申请更正登记应当提交的申请材料有：登记申请书、申请人身份证明、利害关系材料、证实不动产登记簿记载错误的材料以及其他必要材料。

经不动产登记机构审核，不动产权属证书或者不动产登记证明填制错误以及不动产登记机构需要更正不动产权属证书或者不动产登记证明内容的，应书面通知权利人换发不动产权属证书或不动产登记证明。不动产登记簿记载无误的，不动产登记机构不予更正，并书面通知申请人。

（四）异议登记

（1）申请人。利害关系人认为不动产登记簿记载的事项错误，权利人不同意更正的，利害关系人可以申请异议登记。

（2）所需申请材料。利害关系人申请异议登记应当提交的申请材料有：登记申请书、申请人身份证明、证实对登记的不动产权利有利害关系的材料、证实不动产登记簿记载的事项错误的材料和其他必要材料。

不动产登记机构受理异议登记申请的，应当将异议事项记载于不动产登记簿，并向申请人出具异议登记证明。异议登记申请人应当在异议登记之日起15

日内，提交人民法院受理通知书、仲裁委员会受理通知书等提起诉讼、申请仲裁的材料；逾期不提交的，异议登记失效。异议登记失效后，申请人就同一事项以同一理由再次申请异议登记的，不动产登记机构不予受理。

根据《不动产登记暂行条例实施细则》第八十四条规定，在异议登记期间，不动产登记簿上记载的权利人以及第三人因处分权利申请登记的，不动产登记机构应当书面告知申请人该权利已经存在异议登记的有关事项。申请人申请继续办理的，应当予以办理，但申请人应当提供知悉异议登记存在并自担风险的书面承诺。

**【例题 7-4】**张某认为登记在自己名下的某房屋，不动产登记簿上记载的建筑面积与实际面积不符，可以向不动产登记机构申请（　　　）。

A. 异议登记　　　　　　　　　B. 更正登记

C. 注销登记　　　　　　　　　D. 变更登记

### 五、不动产登记收费

2007 年《物权法》出台后，财政部、国家发展改革委先后印发了《财政部国家发展和改革委员会关于不动产登记收费有关政策问题的通知》（财税〔2016〕79 号）、《国家发展改革委　财政部关于不动产登记收费标准等有关问题的通知》（发改价格规〔2016〕2559 号）和《财政部　国家发展改革委关于减免部分行政事业性收费有关政策的通知》（财税〔2019〕45 号），对不动产登记收费具体标准及相关减免做出了具体规定。

（一）不动产登记缴费人

不动产登记收费包括不动产登记费和证书工本费。不动产登记费和证书工本费由登记申请人缴纳。按规定需由当事人各方共同申请不动产登记的，由登记为不动产权利人的一方缴纳；不动产抵押权登记，由登记为抵押权人的一方缴纳；不动产为多个权利人共有（用）的，由共有（用）人共同缴纳，具体分摊份额由共有（用）人自行协商。

房地产开发企业不得把新建商品房办理首次登记的登记费以及因提供测绘资料所产生的测绘费等其他费用转嫁给购房人承担；向购房人提供抵押贷款的商业银行，不得把办理抵押权登记的费用转嫁给购房人承担。

（二）不动产登记费

根据《民法典》规定，不动产登记费应按件收取，不得按照不动产的面积、体积或者价款的比例收取。

申请人以一个不动产单元提出一项不动产权利的登记申请，并完成一个登记类型登记的为一件。申请人以同一宗土地上多个抵押物办理一笔贷款,申请办理抵押权登记的,按一件收费;非同宗土地上多个抵押物办理一笔贷款,申请办理抵押权登记的,按多件收费。不动产登记费收费标准具体如下:

1. 住宅类不动产登记费

申请办理下列规划用途为住宅的房屋(以下简称住宅)及其建设用地使用权不动产登记事项,不动产登记费收费标准为每件80元。

(1) 房地产开发企业等法人、非法人组织、自然人合法建设的住宅,申请办理房屋所有权及其建设用地使用权首次登记;

(2) 居民等自然人、法人、非法人组织购买住宅,以及互换、赠与、继承、受遗赠等情形,住宅所有权及其建设用地使用权发生转移,申请办理不动产转移登记;

(3) 当事人以住宅及其建设用地设定抵押,办理抵押权首次登记、转移登记;

(4) 当事人按照约定在住宅及其建设用地上设定地役权,申请办理地役权首次登记、转移登记。

2. 非住宅类不动产登记费

申请办理下列非住宅类不动产权利的首次登记、转移登记,不动产登记费收费标准为每件550元。

(1) 住宅以外的房屋等建筑物、构筑物所有权及其建设用地使用权或者海域使用权;

(2) 无建筑物、构筑物的建设用地使用权;

(3) 地役权;

(4) 抵押权。

3. 不动产登记费优惠减免

(1) 按照不动产登记费收费标准减半收取登记费,同时不收取第一本不动产权属证书的工本费的情形包括:申请不动产异议登记的;国家法律、法规规定予以减半收取的。

(2) 免收不动产登记费,含第一本不动产权属证书的工本费的情形包括:申请与房屋配套的车库、车位、储藏室等登记,不单独核发不动产权属证书的;小微企业(含个体工商户)申请不动产登记的;国家法律、法规规定予以免收的。

(3) 对申请办理车库、车位、储藏室不动产登记,单独核发不动产权属证书或登记证明的,不动产登记费减按住宅类不动产登记每件80元收取。

(4) 廉租住房、公共租赁住房、经济适用住房和棚户区改造安置住房所有权及其建设用地使用权办理不动产登记，登记收费标准为 0，即不收取不动产登记费。

（5）不动产登记机构依法办理不动产查封登记、注销登记、预告登记和因不动产登记机构错误导致的更正登记，不得收取不动产登记费。

（三）不动产登记工本费

不动产登记机构按上述规定收取不动产登记费，核发一本不动产权属证书的不收取证书工本费。向一个以上不动产权利人核发权属证书的，每增加一本证书加收证书工本费 10 元。

只收取不动产权属证书每本证书 10 元工本费的情形包括：单独申请宅基地使用权登记的；申请宅基地使用权及地上房屋所有权登记的；夫妻间不动产权利人变更，申请登记的；因不动产权属证书丢失、损坏等原因申请补发、换发证书的。

不动产登记机构依法核发不动产登记证明，不得收取登记证明工本费。

# 第三节  土地和房屋登记信息获取

## 一、登记信息获取概述

（一）相关法规

向不动产登记机构查询不动产登记信息需符合《民法典》《不动产登记暂行条例》以及《不动产登记资料查询暂行办法》的相关规定。《民法典》赋予权利人、利害关系人可以依法查询复制不动产登记资料，同时，又对利害关系人使用不动产登记资料作出要求。《民法典》第二百一十八条规定，权利人、利害关系人可以申请查询、复制不动产登记资料，登记机构应当提供。同时，《民法典》第二百一十九条规定，利害关系人不得公开、非法使用权利人的不动产登记资料。《不动产登记暂行条例》第二十七条规定，权利人、利害关系人可以依法查询、复制不动产登记资料，不动产登记机构应当提供。有关国家机关可以依照法律、行政法规的规定查询、复制与调查处理事项有关的不动产登记资料。第二十八条规定，查询不动产登记资料的单位、个人应当向不动产登记机构说明查询目的，不得将查询获得的不动产登记资料用于其他目的；未经权利人同意，不得泄露查询获得的不动产登记资料。《不动产登记资料查询暂行办法》规定，不动产权利人、利害关系人可以依照该办法的规定，查询、复制不动产登记资料。不动产权利人、利害关系人可以委托律师或者其他代理人查询、复制不动产登记资料。

需要注意的是，不动产登记信息查询不适用于《中华人民共和国政府信息公开条例》。《中华人民共和国政府信息公开条例》第三十六条第（七）项规定，所申请公开信息属于工商、不动产登记资料等信息，有关法律、行政法规对信息的获取有特别规定的，告知申请人依照有关法律、行政法规的规定办理。根据上述规定，国务院办公厅政府信息与政务公开办公室对国土资源部办公厅《关于不动产登记资料依申请公开问题的函》复函中明确，不动产登记资料查询，以及户籍信息查询、工商登记资料查询等，属于特定行政管理领域的业务查询事项，其法律依据、办理程序、法律后果等，与《中华人民共和国政府信息公开条例》所调整的政府信息公开行为存在根本性差别。当事人依据《中华人民共和国政府信息公开条例》申请这类业务查询的，告知其依据相应的法律法规规定办理。因此，查询不动产登记信息应当按照《民法典》《不动产登记暂行条例》及不动产登记信息查询的相应规定办理。

（二）主要渠道

土地和房屋登记等不动产登记是以维护不动产交易安全与效率为目的的法律制度，是采取登记方式来公示土地、房屋的所有权等物权的归属。获取土地和房屋登记信息的渠道主要有：一是通过查看权利人持有的权属证书、证明，如房屋所有权证、不动产权证书，直接获取登记信息。二是通过向不动产登记机构申请查看该不动产的登记簿等不动产登记资料获取信息登记信息。

**二、查看权属证书、登记证明**

查阅权利人持有不动产权属证书是获取不动产登记信息最简单、最直接的方式。如房地产经纪人员通过房屋所有权证、不动产权证的记载，可以获取房屋所有权人信息。需要注意的是，在不动产统一登记制度实施前，我国大多数城市土地、房屋分别登记发证，根据《不动产登记暂行条例》的规定，在该条例施行前依法颁发的各类房屋、土地等不动产权属证书和房屋、土地等不动产登记簿继续有效。也就是说，不动产统一登记后，原房产、土地登记部门颁发国有土地使用证、房屋所有权证、房屋他项权证、预告登记证明等仍具有法律效力，而不是自动失效。

2007年《物权法》出台后，规定了不动产权属证书是权利人享有该不动产物权的证明。不动产权属证书记载的事项，应当与不动产登记簿记载一致，除有证据证明不动产登记簿确有错误外，以不动产登记簿为准。2021年实施的《民法典》延续了《物权法》的上述规定，另外，随着《电子签名法》的修订，部分城市加快了电子证书的推广，所有权人选择电子证书后可不再申领纸质证书，经纪人在核实不动产权利状况时应及时查询不动产登记簿，以确保权属无纠纷。

### 三、查询登记资料

#### （一）不动产登记资料范围

不动产登记资料包括：①不动产登记簿等不动产登记结果；②不动产登记原始资料，包括不动产登记申请书、申请人身份材料、不动产权属来源、登记原因、不动产权籍调查成果等材料以及不动产登记机构审核材料。不动产登记资料由不动产登记机构负责保存和管理。县级以上人民政府不动产登记机构负责不动产登记资料查询管理工作。

#### （二）不动产登记资料查询人

《不动产登记暂行条例》规定，权利人、利害关系人可以依法查询、复制不动产登记资料，不动产登记机构应当提供。有关国家机关可以依照法律、行政法规的规定查询、复制与调查处理事项有关的不动产登记资料。《不动产登记暂行条例实施细则》规定，国家实行不动产登记资料依法查询制度。人民法院、人民检察院、国家安全机关、监察机关等可以依法查询、复制与调查和处理事项有关的不动产登记资料。其他有关国家机关执行公务依法查询、复制不动产登记资料的，依照以上规定办理。涉及国家秘密的不动产登记资料的查询，按照保守国家秘密法的有关规定执行。《不动产登记资料查询暂行办法》（以下简称查询暂行办法）对不动产权利人、利害关系人查询、复制不动产登记资料做出了以下具体规定。

#### （三）不动产登记资料查询一般规定

不动产权利人、利害关系人可以委托律师或者其他代理人查询、复制不动产登记资料。

不动产登记资料查询，应当在不动产所在地的市、县人民政府不动产登记机构进行，但法律法规另有规定的除外。查询人到非不动产所在地的不动产登记机构申请查询的，该机构应当告知其到相应的机构查询。

不动产权利人、利害关系人申请查询不动产登记资料，应当提交申请的一般材料包括查询申请书以及不动产权利人、利害关系人的身份证明材料。查询申请书应当包括下列内容：①查询主体；②查询目的；③查询内容；④查询结果要求；⑤提交的申请材料清单。

不动产权利人、利害关系人委托代理人代为申请查询不动产登记资料的，代理人应当提交双方身份证明原件和授权委托书。授权委托书中应当注明双方姓名或者名称、公民身份号码或者统一社会信用代码、委托事项、委托时限、法律义务、委托日期等内容，双方签字或者盖章。代理人受委托查询、复制不动产登记资料的，其查询、复制范围由授权委托书确定。

符合查询条件，查询人需要出具不动产登记资料查询结果证明或者复制不动产登记资料的，不动产登记机构应当当场提供。因特殊原因不能当场提供的，应当在5个工作日内向查询人提供。查询结果证明应当注明出具的时间，并加盖不动产登记机构查询专用章。有下列情形之一的，不动产登记机构不予查询，并出具不予查询告知书：①查询人提交的申请材料不符合查询暂行办法规定的；②申请查询的主体或者查询事项不符合查询暂行办法规定的；③申请查询的目的不符合法律法规规定的；④法律、行政法规规定的其他情形。查询人对不动产登记机构出具的不予查询告知书不服的，可以依法申请行政复议或者提起行政诉讼。

（四）权利人查询不动产登记资料

不动产登记簿上记载的权利人可以查询本不动产登记结果和本不动产登记原始资料。

不动产权利人可以申请以下列索引信息查询不动产登记资料，但法律法规另有规定的除外：①权利人的姓名或者名称、公民身份号码或者统一社会信用代码等特定主体身份信息；②不动产具体坐落位置信息；③不动产权属证书号；④不动产单元号。

不动产登记机构可以设置自助查询终端，为不动产权利人提供不动产登记结果查询服务。自助查询终端应当具备验证相关身份证明以及出具查询结果证明的功能。

继承人、受遗赠人因继承和受遗赠取得不动产权利的，适用查询暂行办法关于不动产权利人查询的规定。以上主体查询不动产登记资料的，除提交申请的一般材料外，还应当提交被继承人或者遗赠人死亡证明、遗嘱或者遗赠抚养协议等可以证明继承或者遗赠行为发生的材料。

监护人、财产代管人等依法有权管理和处分不动产权利的主体，参照权利人查询的规定，查询相关不动产权利人的不动产登记资料。以上主体查询不动产登记资料的，除提交申请的一般材料外，还应当提交依法有权处分该不动产的材料。

（五）利害关系人查询不动产登记资料

符合下列条件的利害关系人可以申请查询有利害关系的不动产登记结果：①因买卖、互换、赠予、租赁、抵押不动产构成利害关系的；②因不动产存在民事纠纷且已经提起诉讼、仲裁而构成利害关系的；③法律法规规定的其他情形。

不动产的利害关系人申请查询不动产登记结果的，除提交申请的一般材料外，还应当提交下列利害关系证明材料：①因买卖、互换、赠予、租赁、抵押不动产构成利害关系的，提交买卖合同、互换合同、赠予合同、租赁合同、抵押合同；②因不动产存在相关民事纠纷且已经提起诉讼或者仲裁而构成利害关系的，提交受理案件通知书、仲裁受理通知书。

有买卖、租赁、抵押不动产意向，或者拟就不动产提起诉讼或者仲裁等，但不能提供利害关系证明材料的，可以提交申请的一般材料，查询相关不动产登记簿记载的下列信息：①不动产的自然状况；②不动产是否存在共有情形；③不动产是否存在抵押权登记、预告登记或者异议登记情形；④不动产是否存在查封登记或者其他限制处分的情形。以上规定的当事人委托的律师，还可以申请查询相关不动产登记簿记载的下列信息：①申请验证所提供的被查询不动产权利主体名称与登记簿的记载是否一致；②不动产的共有形式；③要求办理查封登记或者限制处分机关的名称。

不动产的利害关系人可以申请以下列索引信息查询不动产登记资料：①不动产具体坐落位置；②不动产权属证书号；③不动产单元号。每份申请书只能申请查询一个不动产登记单元。

不动产利害关系人及其委托代理人，按照查询暂行办法申请查询的，应当承诺不将查询获得的不动产登记资料、登记信息用于其他目的，不泄露查询获得的不动产登记资料、登记信息，并承担由此产生的法律后果。

【例题 7-5】房屋所有权人查询、复制本人的不动产登记资料时，可不提供（    ）。

A. 查询申请书  B. 查询目的说明
C. 身份证明  D. 房屋所有权证

### 四、房地产经纪人员查询登记信息应关注的重点

（一）所有权情况
不动产所有权属于单独所有，还是共有。

1. 单独所有
单独所有是指不动产所有权的主体是单一的，单独享有。单独所有的所有权人可以依法独立对不动产行使占用、使用、收益、处分的权利。如行使处分权，依法出售、抵押不动产。

2. 共有
共有是指由两个或者两个以上的权利主体共同享有所有权。共有包括共同共

有和按份共有。

（1）共同共有。属于共同共有的，共同共有人对共有的不动产共同享有所有权。处分共有的不动产，或者作出重大修缮、变更性质或者用途的，应当经全体共同共有人同意，但是共有人之间另有约定的除外。例如，房屋所有权属于夫妻共同共有，转让房屋所有权需夫妻都同意，任何一方是不能单独转让房屋所有权的。需要注意的是，处分不仅包括转让所有权、使用权，也包括设立抵押权。

（2）按份共有。属于按份共有的，按份共有人对共有的不动产按照其份额享有所有权。按份共有人可以转让其享有的不动产份额。其他共有人在同等条件下享有优先购买的权利。按份共有人转让其享有的不动产份额的，应当将转让条件及时通知其他共有人。其他共有人应当在合理期限内行使优先购买权。两个以上其他共有人主张行使优先购买权的，协商确定各自的购买比例；协商不成的，按照转让时各自的共有份额比例行使优先购买权。处分共有的不动产以及对共有的不动产或者动产作重大修缮、变更性质或者用途的，应当经占份额三分之二以上的按份共有人或者全体共同共有人同意，但是共有人之间另有约定的除外。

**（二）房屋的性质**

房屋是否属于限制转让房屋，如经济适用房、中央国家机关按照住房改革政策出售给单位职工的房屋，即央产房等。按照政策规定，购买经济适用住房不满5年，不得直接上市交易。央产房有的是禁止转让的，有的是经过批准后方可转让。被查封的房屋、公立学校、教学用房等法律禁止抵押的房屋，不能抵押。

**（三）其他内容**

**1. 是否设立了抵押权**

不动产是否设立了抵押权。需要注意的是，《民法典》改变了《物权法》中规定的不动产抵押期间转让需经抵押权人同意的规定。《民法典》规定，抵押期间，抵押人可以转让抵押财产。但是，如果抵押当事人对转让抵押财产有约定，需要遵守约定。抵押期间，抵押人将抵押不动产转让的，抵押权不受影响，即设有抵押权的不动产可以转让，受让人取得所有权后，继续以该不动产向抵押权人履行抵押担保义务。自然资源部根据《民法典》的上述规定，印发了《自然资源部关于做好不动产抵押权登记工作的通知》，规定当事人对一般抵押或者最高额抵押的主债权及其利息、违约金、损害赔偿金和实现抵押权费用等抵押担保范围有明确约定的，不动产登记机构应当根据申请在不动产登记簿"担保范围"栏记载；没有提出申请的，填写"/"。当事人申请办理不动产抵押权首次登记或抵押预告登记的，不动产登记机构应当根据申请在不动产登记簿"是否存在禁止或限制转让抵押不动产的约定"栏记载转让抵押不动产的约定情况。有约定的填写"是"，抵押期间依法转让的，应当由受让人、抵押人（转让人）和抵押权人共同申请转移登记；没有约定的填写"否"，抵押期间依法转让的，应当由受让人、抵押人（转让人）共同申请转移登记。约定情况发生变化的，不动产登记机构应当根据申请办理变更登记。《民法典》施行前已经办理抵押登记的不动产，抵押期间转让的，未经抵押权人同意，不予办理转移登记。

2. 是否存在预告登记

在预告登记生效期间，未经预告登记的权利人同意，处分该不动产的，不发生物权效力。例如，预告登记后，房屋所有权人转让房屋就需经预告登记的权利人书面同意。

3. 是否存在异议登记

在异议登记期间，不动产登记簿上记载的权利人以及第三人因处分权利申请登记的，房地产经纪人员应当书面提示、披露该不动产已经存在异议登记的有关事项，可请委托人提供知悉异议登记存在并自担风险的书面承诺。

4. 是否存在查封登记

不动产存在查封登记，权利人不得擅自处分。例如，房屋在查封期间，房屋所有权人不得擅自转让房屋所有权。

5. 住宅是否设立了居住权

居住权是为了满足生活居住的需要，根据订立合同等方式在他人所有的住宅上享有的占有和使用的权利。居住权是独立于土地使用权、房屋所有权的用益物权。居住权不得转让、继承。设立居住权的住宅不得出租，但是当事人另有约定的除外。

# 复 习 思 考 题

1. 什么是不动产登记？
2. 为什么要进行不动产登记？
3. 不动产登记的程序有哪些？
4. 房屋所有权转移登记需提供的申请材料有哪些？
5. 房屋抵押权登记需提供的申请材料有哪些？
6. 房屋登记收费有哪些规定？
7. 房地产经纪人员查询登记信息查询关注重点有哪些？

# 法律全称与本书中简称对照表

《中华人民共和国民法典》简称为：《民法典》

《中华人民共和国城市房地产管理法》简称为：《城市房地产管理法》

《中华人民共和国价格法》简称为：《价格法》

《中华人民共和国电子签名法》简称为：《电子签名法》

《中华人民共和国公司法》简称为：《公司法》

《中华人民共和国个人独资企业法》简称为：《个人独资企业法》

《中华人民共和国合伙企业法》简称为：《合伙企业法》

《中华人民共和国个人信息保护法》简称为：《个人信息保护法》

《中华人民共和国反不正当竞争法》简称为：《反不正当竞争法》

《中华人民共和国土地管理法》简称为：《土地管理法》

《中华人民共和国人民调解法》简称为：《人民调解法》

《中华人民共和国企业所得税法》简称为：《企业所得税法》

《中华人民共和国个人所得税法》简称为：《个人所得税法》

《中华人民共和国广告法》简称为：《广告法》

《中华人民共和国契税法》简称为：《契税法》

《中华人民共和国森林法》简称为：《森林法》

《中华人民共和国居民身份证法》简称为：《居民身份证法》

# 例题参考答案

【例题 1-1】 参考答案：B

【例题 1-2】 参考答案：A

【例题 1-3】 参考答案：A

【例题 1-4】 参考答案：A

【例题 1-5】 参考答案：A

【例题 1-6】 参考答案：B

【例题 1-7】 参考答案：B、D、E

【例题 2-1】 参考答案：A

【例题 2-2】 参考答案：B

【例题 2-3】 参考答案：B

【例题 2-4】 参考答案：D

【例题 2-5】 参考答案：C

【例题 2-6】 参考答案：A、B、E

【例题 2-7】 参考答案：A

【例题 2-8】 参考答案：C

【例题 2-9】 参考答案：A

【例题 2-10】 参考答案：C

【例题 2-11】 参考答案：B、C、E

【例题 2-12】 参考答案：B

【例题 3-1】 参考答案：C、D

【例题 3-2】 参考答案：A

【例题 3-3】 参考答案：A

【例题 3-4】 参考答案：B、C、D、E

【例题 4-1】 参考答案：D

【例题 4-2】 参考答案：A

【例题 4-3】 参考答案：D

【例题 4-4】 参考答案：A

【例题 4-5】参考答案：A

【例题 4-6】参考答案：A、D、E

【例题 5-1】参考答案：A

【例题 5-2】参考答案：C

【例题 5-3】参考答案：C

【例题 5-4】参考答案：B

【例题 6-1】参考答案：A

【例题 6-2】参考答案：A

【例题 6-3】参考答案：见例题下详解

【例题 6-4】参考答案：见例题下详解

【例题 6-5】参考答案：见例题下详解

【例题 6-6】参考答案：见例题下详解

【例题 6-7】参考答案：A、C、D、E

【例题 7-1】参考答案：D

【例题 7-2】参考答案：B、C、D

【例题 7-3】参考答案：A、B、C、D

【例题 7-4】参考答案：B

【例题 7-5】参考答案：D

# 后记（一）

　　房地产经纪行业是房地产行业的重要组成部分。房地产经纪活动的标的物价值量大、工作专业性强、服务时间长、涉及主体多，事关房地产交易安全，甚至关系到社会稳定。房地产经纪活动主要由房地产经纪人员完成，房地产经纪人员的素质直接影响到房地产经纪活动的质量。为帮助房地产经纪人员学习好、掌握好、运用好相关法律法规、行规行约和专业知识，以专业素养提供专业服务，中国房地产估价师与房地产经纪人学会组织业内专家在充分调查研究的基础上，结合河南、山东等地编写的房地产经纪人协理教材，对房地产经纪人员从事房地产经纪活动应当掌握的基础知识、基本内容、主要业务要求，进行了归纳、整理、提炼，编写了本书——《房地产经纪综合能力》。通过学习《房地产经纪综合能力》，帮助房地产经纪人员达到从事房地产经纪活动所具备的基本能力，成为一名合格的房地产经纪专业人员。《房地产经纪综合能力》可供参加全国房地产经纪人协理资格考试复习应考之用，也可作为指导房地产经纪人员日常工作之用。

　　本次印刷出版的《房地产经纪综合能力》为第二版。《房地产经纪综合能力（第二版）》与《房地产经纪综合能力（第一版）》相比，作了以下调整和修改：

　　一是在整体结构上进行了重新编排。《房地产经纪综合能力（第二版）》是按照房地产经纪活动的主体：房地产经纪机构和人员（第一章）；房地产经纪活动的客体：房地产和建筑（第二章）；房地产经纪活动需掌握的法律：房地产交易法律基础（第三章）；房地产经纪活动的主要内容：房屋租赁、房屋买卖、个人住房贷款、代办土地和房屋登记（第四章、第五章、第六章、第七章）四大板块，依次展开。调整后，整本书结构板块更加清晰。

　　二是在具体内容上进一步丰富。考虑到房地产经纪人员在房地产活动中经常涉及一些法律问题，《房地产经纪综合能力》第二版增加了房地产交易法律基础（第三章），内容包括房地产经纪活动中涉及的《民法》《合同法》《物权法》等法律的基本内容。同时，对《房地产经纪综合能力》第一版中部分内容进行了更新，增加了部分例题。

　　三是在教材衔接上更加合理。全国房地产经纪人协理资格考试有《房地产经纪综合能力》和《房地产经纪操作实务》两个科目。为做好两个科目教材内容的

衔接工作，本次修改，将《房地产经纪综合能力（第一版）》中属于操作实务的
"业务代办"内容，调整到《房地产经纪操作实务》中。

参加《房地产经纪综合能力（第二版）》各章节编写的人员有：赵鑫明、胡
细英、汪为民、王霞、程敏敏、赵曦，赵鑫明、胡细英对全书进行了统稿。郭松
海、孟庆才、吴雨冰、金旸艳瞳、潘建春、刘旭等也对《房地产经纪综合能力
（第二版）》的编写做出了贡献。

2018 年 5 月 8 日

# 后记（二）

根据全国房地产经纪专业人员职业资格考试工作的总体安排，2019 年 11 月，中国房地产估价师与房地产经纪人学会组织专家对《房地产经纪综合能力（第二版）》进行了修编，出版了本书，即房地产经纪人协理职业资格考试用书《房地产经纪综合能力（第三版）》。

本书的主旨是帮助房地产经纪人协理更好地学习、掌握、运用相关法律法规、行规行约和专业知识，以专业素养提供专业服务。本着教材稳定性与引领性的原则，本次修编在补充、更新相关国家法规政策、标准内容的基础上，重点围绕房地产经纪人协理从事房地产经纪活动应当掌握的基础知识、基本内容和主要业务要求进行更新。与第二版相比，《房地产经纪综合能力（第三版）》主要作了以下三个方面的修编：

第一，调整了部分章节布局结构。首先，调整第一章"房地产经纪概述"的结构，对其内容进行调整、重新组合，删除了相互重复的内容；将第五节"房地产经纪风险及其防范"修改为"房地产经纪行为规范"，重点介绍房地产经纪机构和人员在开展房地产经纪行为时应严格遵守的职业道德标准以及行业执业规范，并对应具备的风险防范能力进行了概括。其次，在第二章"房地产和建筑"中，对第一节"房地产概述"内容进行重组，按照房地产的概念、房地产权利、房地产的特性、房地产的种类四个方面对房地产进行详细介绍。

第二，规范和补充了部分内容。近年来，随着房屋交易合同网签备案制度的逐步完善，补充了房屋交易合同网签备案的有关内容，同时对实践中容易混淆的"网签备案"与"预告登记"进行了对比并介绍了两者的区别。此外对《婚姻法》有关夫妻债务关系的问题进行介绍，并对婚姻家庭中房屋财产关系的界定原则进行了补充。另外如"个人住房贷款的分类"中涉及的"转按揭"部分，虽部分城市曾开展过相关业务，但从政策导向上看，此行为大多被禁止或不鼓励，因此删除了相关内容。

第三，补充了相关实例。为提高教材的可读性，便于相关知识的理解，全书新增了部分实例。如对房地产经纪服务中常用的房地产展示图进行了图例介绍、对无因管理之债进行举例说明等。

　　此外，还对《房地产经纪综合能力（第二版）》个别文字、语句等进行了修订。

　　中国房地产估价师与房地产经纪人学会赵鑫明副秘书长、江西师范大学胡细英教授承担了本次修编的统稿工作。中国房地产估价师与房地产经纪人学会刘畅负责修编第一章；天津国土资源和房屋职业学院赵曦副教授负责修编第二章；胡细英负责修编第三章；蛋壳公寓马亚男研究员负责修编第四章；中国房地产估价师与房地产经纪人学会王霞副秘书长负责修编第五章；中国房地产业协会房地产金融与公积金和担保研究分会汪为民秘书长负责修编第六章；赵鑫明负责修编第七章。

　　此外，上海房地产专修学院滕永健副院长、北京房地产中介行业协会张杨杨主任、北京链家存量房法务部王颖总监、贝壳找房品牌孵化中心刘旭总监、山东经济学院郭松海教授、河南省住房和城乡建设厅孟庆才处长、北京大成律师事务所合伙人吴雨冰律师、北京市住房和城乡建设委员会金旸艳瞳、江苏鑫洋置业顾问有限公司潘建春董事长等也对《房地产经纪综合能力（第三版）》的编写做出了贡献，在此一并表示感谢！

2019 年 11 月 26 日

# 后记（三）

根据全国房地产经纪专业人员职业资格考试工作的总体安排，2021 年 10 月，中国房地产估价师与房地产经纪人学会组织专家对《房地产经纪综合能力（第三版）》进行了修编，出版了本书即房地产经纪人协理职业资格考试用书《房地产经纪综合能力（第四版）》。

近年来，随着房地产市场的发展，消费者对房地产经纪服务不仅要求"交易快速、价格合理"，也开始关注"交易合规、流程安全、品质服务"。为顺应市场需求的变化，帮助房地产经纪人协理更加系统地学习掌握专业知识，提升服务技能，本次修编在补充、更新相关国家法规政策的基础上，主要作了三个方面的修编：

第一，调整部分章节布局，完善教材逻辑结构。在第二章第一节"房地产概述"中，调整了房屋供给主体的分类；在第六章第二节"个人住房贷款产品要素及流程"中，调整了商业性个人住房贷款、住房公积金个人住房贷款内容的结构框架。

第二，注重解读重点法律，增强依法从业意识。主要在第三章"房地产交易法律基础"中，对从事房地产经纪活动应掌握的《民法典》《个人信息保护法》的相关内容，安排专节进行重点解读；在第四章"房屋租赁"增加房地产税立法与改革内容的介绍等。

第三，补充更新知识内容，适应市场发展需要。在第一章"房地产经纪概述"中，增加了房地产经纪行业新技术及未来发展趋势介绍；在第四章"房屋租赁"中增加了保障性住房租赁管理的知识；在第六章第一节"个人住房贷款概述"中，增加了资金时间价值、存贷款利率的计算、个人贷款业务介绍等内容。

此外，还对《房地产经纪综合能力（第三版）》个别文字、语句等进行了修订。

中国房地产估价师与房地产经纪人学会副会长兼秘书长赵鑫明、江西师范大学教授胡细英承担了本次修编的统稿工作。贝壳找房研究院高级研究员刘畅负责修编第一章、第六章；天津国土资源和房屋职业学院副教授赵曦负责修编第二章；胡细英负责修编第三章、第四章；中国房地产估价师与房地产经纪人学会副秘书长王霞、日照市不动产登记中心副主任于磊负责修编第五章；赵鑫明负责修编第七章。

　　此外，成都市房屋产权交易管理中心李飞、乐陵市房产管理中心王豫生、中国房地产业协会房地产金融与公积金和担保研究分会汪为民、上海房地产专修学院滕永健、北京房地产中介行业协会张杨杨、贝壳找房刘旭、山东经济学院郭松海、河南省住房和城乡建设厅孟庆才、北京大成律师事务所合伙人吴雨冰、北京市住房和城乡建设委员会金旸艳瞳、江苏鑫洋置业顾问有限公司潘建春等也对《房地产经纪综合能力》的编写做出了贡献，在此一并表示感谢！

2021 年 10 月 28 日

# 后记（四）

随着我国住房从供给总量短缺矛盾转为供给结构性不平衡矛盾，需求从有没有住房转化为住房品质好不好，从需要好房子到好小区，从好小区到好社区，从好社区到好城区，同时，房地产交易当事人对加强交易安全、降低交易成本、规避交易风险、保护个人信息的需求也不断增强。为顺应需求变化，助力房地产经纪人协理提高服务的规范性、科学性和系统性，根据全国房地产经纪专业人员职业资格考试工作的总体安排，从 2023 年 5 月开始，中国房地产估价师与房地产经纪人学会组织专家着手对《房地产经纪综合能力（第四版）》进行修编，经多轮修改完善，于 2024 年 1 月出版了本书即房地产经纪人协理职业资格考试用书《房地产经纪综合能力（第五版）》。

本次修编在补充、更新相关国家法规政策的基础上，主要作了三个方面的修编：

第一，优化整体布局，完善知识体系。优化后，本书框架体系可划分为行业认知、客体认知、法律认知、服务认知四大板块。第一板块行业认知，即第一章房地产经纪概述的内容。形成从土地、房地产、房地产业，到房地产经纪服务业、房地产经纪机构、房地产经纪人员，由行业到机构、人员，从宏观到微观的完整认知。第二板块客体认知，即第二章房屋建筑的内容。介绍房地产经纪服务的客体—房屋建筑的构成、分类、维护和识图、面积计算等内容。第三板块法律认知，即第三章房地产交易法律基础的内容。介绍从事房地产经纪服务活动所需要掌握《民法典》《个人信息保护法》等法律内容。第四板块服务认知，即第四章至第七章的内容，分别介绍房屋租赁、房屋买卖、个人住房贷款、土地和房屋登记等房地产经纪服务主要活动的内容。

第二，优化逻辑结构，提高业务指导性。将房屋买卖、房屋租赁等章节从以不同知识模块分别表述，调整为以不同标的交易业务流程为线索集中表述。如将原独立成节的房屋买卖、房屋租赁环节税收内容，分别融入对应的房屋买卖、房屋租赁的具体交易活动中进行介绍，形成各项具体交易完整的服务流程，构建了兼顾考试需要和工作指南的工作手册式教材模式。

第三，优化知识内容，体现新发展理念。在第二章增加了居住区与生活圈、房屋建筑维修养护等房屋建筑宜居环境、可持续利用的要求和权利义务等知识；在第三章增加了建筑物区分所有权、完善了个人信息保护等权益保护知识。

此外，还对《房地产经纪综合能力（第四版）》个别文字、语句等进行了修订。

中国房地产估价师与房地产经纪人学会副会长兼秘书长赵鑫明拟定了本书框架体系，并与江西师范大学教授胡细英共同承担了本次修编的统稿工作。贝壳找房研究院高级研究员刘畅负责修编第一章；天津国土资源和房屋职业学院副教授赵曦负责修编第二章；胡细英教授负责修编第三章、第五章；赵鑫明秘书长负责修编第四章；刘畅高级研究员、中国房地产业协会房地产金融与公积金和担保研究分会秘书长汪为民负责修编第六章；天津滨海高新技术产业开发区规划和自然资源局副局长任浥尘负责修编第七章。

此外，中国房地产估价师与房地产经纪人学会王霞副秘书长，乐陵市房产管理中心王豫生副主任，成都市房屋产权交易管理中心冯俊主任、李飞科长，上海房地产专修学院滕永健老师，北京房地产中介行业协会张杨杨副秘书长，贝壳找房刘旭总监，山东经济学院郭松海教授，河南省住房和城乡建设厅孟庆才主任，北京大成律师事务所合伙人吴雨冰律师，北京市住房和城乡建设委员会金旸艳瞳同志，江苏鑫洋置业顾问有限公司潘建春董事长等也对《房地产经纪综合能力》的编写做出了贡献，在此一并表示感谢！

2024 年 1 月 1 日